Landscheidt / Hancker

Bauzeichnungen

Willi Landscheidt / Knut Hancker

Bauzeichnungen

Darstellung und Konstruktion nach Baunormen
mit Aufgaben und Lösungen

16., überarbeitete Auflage

Begründet von Willi Landscheidt und August Schlüter

AUGUSTUS VERLAG AUGSBURG

Die Deutsche Bibliothek - CIP-Einheitsaufnahme

Landscheidt, Willi:
Bauzeichnungen : Darstellung und Konstruktion nach
Baunormen ; mit Aufgaben und Lösungen /
W. Landscheidt ; K. Hancker. - 16., überarb. Aufl.
Augsburg : Augustus-Verl., 1996
ISBN 3-8043-0472-9
NE: Hancker, Knut:

Für ihre freundliche Unterstützung danken wir den Firmen:

A. W. Faber-Castell GmbH & Co., Stein
acadGraph CADstudio GmbH, München
Bruderverlag A. Bruder GmbH, Karlsruhe
Dehoust Behälter- und Apparatebau, Nienburg
Doyma, Oyten
Fram - Mauerzargen G. van der Velde, Wedel
Kuhlmann Nestler + Partner GmbH & Co., Wilhelmshaven
Marabuwerke GmbH & Co., Tamm
Mensch und Maschine GmbH, Erkrath
rekord-Fenster und Türen GmbH & Co. KG, Dägeling
Rotring GmbH, Hamburg
Schiedel GmbH & Co., München
Schöck Bauteile GmbH, Baden-Baden
Tille Feinmechanik, Rottenburg
Wirus-Bauelemente GmbH & Co. KG, Gütersloh

Lektorat und Layout: Günter Wiegand, Wiesbaden

Satz: gesetzt aus Frutiger 8,5/11
bei Günter Wiegand, Wiesbaden

Umschlaggestaltung: Christa Manner, München,
nach einem Entwurf von Klaus Neumann, Wiesbaden

AUGUSTUS VERLAG AUGSBURG 1996
© Weltbild Verlag GmbH, Augsburg

Druck und Bindung: Presse-Druck, Augsburg

Gedruckt auf 150 g umweltfreundlich elementar chlorfrei
gebleichtes Papier.

ISBN 3-8043-0472-9
Printed in Germany

Vorwort zur 16. Auflage

Über zweieinhalb Jahrzehnte sind seit Erscheinen der ersten Auflage dieses Buches vergangen. In dieser Zeit sind zwei Überarbeitungen der DIN 1356 „Bauzeichnungen" erfolgt. Es war ein langer Weg bis zur jetzigen Fassung, die hoffentlich länger gültig sein wird.

Bei einem technischen Fachbuch führte diese Entwicklung zwangsläufig zu vielen Änderungen, Ergänzungen oder Kürzungen, welche die fachliche Aussage gegenüber der ersten Auflage erheblich veränderten. So wurde ein neuer Abschnitt über computerunterstütztes Zeichnen aufgenommen. Das Zeichnungsbeispiel ist ebenfalls ganz neu dargestellt. Im Anhang haben wir Fragen und Zeichenaufgaben zur Wiederholung zusammengestellt, die dem Leser als Ergänzung des vorhergehenden Inhalts zur Selbstkontrolle dienen sollen. Die bewährte Gesamtkonzeption wurde jedoch beibehalten, nämlich die Verbindung von Darstellung und Konstruktion nach Baunormen entsprechend dem Untertitel dieses Buches.

Wir sehen unsere Aufgabe darin, dem Lehrenden ein Hilfsmittel an die Hand zu geben, um damit den Lernenden zu befähigen, eine Bauzeichnung gemäß den entsprechenden Normen anzufertigen. Bauzeichnungen sollen die baukünstlerischen Ideen und Vorstellungen widerspiegeln, die der Architekt von der betreffenden Bauaufgabe hat, die ihm vom Bauherrn übertragen worden ist. Die Bauzeichnung soll ferner erkennen lassen, wie diese Ideen mit den Gesetzen der Baukunst, mit den möglichen Konstruktionen, mit den zur Verfügung stehenden Materialien und den finanziellen Möglichkeiten in Einklang gebracht werden sollen. Die Bauzeichnung soll aber auch jedem, der mit ihr arbeitet, den Gesamteindruck des Bauvorhabens vermitteln; jeder sollte den Geist spüren, den der Architekt zum Ausdruck gebracht hat.

Es ist von einigen Kritikern beklagt worden, daß die Bauvorlagenverordnungen ihrer Bundesländer andere Bestimmungen enthalten, als in diesem Buch angegeben. Wir haben uns bemüht, im allgemeinen nur die Regeln zu verwenden, die in fast allen Bundesländern einheitlich sind. Wir weisen aber an dieser Stelle ganz besonders darauf hin, daß sich die Planer und Zeichner nach den Bestimmungen, Verordnungen und Vorschriften ihres eigenen Bundeslandes richten müssen.

In all den Jahren ist naturgemäß konstruktive Kritik geübt worden. Dadurch konnten wir eine Reihe von Fehlern, die sich in die ersten Auflagen eingeschlichen hatten, ausmerzen. Wir danken allen, die sich die Mühe gemacht haben, uns zu schreiben. Das zeigt uns, daß man sich mit dem Inhalt des Buches sehr genau beschäftigt hat. Wir freuen uns darüber, denn ein Fachbuch lebt durch solche Anregungen, die letztlich dem Leser zugute kommen.

Im Jahre 1996   Die Verfasser

Inhaltsübersicht

1 Einleitung

1.1 Die Bauzeichnung

Bauzeichnungen sind Zeichnungen für die Objektplanung und die Tragwerksplanung für Entwurf, Genehmigung, Ausführung und Aufnahme von baulichen Anlagen. Diese Definition findet sich in der DIN 1356 - Bauzeichnungen. Ebenso legt diese Norm Inhalte und Grundregeln für die Darstellung fest. Die Bauzeichnung hat somit die Aufgabe, als Verständigungsmittel zwischen dem Bauherrn, dem Architekten, den Baubehörden und Bauausführenden zu dienen.

Sie spiegelt die baukünstlerischen Ideen und Vorstellungen wider, die der Architekt („Baukünstler") von der betreffenden Bauaufgabe hat, die ihm vom Bauherrn übertragen worden ist. Die Bauzeichnung soll ferner erkennen lassen, wie diese Ideen mit den Gesetzen der Baukunst, mit den möglichen Konstruktionen, mit dem zur Verfügung stehenden Material und den finanziellen Möglichkeiten in Einklang gebracht werden sollen. Gleichzeitig sind dabei die bestehenden Gesetze, Bauordnungen, Bestimmungen, Verordnungen und Erlasse zu beachten und einzuhalten.

Die Bauzeichnung soll aber auch jedem, der mit ihr arbeitet, den Gesamteindruck des Bauvorhabens vermitteln; jeder sollte den Geist spüren, den der Architekt zum Ausdruck gebracht hat, um in diesem Sinne das Bauwerk herstellen zu können.

Jede Bauzeichnung muß in ihrem Inhalt auf den besonderen Zweck abgestimmt sein. Die Zeichnung für den Bauherrn sieht ganz anders aus als die für den Bauausführenden, die Zeichnung für das Bauamt unterscheidet sich wesentlich von einem Plan, der für einen Wettbewerb eingereicht werden soll.

In jedem Fall muß die Bauzeichnung den jeweiligen Ansprüchen genügen. Spätere Änderungen verursachen Streit und Ärger und bedeuten einen Verlust an Zeit und Geld.

Erst eine in jeder Hinsicht fehlerfreie Bauzeichnung führt dazu, daß alle Beteiligten sich mit viel Freude ihrer Aufgabe widmen können und das Bauvorhaben zu einem gelungenen Abschluß führen.

1.2 Arten von Bauzeichnungen

1.2.1 Zeichnungen für die Objektplanung

Vorentwurfszeichnungen sind Bauzeichnungen, die aufgrund eines Entwurfskonzeptes entweder vom Architekten oder vom Bauherrn vorgelegt werden, gegebenenfalls auch als Skizze. Eine Vorentwurfszeichnung kann genutzt werden, um mit dem Bauamt über die Genehmigungsfähigkeit zu verhandeln.

Entwurfszeichnungen sind Bauzeichnungen mit erweiterten zeichnerischen Darstellungen gegenüber der bisherigen Planung.

Bauvorlagezeichnungen sind Entwurfszeichnungen mit allen Angaben, die durch die jeweiligen Bauvorlagenverordnungen gefordert werden. Der Musterentwurf zur Bauvorlagenverordnung bezeichnet die Zeichnungen mit Lageplan, Bauzeichnung, Konstruktionszeichnung (für Standsicherheitsnachweis) und Darstellung der Grundstücksentwässerung.

Ausführungszeichnungen sind Bauzeichnungen, die nach Werk- und Teilzeichnungen unterschieden werden und alle für die Ausführung notwendigen Angaben enthalten.

Werkzeichnungen (Werkpläne) sind die zeichnerische Voraussetzung für die Arbeit des betreffenden Bauausführenden.

Teilzeichnungen (Detailzeichnungen) dienen als Ergänzung der Werkzeichnung im größeren Maßstab.

Tabelle 1.1 Arten von Bauzeichnungen und ihre Maßstäbe

	Zeichnungsart	Maßstab
Objektplanung	Vorentwurfszeichnung	1 : 500, 1 : 200
	Entwurfszeichnung	1 : 200, 1 : 100
	Bauvorlagezeichnung	1 : 200, 1 : 100
	Ausführungszeichnungen:	
	Werkzeichnung (Werkplan)	1 : 50, 1 : 20
	Teilzeichnung (Detailzeichnung)	1 : 20, 1 : 10
		1 : 5, 1 : 1
Tragwerksplanung	Positionsplan	nach Art und Größe des Tragwerks in der Regel 1 : 100
	Schalplan	1 : 50 oder größer
	Rohbauzeichnung	1 : 50 oder größer
	Bewehrungszeichnung	1 : 50, 1 : 25, 1 : 20
	Fertigteilzeichnung	1 : 25, 1 : 20
	Verlegezeichnung	1 : 50 oder größer

1.2.2 Zeichnungen für die Tragwerksplanung im Massivbau

Positionspläne sind Bauzeichnungen des Tragwerks, in denen die Positionen der statischen Berechnung enthalten sind.

Schalpläne sind Bauzeichnungen, in denen die einzuschalenden Bauteile im Beton-, Stahlbeton- und Spannbetonbau dargestellt sind.

Rohbauzeichnungen sind erweiterte Schalpläne, die durch alle für die Ausführung des Tragwerks erforderlichen Angaben ergänzt sind.

Bewehrungszeichnungen sind Bauzeichnungen mit Angaben zum Biegen und Verlegen der Bewehrung in den Bereichen des Stahlbeton- und Spannbetonbaus.

Fertigteilzeichnungen sind Bauzeichnungen zur Herstellung von Fertigteilen aus Stahlbeton, Spannbeton oder Mauerwerk entweder im Werk oder auf der Baustelle.

Verlegezeichnungen sind Bauzeichnungen, aus denen der Zusammenbau und Einbau von Fertigteilen erkennbar wird.

1.3 Die Bedeutung der DIN-Normen

DIN war ursprünglich die Abkürzung für „Deutsche Industrienormen", später für „Das ist Norm". Heute ist DIN die Abkürzung für „Deutsches Institut für Normung e. V.", eine Institution der Selbstverwaltung der Wirtschaft.

Normung ist die planmäßige, durch die interessierten Kreise gemeinschaftlich durchgeführte Vereinheitlichung von materiellen und immateriellen Gegenständen zum Nutzen der Allgemeinheit. Sie fördert die Rationalisierung und Qualitätssicherung in Wirtschaft, Technik, Wissenschaft und Verwaltung. Normung dient der Sicherheit von Menschen und Sachen, der Qualitätsverbesserung in allen Lebensbereichen sowie einer sinnvollen Ordnung und der Information auf dem jeweiligen Normungsgebiet. Die Normungsarbeit wird auf regionaler, nationaler und internationaler Ebene durchgeführt.

Das Institut „International Organization for Standardization (ISO)" mit Sitz in Genf, dem mehr als 60 Staaten angeschlossen sind, gibt internationale Normungsempfehlungen und Normen heraus, die von den nationalen Normungsinstitutionen übernommen oder auf die nationalen Belange abgestimmt werden können.

Die fachliche Arbeit wird in Arbeitsausschüssen, die in Normenausschüssen zusammengefaßt sind, von ehrenamtlichen Mitarbeitern geleistet. Das sind Fachleute aus den interessierten Kreisen wie Anwender, Behörden, Berufsgenossenschaften, Berufs-, Fach- und Hochschulen, Handel, Handwerkswirtschaft, industrielle Hersteller, Prüfinstitute, Sachversicherer, selbständige Sachverständige, technische Überwacher und Verbraucher.

Die Baunormen werden durch den „Fachnormenausschuß Bauwesen im Deutschen Institut für Normung" erarbeitet, in dem anerkannte Architekten und Ingenieure, Hersteller und Verbraucher, Vertreter der Behörden und der Wissenschaft ehrenamtlich tätig sind. Das Normenwerk dieses Ausschusses umfaßt viele hundert Normen.

Die Anwendung der Normen ist freiwillig. Man geht davon aus, daß sie sich infolge ihrer Zweckmäßigkeit selbst empfehlen und von allein durchsetzen. Eine Verpflichtung zum Anwenden der DIN-Normen kann sich ergeben durch Vereinbarungen, z. B. zwischen Hersteller und Verbraucher, durch behördliche Vorschriften und Verordnungen und durch Einführen von DIN-Normen als Richtlinien der Bauaufsichtsbehörden. Nach der „Verdingungsordnung für Bauleistungen" (VOB), die nicht nur bei öffentlichen Verträgen, sondern auch im öffentlich geförderten Wohnungsbau anzuwenden ist und den meisten Privatverträgen zugrunde gelegt wird, sind die DIN-Normen vertraglich zu beachten.

Für den Zeichner ist die Kenntnis der Normen von großer Bedeutung. Als erstes Glied in der langen Kette derer, die an einem Bauvorhaben gemeinsam arbeiten, ist er geradezu verpflichtet, die Normen zu beachten und zu berücksichtigen, weil davon im großen Umfang die Wirtschaftlichkeit der Ausführung abhängig ist.

Soweit es für das Verständnis der in diesem Buch behandelten Bauzeichnungen erforderlich war, sind die Baunormen zusammengefaßt. Darüber hinaus ist es allerdings unerläßlich, sich mit dem Inhalt anderer Normen, z. B. Schall- und Wärmeschutz, vertraut zu machen. Sie tragen durch ihre wesentlichen Aussagen dazu bei, sinnvoll, zweckmäßig, wirtschaftlich und umweltfreundlich bauen zu können. Aus diesem Grunde sind im Text die wichtigsten Normen erwähnt und im Anhang in einem Verzeichnis zusammengefaßt.

Bild 1.1 zeigt als Ausführungszeichnung eine Werkzeichnung für eine Doppelgarage. Sie bietet einmal die Möglichkeit, grundsätzliche Dinge wie Bemaßen, Beschriften usw. zu üben. Sie soll aber auch veranschaulichen, daß schon für die Darstellung einfacher Baukörper einiges an Kenntnissen erforderlich ist, die wiederum nur dann verwertet werden können, wenn die entsprechenden Zeichengeräte vorhanden sind und gezielt eingesetzt werden.

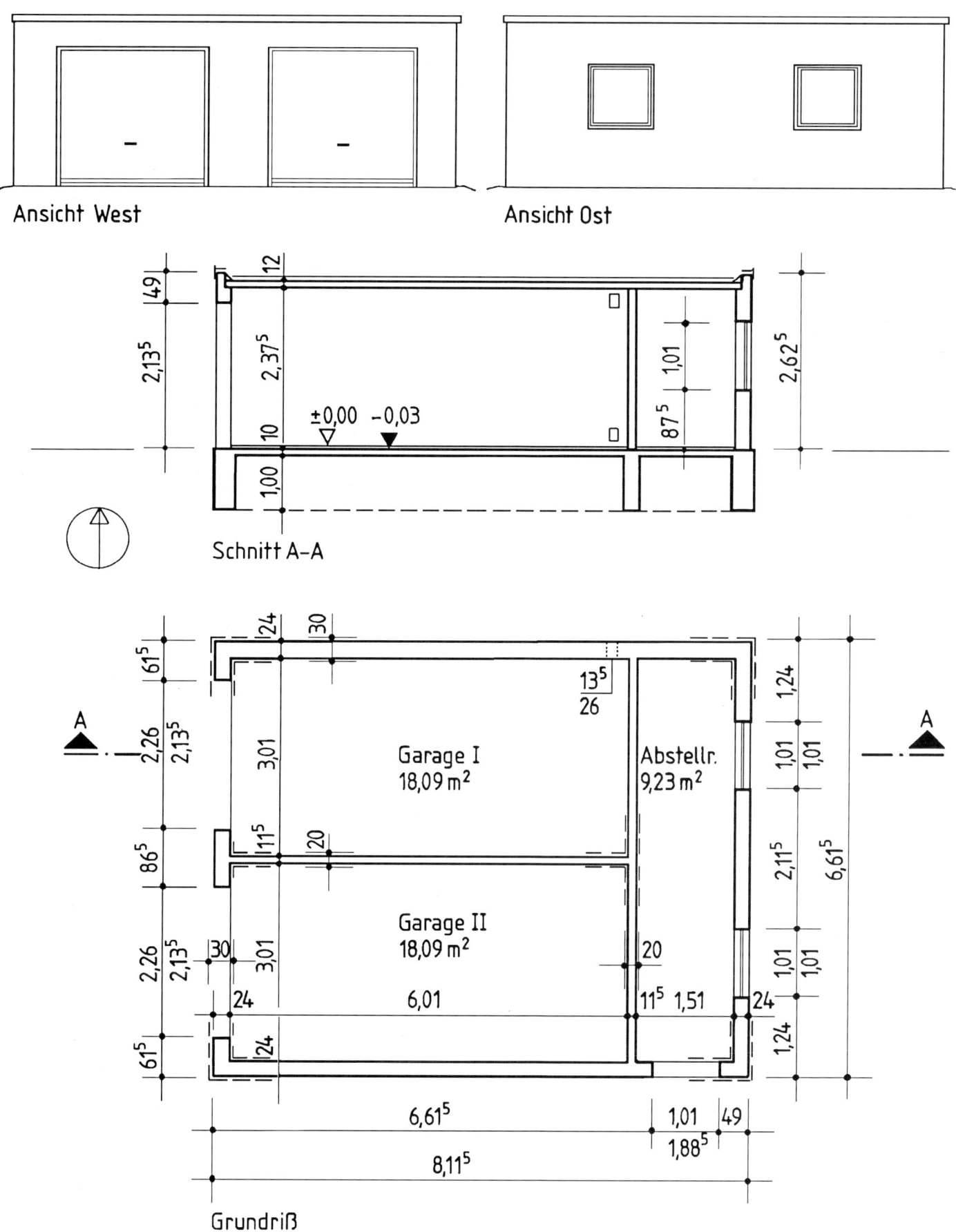

Ansicht West

Ansicht Ost

Schnitt A–A

Garage I
18,09 m²

Garage II
18,09 m²

Abstellr.
9,23 m²

Grundriß

Bild 1.1 Ausführungszeichnung für eine Doppelgarage
M 1 : 50 – m, cm

2 Vorarbeiten

2.1 Arbeiten mit Zeichengeräten

In diesem Abschnitt sind nur die einfachsten, aber wichtigsten Zeichengeräte zusammengefaßt. Der Katalog eines Fachgeschäftes für Zeichengeräte wird eine willkommene Ergänzung bieten.

Zeichenbretter, allseitig mit Kunststoff beschichtet, haben z. B. folgende Größen:

Tabelle 2.1 Zeichenbrettgrößen

Zeichenbrettgröße in cm	für Format
50 x 70	A2
70 x 100	A1
92 x 127	A0

Um ein Zeichenbrett auf Ebenheit zu prüfen, legen Sie eine geprüfte Zeichenschiene hochkant in mehreren Richtungen auf die Zeichenfläche. Liegt sie überall voll auf, so ist die Zeichenfläche eben.

Die Zeichenschiene besteht aus dem Blatt und dem Kopf. Sie wird aus Kunststoff, glasklarem Acryl oder als Aluminium hergestellt. Die Blattlänge soll mindestens der Zeichenbrettgröße entsprechen. Das Blatt ist vor Beschädigungen zu schützen.

Für Tuschezeichnungen gibt es Blätter mit hochliegenden transparenten Kunststoff-Ausziehkanten mit Millimeterteilung. Dadurch ist die tintenfrische Linie frei und kann nicht verwischt werden.

Beim Arbeiten mit Zeichenschienen muß der Zeichner darauf achten, daß der Schienenkopf an der linken Seitenkante des Brettes fest anliegt. Ein gleichzeitig verwendetes Zeichendreieck muß am Schienenblatt fest anliegen. Die linke Hand hält das Blatt oder Blatt und Dreieck fest (bei Linkshändern umgekehrt).

Als ideale Weiterentwicklungen haben sich schnurgeführte Zeichenschienen oder Magnet-Laufwagenzeichenschienen bewährt. Beide werden auf einem Zeichenbrett oder Zeichentisch fest montiert. Das Anpressen des Schienenkopfes an die Führungskante des Tisches entfällt. Sinnvolles Zubehör und bauartbedingte Besonderheiten bieten unter anderem die Möglichkeit, die Schiene um 180° zu verstellen oder alle 15° einzurasten.

Zeichenmaßstäbe sind zum größten Teil Bestandteile der Zeichenmaschinen. Zeichenmaßstäbe als Einzelgeräte zum Messen sollen eine Griffleiste mit Kehl- oder V-Profil haben, um sie sicher greifen zu können. Eine Unterteilung in halbe Millimeter ist nicht ratsam, da die Übersicht durch zu viele Linien verloren geht.

Zeichendreiecke gibt es mit Basiswinkeln von 30° und 60° oder von zweimal 45° mit geraden Kanten oder hochliegenden Tuschekanten. Wenn die Dreiecke entsprechend kombiniert werden, lassen sich damit alle Winkelgrößen von 15° bis zum beliebigen Vielfachen von 15° zeichnen.

Kurvenlineale dienen zum Ausziehen von Krümmungen, z. B. Treppenwangen. Ein Kurvenlineal besteht aus durchsichtigem festem oder biegsamem Kunststoff. Für Zeichnungen mit weichen Bleistiften oder Tusche verwendet man Kurvenlineale mit Tuscheköpfen, um zu verhindern, daß die Zeichnung verwischt.

Bleistifte für den Zeichner werden in Form von Fallminenstiften oder als Feinminenstifte angeboten. Die herkömmlich keramisch gebrannten Bleiminen können in unterschiedlichen Härtegraden (siehe Tabelle 2.2) in einem Fallminenstift verwendet werden. Sie

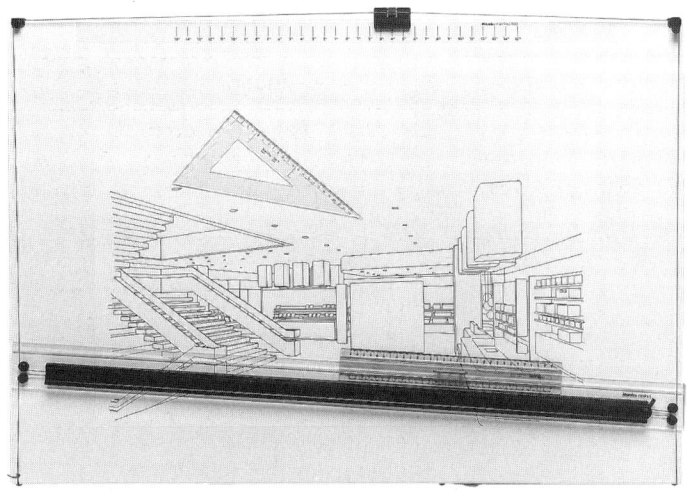

Bild 2.1 Schnurgeführte Zeichenschiene (Marabu)

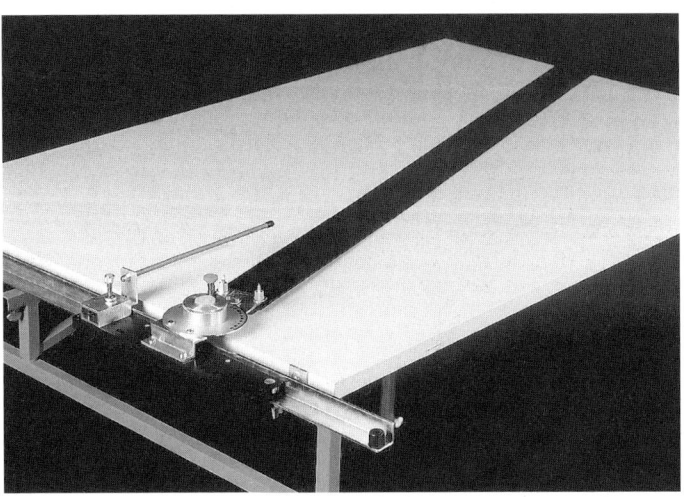

Bild 2.2 Magnet-Laufwagenzeichenschiene mit 180°-Zeichenkopf (Tille)

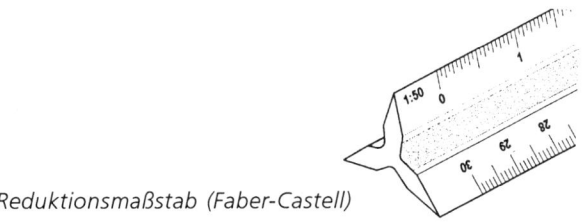

Bild 2.3 Reduktionsmaßstab (Faber-Castell)

sind für Zeichnungen auf transparentem Papier, Karton oder gerauhten Zeichenfolien geeignet.

Die durch Kunststoff-Graphit Verbindungen sehr festen und elastischen Polymerminen der Feinminenstifte sind ebenfalls in unterschiedlichen Härtegraden von 2B bis 4H mit Durchmessern von 0,3 mm bis 0,9 mm für Papier und Folien oder als Spezialminen ausschließlich für Folien erhältlich.

Die Minen der Fallminenstifte müssen allerdings zum Zeichnen immer wieder angespitzt werden, was bei den Feinminenstiften nicht nötig ist, da deren Minen der gewünschten Linienbreite entsprechen. Diese Minen haben allerdings den Nachteil, daß sie leichter abbrechen als die robustere Fallmine.

Die richtige Haltung des Stiftes ist ausschlaggebend für die Exaktheit der Linie. Der Stift soll immer an der Unterkante des Maßstabes, des Winkels oder der Zeichenschiene entlang geführt werden. Zu diesem Zweck neigt man ihn etwas nach vorn und rechts

Tabelle 2.2 Anwenden unterschiedlich harter Bleistifte

Härtegrade		Anwendung	Durch-messer
6B – 4B 3B + 2B	sehr weich – weich	Skizzen aller Art, Begren-zungen von geschnittenen Flächen in großem Maß-stab	3,15 mm 2 mm
B – F	weich – mittel	Kanten sichtbarer Bauteile	2 mm
H – 4H	hart	Vorzeichnen von Entwür-fen, Maß- und Hilfslinien	2 mm
5H – 9H	sehr hart	Zum Herstellen von Bau-zeichnungen ungeeignet, da die Liniendicke für Lichtpausen zu dünn ist	2 mm

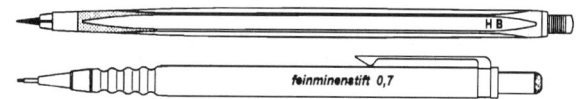

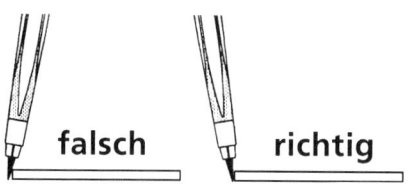

Bild 2.4 Fallminenstift (oben) und Feinminenstift

falsch   **richtig**

Bild 2.5 Haltung des Stiftes

zur Seite. Im Unterschied zur Haltung beim Schreiben liegt der Mit-telfinger auf dem Bleistift. Dadurch ist eine bessere Kontrolle der Linienführung möglich. Beim Zeichnen soll der Stift langsam ge-dreht werden, damit die Linie immer gleichmäßig dick bleibt.

Das Licht soll von links auf die Zeichnung fallen (bei Rechtshän-dern), weil dadurch weder Blendung noch Schatten auftreten. Deshalb wird der Stift von links nach rechts und von unten nach oben gezogen (bei Linkshändern umgekehrt).

Der Zeichner soll jede Zeichnung so dünn wie möglich vorzeich-nen, um Fehler leicht und sauber radieren zu können. An dieser Stelle sei darauf hingewiesen, daß es auch Spezialminen für „nichtpausende Linien" gibt.

Führen Sie den Stift immer an der Unterkante der Zeichen-schiene!
Neigen Sie den Stift nach rechts vorn!
Drehen Sie den Stift beim Zeichnen langsam!
Zeichnen Sie so dünn wie möglich vor!

Bleiminen, vor allem weiche, müssen häufig nachgespitzt wer-den. Dafür gibt es Minenschärfer. In einem geschlossenen Behälter sind sie vorteilhafter, weil man sich bei offenen Minenschärfern leicht die Hände mit Graphitstaub beschmutzt und dadurch die Gefahr besteht, daß die Zeichnung unsauber wird.

Der Radiergummi soll so beschaffen sein, daß er nicht schmiert und das Zeichenpapier nicht beschädigt. Man unterscheidet Gum-mi zum Radieren von Blei-, Farb-, Kopierstift-, Tinte- und Tusche-linien. Für umfangreiches Radieren ist es ratsam, weiche Gummis zu verwenden.

Fehler und Spritzer in Tuschezeichnungen können mit einer Ra-sierklinge, sicherer mit einem Radiermesser oder Radierpinsel, ent-fernt werden.

Das Abradieren größerer Tinten- und Tuschestellen (z. B. Kleck-se) führt häufig zu Beschädigungen des Zeichenpapiers. Wenn der Zeichner sofort nach dem Radieren eine Tuschelinie ziehen will, besteht die Gefahr, daß die Tusche auseinanderläuft. Darum ist es vorteilhaft, die schadhafte Fläche mit einem Bleistift anzulegen, die Linien mit Tusche auszuziehen und dann den Rest abzuradieren.

Bei der Verwendung von elektrischen Radiermaschinen mit ver-schiedenen Radierminen für Bleistift- oder Tuschezeichnungen auf Papier oder Folie entfallen die oben genannten aufwendigen Nach-behandlungen des Zeichnungsträgers.

Tuschefüller dienen zum Zeichnen und Beschriften. DIN 15 legt die Linienbreiten so fest, daß durch den Stufensprung von √2 bei

Verkleinerungen und Rückvergrößerungen auf ein anderes Zei-chenformat normgerechte Ergänzungen und Korrekturen möglich sind. Tuschefüller sind in Linienbreiten von 0,13 mm bis 2,0 mm lieferbar.

Als Zirkel werden meist Teilzirkel und Fallnullenzirkel verwen-det. Ein Einsatz für Bleiminen und Tuschefüller gehört in jedem Fall zur Ausstattung.

Schablonen dienen zur Arbeitserleichterung bei häufig wieder-kehrenden, umständlich zu zeichnenden Symbolen (Kreis-, Drei-ecks-, Rechtecks-, Sanitär-, Möblierungs-, Werkplan-, Schrift- und Wörterschablonen). Für Tuschearbeiten sollten sie zweckmäßiger-weise mit Noppen oder Leisten versehen oder zumindest konisch gefräst sein.

Zeichenplatten werden in Größen von DIN A4 oder DIN A3 oder als Kombination von DIN-A4/A3-Tandem geliefert.

Sie dienen dazu, Skizzen oder kleinere Zeichnungen ohne um-ständliche Vorbereitungen anfertigen zu können. Zeichenplatten bieten eine ebene und nicht nachgebende Unterlage und damit eine gute Linienführung. Sie sind außerdem für Arbeiten im Frei-

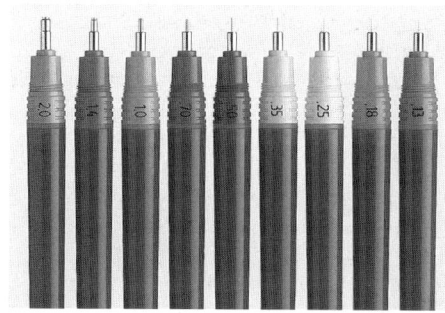

Bild 2.6 Tuschefüller für verschiedene Linienbreiten (Rotring)

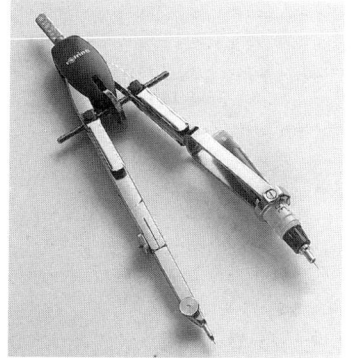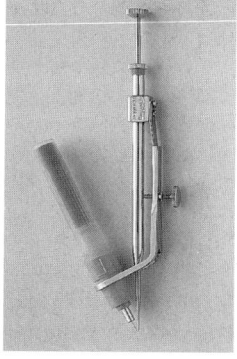

Bild 2.7 Teilzirkel mit Schnellverstellung (links) und Fallnullen-zirkel (Rotring)

en sehr gut geeignet, weil das Zeichenblatt festgeklemmt werden kann.

Zeichenmaschinen gibt es für den Gebrauch zu Hause, in der Schule oder im Betrieb, für geringe bis höchste Ansprüche. Der Mehrpreis gegenüber Zeichenschiene und Winkel macht sich durch bequemes und zeitsparendes Arbeiten mehrfach bezahlt. Aufwendiger sind größere Zeichenmaschinen, wie man sie in Architektur- oder Konstruktionsbüros findet.

Bei Laufwagenzeichenmaschinen wird der Zeichenkopf von einem waagerecht verschiebbaren Laufwagen gehalten. Da der Zeichenkopf selbst auf dem Laufwagen senkrecht zu verschieben ist, kann jeder Punkt auf dem Zeichenbrett erreicht werden.

Die Zeichenfläche kann man bei allen größeren Zeichenmaschinen nach oben und unten verschieben, neigen oder senkrecht so verstellen, daß der Zeichner auch im Sitzen arbeiten kann.

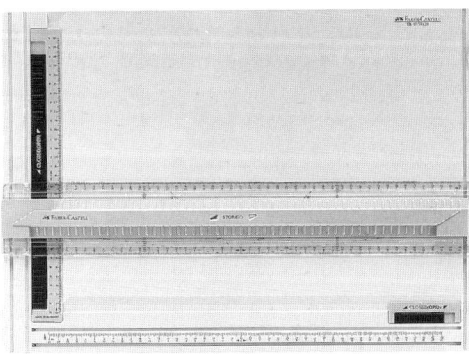

Bild 2.8 DIN-A3-Zeichenplatte (Faber-Castell)

Bei den heute gebräuchlichen Laufwagenmaschinen muß der Zeichner regelmäßig die Parallelität und die rechtwinklige Stellung der beiden Maßstäbe prüfen. Hierzu wird der Zeichenkopf in die linke obere Ecke des Zeichenbretts gebracht. Nun wird bei gleichzeitigem Verschieben des Laufwagens nach rechts eine horizontale Linie gezogen. Diese Linie verläuft also parallel zur oberen Führung der Zeichenmaschine. Steht der waagerechte Maßstab nicht parallel zu dieser Linie, so muß eine Korrektur mit Hilfe der Stellschrauben an der Maßstabhalterung vorgenommen werden. Wenn der senkrechte Maßstab nach einer Drehung von 90°

Bild 2.9 Laufwagenzeichenmaschine mit Verstellmöglichkeiten der Zeichenfläche (Kuhlmann Nestler + Partner)

Tabelle 2.3 Handelsübliche Zeichenpapiere und Zeichenfolien

Rollenware mit verschiedenen Stärken	Rollenbreite	Rollenlänge	Papiere als Einzelblätter
Skizzierpapiere	33-157 cm	20-200 m	DIN-Formate
Transparentpapiere	66-157 cm	20 oder 50 m	DIN-Formate
Zeichenfolien	10-160 cm	10-25 m	DIN-Formate
Plotterfolien	62-160 cm	10-50 m	DIN-Formate

ebenfalls nicht parallel zu der zuvor gezogenen Linie steht, muß die Korrektur auch hier durchgeführt werden.

Diese Prüfungen sowie die Reinigung der Zeichenplatte und der Maßstäbe sollten möglichst vor jedem Beginn einer neuen Zeichnung vorgenommen werden. Erst dann kann die Arbeit beginnen!

Prüfen Sie die Zeichengeräte vor dem Kauf auf ihre Tauglichkeit!
Verwenden Sie möglichst geschlossene Behälter zum Schärfen der Minen!
Reinigen Sie Ihre Zeichengeräte regelmäßig!
Kontrollieren Sie vor Beginn einer Arbeit an der Zeichenmaschine die rechtwinklige Stellung der Maßstäbe!

2.2 Auswählen des Papiers zum Zeichnen

Klarpapier (vielfach auch Transparentpapier genannt) dient zum Anlegen von pausfähigen Zeichnungen. Infolge seiner Durchsichtigkeit kann das Licht beim Pausen durch das Papier hindurchdringen und auf diese Weise an den nicht mit Linien versehenen Stellen das Lichtpauspapier belichten. Das Klarpapier kann auf der Vorder- und Rückseite eine unterschiedliche Oberfläche haben. Die glatte Seite ist für Tuschearbeiten gedacht. Weil die Tusche nicht in das Papier eindringt, sondern nur auf der Oberfläche aufliegt, kann sie im Notfall leicht durch den Radierpinsel o. ä. wieder entfernt werden. Für Bleizeichnungen wird die matte Oberfläche verwandt. Es werden auch Klarpapiere angeboten, die gleichermaßen für Tusche und Blei verwendbar sind.

Klarpapier wird in unterschiedlicher Dicke hergestellt. Diese wird in g/m² angegeben. Sie schwankt zwischen 40 und 130 g/m².

Zeichenfolien (z. B. aus Polyester oder Polypropylen) sind besonders wasserfest, unzerreißbar, sehr widerstandsfähig gegen mechanische Beanspruchung und haben eine gute Transparenz. Auf Zeichenfolien kann mit härteren Bleistiften und Feinminen sowie mit Tusche gearbeitet werden. Entsprechende Folien werden auch für das Ausplotten von CAD-Zeichnungen auf Plottern verwendet.

Zeichenpapier (Kartonpapier) wird von einigen Zeichnern zum Vorzeichnen genommen, weil sich beim Durchzeichnen die dunklen Linien gut gegen den weißen Hintergrund abheben. Den gleichen Zweck erfüllt allerdings auch eine weiße Kunststoffolie unter dem Klarpapier, wobei man gleichzeitig den Vorteil ausnutzen kann, Vorlagen wie Rasterpapiere, Höhenlagendreiecke, Schriftfelder usw. durchzeichnen zu können.

Für Tuschezeichnungen eignet sich nur ganz glattes Zeichenpapier, weil die Tusche sonst in die Faserstruktur des Papiers eindringt und keine gestochen klare Linie ergibt.

Zeichenpapiere sind im Handel in Dicken von 125 bis 300 g/m² erhältlich.

Baumaßraster dienen als Unterlage für normengerechtes Zeichnen und zum Skizzieren von Vorentwürfen. Durch Betonen und

Abschwächen der Linieneinteilung wird dem Zeichner das Arbeiten mit verschiedenen Maßstäben und das Einhalten der Normenmaße erheblich erleichtert. Schaubilder lassen sich schnell mit Hilfe von isometrischen, dimetrischen oder perspektiven Rasterpapieren anfertigen.

Klar- und Zeichenpapiere sind in Bogen oder Rollen im Handel. Die verschiedenen Formate sind der Tab. 2.3 zu entnehmen.

Papierrollengeräte sorgen für geschützte, raumsparende Aufbewahrung und schnellen, maß- und winkelgerechten Zuschnitt. Die Bedienung ist einfach. Das Papier wird zusammen mit einem eingebauten Bandmaß auf die gewünschte Länge abgerollt und abgeschnitten.

Zum Aufspannen des Zeichenbogens verwendet man vorzugsweise Kreppklebeband. Es beschädigt nicht das Zeichenpapier und hinterläßt keine Rückstände, wenn es von der Zeichnung oder dem Zeichenbrett gelöst wird.

Das Blatt wird so eingerichtet, daß sein Rand parallel zum Rand des Zeichenbretts liegt. Es wird durch den Zeichenkopf der Zeichenmaschine oder durch die Zeichenschiene beschwert und mit einem Klebestreifen diagonal über eine Ecke befestigt. So kann das Blatt in beiden Richtungen nicht mehr verschoben werden. Mit der Hand wird das Blatt in Richtung auf die gegenüberliegende Ecke glattgestrichen und auch an diesem Punkt befestigt. In gleicher Weise ist mit den übrigen Ecken zu verfahren. Jetzt liegt das Blatt auf der gesamten Fläche faltenfrei auf.

Beachten Sie bei allen Zeichenarbeiten die entsprechenden Normen!
Wählen Sie für Tuschearbeiten die glatte, für Bleistiftzeichnungen die matte Oberfläche des Klarpapiers!
Verwenden Sie zum Befestigen des Blattes auf dem Zeichenbrett Klebestreifen!

2.3 Einteilen und Falten von Zeichnungen

Das von der Rolle abgetrennte Blatt entspricht nicht den DIN-Formaten. Es ist etwa 3-4 cm länger und breiter und muß nach DIN 6771 entsprechend beschnitten werden. Dies sollte erst nach Fertigstellung der Zeichnung geschehen. Der breite Rand kann während des Zeichnens zum Notieren von Zahlen, zum Ausziehen der Tusche usw. dienen.

Beim Festlegen des DIN-Formates beginnt der Zeichner in der linken unteren Ecke. Er bestimmt durch eine senkrechte und eine waagerechte Linie etwa 1,5 bis 2 cm vom unbeschnittenen Blattrand entfernt diesen Punkt. An der linken Kante des fertigen Zeichenblattes wird durch ein 2,5 cm breites Feld (siehe Bild 2.10; bei DIN A2 nur 1,8 cm) der Heftrand festgelegt, der in der Mitte durch eine waagerechte Markierung für die Lochung unterteilt ist. Zur Verstärkung des Heftrandes kann ein Karton (DIN A5) auf die Rückseite des Zeichenblattes geklebt werden. Die Anzahl der Darstellungen, die das Zeichenblatt enthalten soll, bestimmt das Blattformat.

Ein Schriftfeld wird in der rechten unteren Ecke angelegt. Es gibt dem Betrachter einen Überblick über den Inhalt der Zeichnung, auch wenn diese gefaltet ist. Das Schriftfeld sollte folgende Angaben enthalten:

1. Art der Zeichnung (Vorentwurf, Entwurf, Ausführung)
2. Bauvorhaben
3. Maßstab
4. Bauherr
5. Architekt
6. Bauleiter
7. Datum

Die Größe des Schriftfeldes beträgt in der Breite weniger als 17,5 cm und in der Höhe rund 10 cm. In vielen Büros wird ein Transparentaufkleber verwendet, in dem zusätzlich ein Firmenlogo, Zeichnungsnummer, Prüfungsvermerke, Stückzahlen usw. angegeben sein können. Das Schriftfeld hat einen Abstand von 5 mm vom beschnittenen Blattrand.

Zeichnungen auf Klarpapier werden in der Regel im Büro in voller Größe in Schränken zur Ablage aufgehängt oder in Rollen aufbewahrt, weil sie nicht geknickt werden dürfen.

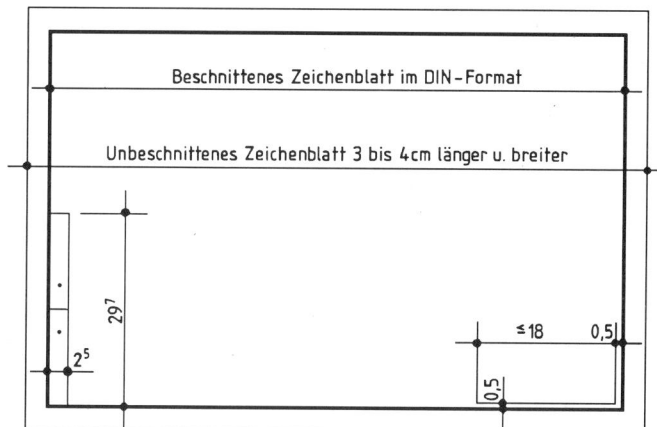

Bild 2.10 Zeichenblatt im DIN-Format

Entwurfszeichnung für den Neubau eines Wohnhauses in X-Hausen, Parkstraße 136			Bauherr: Architekt: Bauleiter:
Maßstab:	Bearbeitet:	Geändert:	Prüfungsvermerk der Bauaufsicht
Geprüft:	Zeich.-Nr:	Datum:	

Bild 2.11 Beispiel für ein Schriftfeld

Tab. 2.4 Aufteilen einer Rolle für verschiedene Zeichnungsgrößen

Blattgrößen	beschnittenes Blatt [cm × cm]	Fläche [m²]	Zeichenfläche [cm × cm]	unbeschnittenes Blatt [cm × cm]
A0	84,1 × 118,9	1,000	83,1 × 117,9	88,0 × 123,0
A1	59,4 × 84,1	0,500	58,4 × 83,1	62,5 × 88,0
A2	42,0 × 59,4	0,250	41,0 × 58,4	45,0 × 62,5
A3	29,7 × 42,0	0,125	28,7 × 41,0	33,0 × 45,0
A4	21,0 × 29,7	0,062	20,0 × 28,7	24,0 × 33,0

Blattgröße	Faltungsschema	Längsfalten	Querfalten
A0 (84,1 × 118,9 cm)	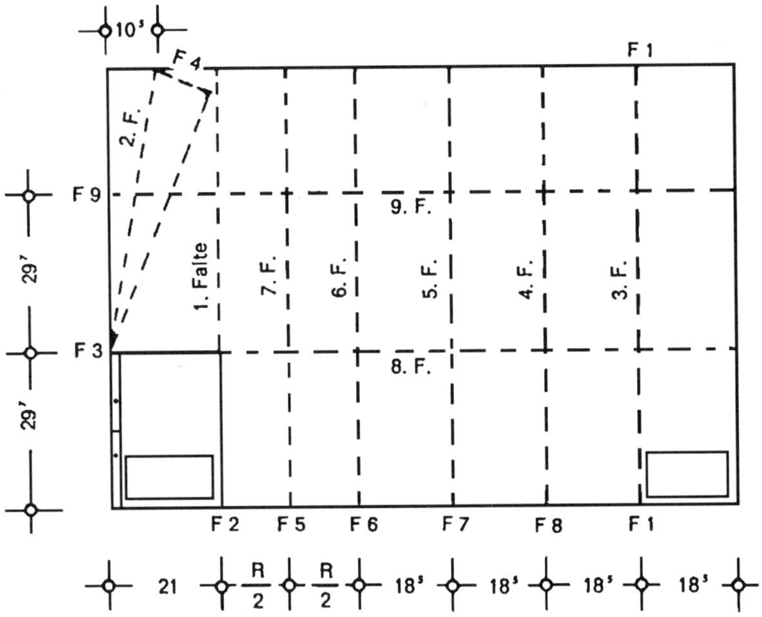	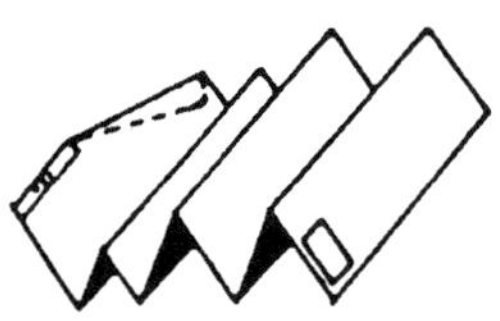	
A1 (59,4 × 84,1 cm)	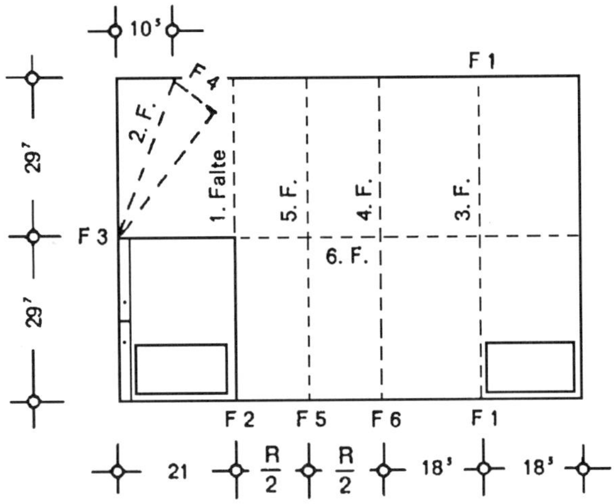		
A2 (42 × 59,4 cm)	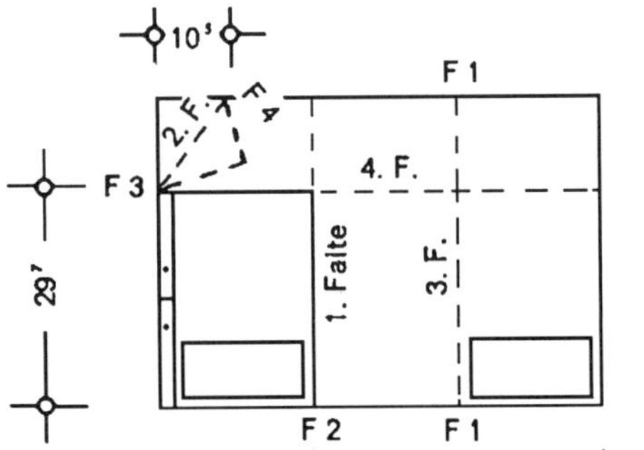		
A3 (29,7 × 21 cm)	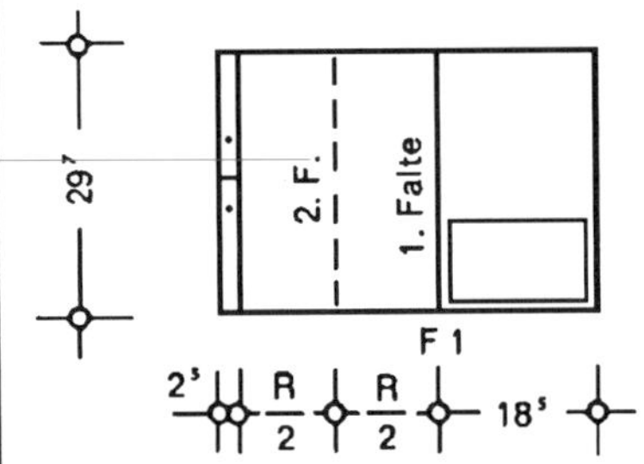		

Bild 2.12 Falten auf DIN-A4-Format für Ordner

Lichtpausen oder Plotterzeichnungen für das Bauamt werden gefaltet. Für die Baustelle oder den Bauherrn können sie entweder zusammengerollt oder gefaltet werden. Das Aufbewahren der Rolle würde viel Platz erfordern, und zum Betrachten müßte man sie auseinanderrollen und in dieser Lage festhalten.

Günstiger ist daher, die Zeichnung auf das handliche DIN-A4-Format zu falten. Dies ermöglicht eine klare und übersichtliche Gliederung im Büro, denn die Zeichnung kann in Heftern und Ordnern aufbewahrt werden. Für den Bauantrag ist die gefaltete Form sogar zwingend vorgeschrieben.

Für das Falten der Zeichnung wird oft eine Schablone in DIN-A4-Größe zu Hilfe genommen. Viel schneller und genauer kann man aber mit markierten Faltpunkten (F) arbeiten (siehe Bild 2.12). Sie liegen von der rechten unteren Ecke aus im Abstand von 18,5 cm, bei DIN A2 im Abstand von 19,2 cm. Der erste Faltpunkt (F1) wird an der oberen und unteren Kante des Blattes markiert. F2 liegt 21 cm von der linken unteren Ecke entfernt. Dieses Maß entspricht der kurzen Seite von DIN A4. F3 braucht nicht gesondert markiert zu werden, denn der Punkt ist durch den oberen Heftrand bestimmt (29,7 cm von der linken unteren Ecke entfernt, entspricht der langen Seite von DIN A4). F4 liegt 10,5 cm von der oberen linken Ecke entfernt. Diese Faltung ist notwendig, damit die Zeichnung auch im eingehefteten Zustand auseinandergefaltet werden kann.

Die Breite des Restfeldes R (das zweite von links) kann man im voraus berechnen. In der Mitte (bei R/2) wird der Faltpunkt F5 markiert, am rechten Rand (2 × R/2) F6. Die weiteren Faltpunkte werden nach rechts jeweils im Abstand von 18,5 cm abgetragen. Sie kommen nur in den Formaten A1 und A0 vor.

Die Zeichnung ist richtig gefaltet, wenn sie der Größe DIN A4 entspricht, der Heftrand auf der linken Seite in voller Größe sichtbar ist und das Schriftfeld oben liegt.

Halten Sie bei allen Zeichnungen das Normformat ein!
Unterscheiden Sie das unbeschnittene vom fertigen Zeichenblatt!
Denken Sie an den Heftrand!
Legen Sie das Schriftfeld in die rechte untere Ecke!
Falten Sie jede Zeichnung so, daß das Schriftfeld oben liegt und daraus der Inhalt der Zeichnung erkennbar wird!

2.4 CAD – Computerunterstütztes Zeichnen

Ein besonderes Arbeitsmittel bei der Erstellung von Bauzeichnungen ist der Personal Computer (= PC; Hardware). Mit seiner Leistungsfähigkeit wuchsen auch die Möglichkeiten für den Einsatz spezieller Zeichenprogramme (Software). Die Zeichenarbeiten der Architektur- und Ingenieurbüros können heute mit branchengerechter Software ebenso am Bildschirm des Computers erledigt werden wie bisher mit den zuvor beschriebenen Zeichengeräten. An einem CAD-Arbeitsplatz müssen folgende Geräte (Hardware) zur Verfügung stehen:

1. ein leistungsfähiger Rechner; das ist die Zentraleinheit des Computerarbeitsplatzes, die in möglichst kurzen Rechenzeiten die sehr komplexen Datenverarbeitungen im Rahmen der CAD-Technik bewältigt;

2. ein großer Farbbildschirm, der bei einer sehr feinen Bildauflösung Voraussetzung für ein ermüdungsfreies Arbeiten ist;

3. ein Plotter, der als Stift- oder Tintenstrahlgerät die am Bildschirm produzierten Darstellungen lichtpausfähig auf Folie oder zur direkten Weitergabe auf Plotterpapier zeichnet;

4. zur Eingabe der Arbeitsbefehle werden neben der Tastatur je nach Software eine Computermaus oder eine Computerlupe mit Digitalisiertablett benötigt.

Die Vorteile der CAD-Technik sind einleuchtend. Unter anderem werden z. B. mehrschalige Außenwandaufbauten nach vorheriger genauer Definition der Schalenstärken in einem Arbeitsgang dargestellt. Türen und Fensteröffnungen, die mehrfach auf einem Blatt erforderlich sind, und auch andere Darstellungen können kopiert, gedreht und gespiegelt werden. Bei mehrgeschossigen Gebäuden sind ganze Grundrisse durch Kopieren multiplizierbar. Vermaßungen werden normgerecht ausgeführt und folgen automatisch sogar späteren Grundrißänderungen. Möbel und Sanitärobjekte können aus Bibliotheken eingefügt werden. Die aufwendigen Berechnungen zu Treppenläufen und deren Darstellung in Grundrissen, Schnitten oder sogar Perspektiven werden von der EDV mühelos erledigt. Wurden bei sämtlichen Zeichenschritten auch die geplanten Höhen der Bauteile berücksichtigt, werden von der Software Schnitte, Ansichten, Schrägbilder und Perspektiven erstellt. Flächen- und Volumenberechnungen sowie Massenermittlungen folgen den zuvor eingegebenen Zeichendaten automatisch. Besondere Software-

Bild 2.13 Ausstattung eines CAD-Arbeitsplatzes: Bildschirm, Tastatur, Digitalisiertablett mit Viertastenlupe (acadGraph CADstudio)

produkte erlauben schon in der Planungsphase die gemeinsame Hausbesichtigung mit dem Bauherrn in Form von Videobildern in fotorealistischer Qualität.

Hinter jeder Linie auf dem Bildschirm oder auf dem ausgeplotteten Zeichnungsblatt steckt jedoch die vorherige, mehr oder weniger umfangreiche Eingabe von Daten durch den Anwender. Dabei stellt der Computer natürlich keine Anforderungen an das Zeichentalent und die zeichnerische Sorgfalt seines Bedieners. Da der PC aber nur ein Arbeitsmittel ist, muß der Zeichner am Computerarbeitsplatz selbstverständlich nach wie vor das gesamte Wissen über die Erstellung von normgerechten Bauzeichnungen erworben haben und darüber hinaus Schulungen zum Umgang mit dem EDV-Gerät und der speziellen Software absolvieren.

3 Bemaßen und Beschriften von Zeichnungen

3.1 Arbeiten mit verschiedenen Maßstäben

Bauteile kann man selten in natürlicher Größe darstellen. Eine Ausnahme macht der Tischler, der seine Zeichnungen so herstellt, daß er die wirklichen Maße daraus auf seine Werkstücke übertragen kann. Für andere Bauhandwerker muß der Zeichner andere Wege suchen, um die Wünsche des Bauherrn klar zu machen. Aus diesem Grunde verkleinert er die wirklichen Abmessungen in einem bestimmten Verhältnis. Dieses Verhältnis nennt man den Maßstab. Beim Maßstab 1 : 100 beträgt die Darstellung in der Zeichnung nur ein Hundertstel der natürlichen Größe. Der Zeichner erreicht damit eine Zeichnungsform, die dem Bauausführenden eine praktische Handhabung gewährleistet, ohne die für den Rohbau erforderliche Genauigkeit zu verlieren.

Tab. 3.1 Zeichnungsmaße bei unterschiedlichen Maßstäben

Maßstab	Beispiel	Originalmaß in cm	Rechen-operation	Zeichnungs-maß in cm
1 : 1		151		151,00
1 : 2		151	: 2	75,50
1 : 5	Öffnung = 1,51 m	151	: 5	30,20
1 : 10		151	: 10	15,10
1 : 20		151	: 20	7,55
1 : 50		151	: 50	3,02
1 : 100		151	: 100	1,51
1 : 200		151	: 200	0,76
1 : 500	15 m	1500	: 500	3,00
1 : 1000		1500	: 1000	1,50

Tab. 3.2 Umrechnen von Zeichnungsmaßen mit Stamm- und abgeleiteten Maßstäben

Stamm-maßstab	abgeleiteter Maßstab	Beispiel	Originalmaß in cm	Rechen-operation	Rechen-operation	Zeichnungs-maß in cm
1 : 1			151			151,00
	1 : 2	Öffnung = 1,51 m	151		: 2	75,50
	1 : 5		151	: 10	× 2	30,20
1 : 10			151	: 10		15,10
	1 : 20		151	: 10	: 2	7,55
	1 : 50		151	: 100	× 2	3,02
1 : 100			151	: 100		1,51
	1 : 200		151	: 100	: 2	0,76
	1 : 500	15 m	1500	: 1000	× 2	3,00
1 : 1000			1500	: 1000		1,50

Bei der Darstellung eines gesamten Hauses in einem kleinen Maßstab, z. B. 1 : 500, können keine Einzelheiten wie Türanschläge, Mauerschlitze usw. gezeichnet werden. Man muß für jeden Baukörper und jede Zeichnungsart einen besonderen Maßstab wählen. Der Zeichner muß in der Lage sein, sämtliche Maßstäbe umzurechnen. Dazu teilt man z. B. die Originalmaße durch die ganze Verhältniszahl (siehe Tab. 3.1).

Eine wesentliche Vereinfachung stellt dagegen das Umrechnen mit Stamm- und abgeleiteten Maßstäben dar (siehe Tab. 3.2).

Der Zeichner muß eine klare Vorstellung haben, daß 1 : 5 doppelt so groß, 1 : 20 aber nur halb so groß ist wie 1 : 10. Er darf sich nicht durch die Größe der Verhältniszahl irritieren lassen, denn sie steht unter dem Bruchstrich. Der größere Maßstab ist 1 : 5 gegenüber 1 : 20.

Oft dient es der Klarheit, wenn zur Hauptzeichnung auf demselben Blatt noch Teilzeichnungen in abweichendem Maßstab gegeben werden.

Der Hauptmaßstab ist auf jeder Zeichnung im Schriftfeld einzutragen, die übrigen Maßstäbe bei der dazugehörigen Darstellung und im Schriftfeld. Wenn für eine Zeichnung der Maßstab angegeben ist, sind auch alle Darstellungen in diesem Maßstab zu zeichnen. Maßzahlen für nicht maßstäblich gezeichnete Teile sind zu unterstreichen. In jeder Zeichnung entsprechen die Maßzahlen der natürlichen Größe des Bauteils.

Ist für eine Zeichnung eine Vergrößerung oder Verkleinerung vorgesehen, z. B. durch Mikroverfilmung, so muß zusätzlich zur Angabe des Maßstabs eine Maßskala eingezeichnet werden. Sie dient als grafischer Maßstab[1] (siehe Bild 3.1). Die Skala erleichtert ein maßgenaues Verkleinern und Vergrößern der Darstellungen und erlaubt, der verkleinerten oder vergrößerten Darstellung angenäherte Maße zu entnehmen. Die Maßskala sollte mehrere Maßeinheiten mit Unterteilungen ausweisen.

Wählen Sie für jede Zeichnungsart den entsprechenden Maßstab!
Unterscheiden Sie beim Umrechnen Stamm- und abgeleitete Maßstäbe!
Geben Sie auf jeder Zeichnung den Maßstab im Schriftfeld an!

3.2 Darstellen von Linienarten und Linienbreiten

3.2.1 Linienarten und Anwendungsbeispiele

Um dem Betrachter einer Zeichnung das Erkennen der dargestellten Bauteile zu erleichtern, werden die Linien nach Breite und Art unterschiedlich dargestellt. Die Anwendungsmöglichkeiten der verschiedenen Linienarten in Grundrissen, Schnitten und Ansichten zeigt Tab. 3.3.

[1] Bonai/Fries, Forschungsauftrag des Bundesministeriums für Raumordnung, Bauwesen und Städtebau: „Empfehlungen zur Standardisierung von Bauzeichnungen", 1983.

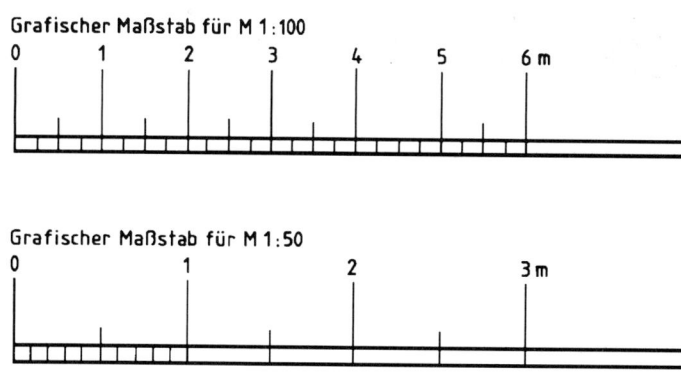

Bild 3.1 Grafischer Maßstab

3.2.2 Linienbreiten

Die Breite der Linien richtet sich nach der Art der Zeichnung. Sie liegt zwischen 0,18 mm und 1,4 mm. Linien unter 0,18 mm bereiten Schwierigkeiten in der Handhabung der Tuschefüller; mit dem Bleistift läßt sich keine geringere pausfähige Linienbreite zeichnen. Außerdem werden kleinere Breiten bei Mikroverfilmung nicht mehr deutlich sichtbar. Linien über 1,4 mm Breite ergeben selbst bei größeren Maßstäben ein ungünstiges Verhältnis zwischen der Fläche und ihrer Begrenzung.

Das Verhältnis der Linienbreiten von breit : schmal : fein beträgt 2 : 1 : 0,7 und wird von der praktischen Anwendung bestimmt. So kann bei Verkleinerungen oder Vergrößerungen mit den Breiten einer anderen Liniengruppe weitergezeichnet werden (siehe Tab. 3.4).

Die Überlegungen hinsichtlich des Verhältnisses der Linienbreiten gelten nur für Tuschezeichnungen. Die Federn, Düsen oder Zeichenelemente garantieren die gewünschte Abstufung der Linienbreite. In Bleizeichnungen entfällt die schmale Linie. Der Zeichner kann weder durch Druck mit dem Bleistift noch durch unterschiedliche Härtegrade der Minen eine pausfähige Abstufung der Linienbreite von 0,1 zu 0,2 mm erzielen.

Die Breite der Linien verspringt in allen Zeichnungen von der Außenkante der Begrenzung nach innen, damit das genaue Außenmaß des Bauteils erhalten bleibt (siehe Bild 3.2).

Denken Sie bei allen Darstellungen an die entsprechende Linienart!
Berücksichtigen Sie immer das Verhältnis der Linienbreiten!
Wählen Sie für jede Zeichnungsart die richtige Liniengruppe!

3.3 Bemaßen von Zeichnungen

3.3.1 Maßordnung im Hochbau

Grundlage für die Maßordnung im Hochbau bildet die DIN 4172. Sie ist die Voraussetzung für eine sinnvolle Zusammenarbeit aller Beteiligten im Bauwesen, der Architekten, der Hersteller der Baustoffe und der Bauausführenden. Die Maßordnung war bei ihrer Inkraftsetzung Bemessungsgrundlage für die gesamte weitere Baunormung und zielte darauf ab, alle Maße am Bau aufeinander abzustimmen.

Die Modulordnung nach DIN 18 000 ist ebenso ein Hilfsmittel für die Abstimmung der Maße. Im Gegensatz zu der in den folgenden Abschnitten angegebenen Praxis bezieht sich der Grundmodul auf die Größe von 100 mm und dessen Vielfache.

Tab. 3.3 Linienart und Anwendungsbereiche

Linienarten		Anwendungsbereiche und Beispiele
breite Vollinie	▬▬▬	Begrenzung von Schnittflächen
schmale Vollinie	▬▬▬	sichtbare Kanten und sichtbare Umrisse von Bauteilen, Begrenzung von Schnittflächen schmaler oder kleiner Bauteile
feine Vollinie	———	Maßlinien, Maßhilfslinien, Lauflinien, Hinweislinien, Begrenzungen von Ausschnitten, Sinnbildern, Symbolen *z. B. Kennzeichnung der Öffnungsart bei Fenstern und Türen, Türschlaglinien, Installationen, Spannrichtungspfeile, Schraffuren, Möbel, Aussparungen, Gefällelinien, Höhendreiecke*
breite Strichpunktlinie	▬ · ▬	Lage von Schnittebenen *z. B. Schnittverlauf, Änderungen im Schnittverlauf*
feine Strichpunktlinie	— · —	Achsen *z. B. in Entwurfszeichnungen und Ausführungszeichnungen des Tragwerksbaus*
schmale Strichlinie	— — —	verdeckte Kanten und verdeckte Umrisse von Bauteilen *z. B. Treppenbauteile, Decken, Wände, Fundamente*
schmale Punktlinie	· · · · · ·	Bauteile vor und über der Schnittebene *z. B. Treppenbauteile, Sturzbalken, Unterzüge, Gewölbe, Balken*

Tab. 3.4 Linienbreiten

Zeichnungsart	Vorentwurfszeichnung, Entwurfszeichnung	Bauvorlagezeichnung, Ausführungszeichnung	Ausführungszeichnung, Teilzeichnung	Teilzeichnung
Maßstab, z. B.	1 : 200; 1 : 100	1 : 100; 1 : 50	1 : 50; 1 : 20; 1 : 10	1 : 5; 1 : 1
Liniengruppe	I	II	III	IV
Linienart	Linienbreite in mm			
breit	0,5	0,7	1,0	1,4
schmal	0,25	0,35	0,5	0,7
fein	0,18	0,25	0,35	0,5

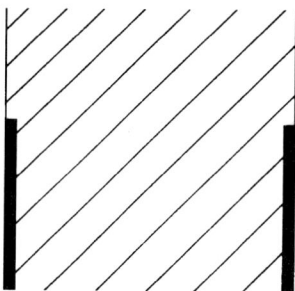

Bild 3.2 Linienbreite am Beispiel einer gemauerten Wand

3.3.2 Baunormzahlen

Baunormzahlen sind Zahlen für Baurichtmaße und die daraus abgeleiteten Einzel-, Rohbau- und Ausbaumaße.

3.3.3 Baurichtmaße

Baurichtmaße sind theoretische Maße, nach denen man sich beim Errechnen der eigentlichen Baumaße, der Nennmaße, richtet. Die Baurichtmaße sind ganze Meter, ganze Teile oder das Vielfache vom Meter. Es hat sich als zweckmäßig erwiesen, den Achtelmeter (= 12,5 cm) als Baumaßeinheit anzusehen und dafür die Abkürzung *am* zu wählen. Der Zeichner wird bald erkennen, daß er damit ein Hilfsmittel hat, um in kürzester Zeit einen Grundriß mit normengerechten Abmessungen festzulegen.

Das Achtelmetermaß des Zeichners entspricht genau dem Kopfmaß, mit dem der Maurer rechnet, weil alle Steinformate genormt sind und auf die Baurichtmaße der Maßordnung abgestimmt sind (siehe Tab. 3.5). Das Kopfmaß setzt sich aus der Steinbreite von 11,5 cm und der Fugendicke von 1 cm zusammen.

Beispiele für das Rechnen mit dem Achtelmetermaß (am):

1 m = 8 am ; 1 am = 12,5 cm

$$
\begin{array}{rcl}
9{,}25 \text{ m} & = & ? \text{ am} \\
9 \text{ m} \cdot 8 \text{ am/m} & = & 72 \text{ am} \\
0{,}25 \text{ m} & = & 2 \text{ am} \\
\hline
9{,}25 \text{ m} & = & 74 \text{ am}
\end{array}
\qquad
\begin{array}{rcl}
36 \text{ am} & = & ? \quad \text{m} \\
32 \text{ am} : 8 \text{ am/m} & = & 4{,}00 \text{ m} \\
\text{Rest } 4 \text{ am} & = & 0{,}50 \text{ m} \\
\hline
36 \text{ am} & = & 4{,}50 \text{ m}
\end{array}
$$

3.3.4 Nennmaße

Nennmaße sind die wirklichen Maße der Bauteile, die in die Bauzeichnung eingetragen werden. Man errechnet sie aus den Baurichtmaßen (siehe Tab. 3.5).

Das Außenmaß gilt für alle beiderseits frei endenden Mauern, wie Wand- und Pfeilerlängen oder Wanddicken, von Außenkante bis Außenkante gemessen. Das Nennmaß wird berechnet, indem man vom Baumaß 1 cm abzieht (siehe Bild 3.3).

Das Anbaumaß ist zu wählen, wenn die Länge für einen einseitig angemauerten Wandteil zu bestimmen ist. Das trifft z. B. für den Abstand einer Fenster- oder Türleibung bis zur nächsten anstoßenden Wand und für die Tiefe einer Nische zu. In diesen Fällen entspricht das Nennmaß dem Baurichtmaß (siehe Bild 3.4).

Das Innenmaß wird bei allen Öffnungsmaßen wie Raumbreiten und -tiefen, Fenster- und Türöffnungen in Breite und Höhe, Schornsteinen usw. berücksichtigt. Bei der Festlegung des Nennmaßes wird zum Baurichtmaß 1 cm hinzugezählt (siehe Bild 3.5).

Die Achsmaße werden in gleicher Weise berechnet. Das Nennmaß für den Abstand zwischen zwei Öffnungsachsen entspricht dem Baurichtmaß, von der Außenkante bis zur Achse dem Baurichtmaß minus 0,5 cm und von der Innenwand bis zur Achse dem Baurichtmaß plus 0,5 cm (siehe Bild 3.6).

Im Betonbau ist das Nennmaß gleich dem Baurichtmaß.
Zeichenaufgaben dazu auf Seite 88.

3.3.5 Maßeintragungen

Der Umfang der Maßeintragungen richtet sich nach der Art der Bauzeichnung und dem damit zusammenhängenden Maßstab. Bei einer Vorentwurfszeichnung reichen wenige Maße aus, die Ausführungszeichnung erfordert dagegen wegen der größeren Genauigkeit erheblich mehr Maße. Die notwendigen Rohbaumaße sind jeweils so einzutragen, daß Fehler vermieden werden. Maßzahlen sind nur dann zu wiederholen, wenn es die Klarheit der Zeichnung notwendig macht.

Tab. 3.5 Baunennmaße (12,5 cm = 1 am)

Außenmaß Anbaumaß − 1	Anbaumaß Baurichtmaß	Innenmaß Anbaumaß + 1
11,5	12,5	13,5
24	25	26
36,5	37,5	38,5
49	50	51
61,5	62,5	63,5
74	75	76
86,5	87,5	88,5
99	100	101
111,5	112,5	113,5
...	...	...

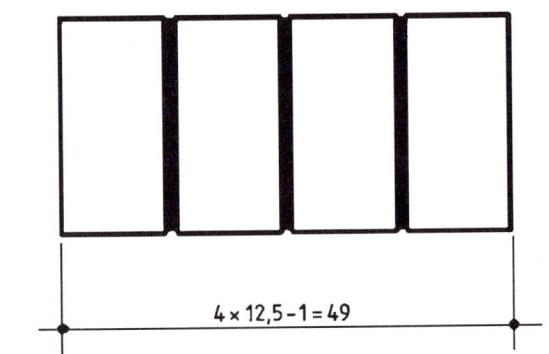

Bild 3.3 Außenmaß

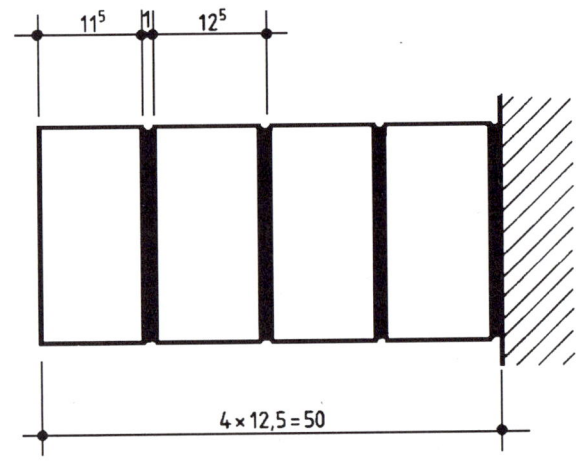

Bild 3.4 Anbaumaß

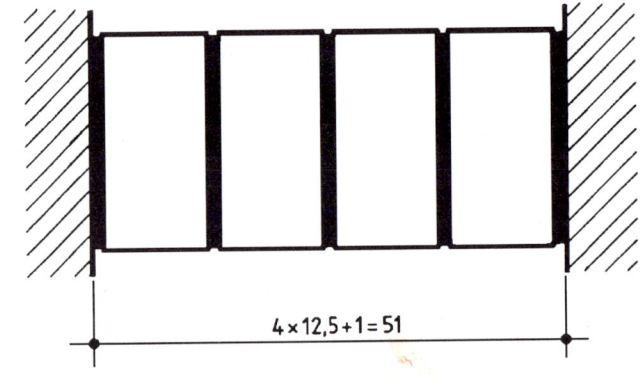

Bild 3.5 Innenmaß

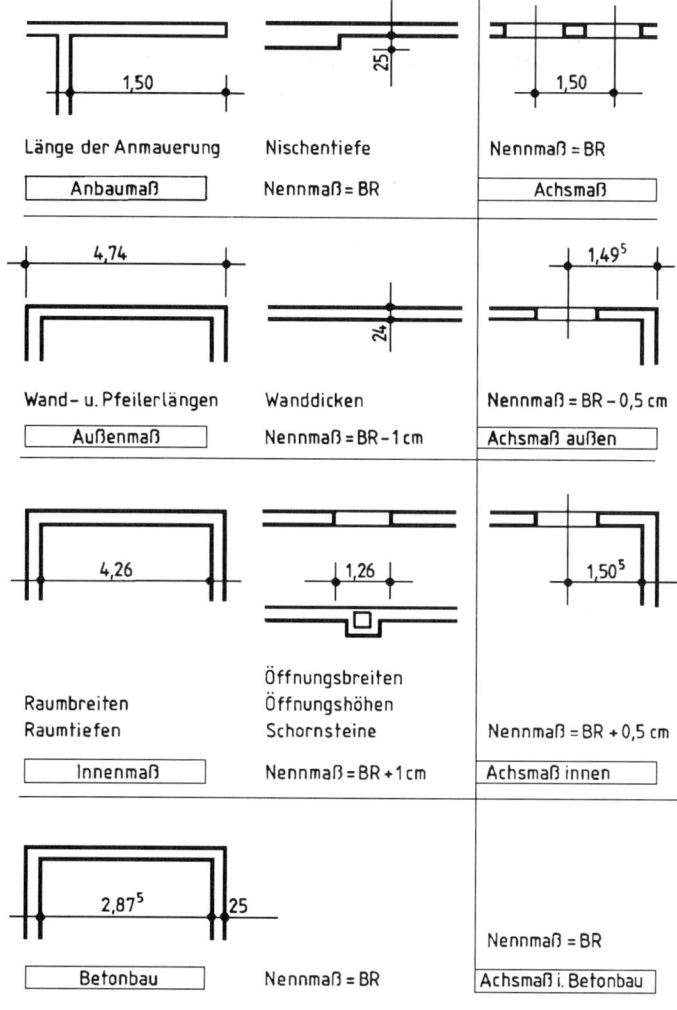

1,50	25	1,50
Länge der Anmauerung	Nischentiefe	Nennmaß = BR
Anbaumaß	Nennmaß = BR	Achsmaß
4,74	24	1,49⁵
Wand- u. Pfeilerlängen	Wanddicken	Nennmaß = BR − 0,5 cm
Außenmaß	Nennmaß = BR − 1 cm	Achsmaß außen
4,26	1,26	1,50⁵
Raumbreiten Raumtiefen	Öffnungsbreiten Öffnungshöhen Schornsteine	Nennmaß = BR + 0,5 cm
Innenmaß	Nennmaß = BR + 1 cm	Achsmaß innen
2,87⁵ 25		Nennmaß = BR
Betonbau	Nennmaß = BR	Achsmaß i. Betonbau

Bild 3.6 Nennmaße

3.3.6 Benennung für die Bemaßung

Die Bemaßung besteht aus Maßzahl, Maßlinie, Maßlinienbegrenzung und ggf. Maßhilfslinie.

3.3.7 Maßzahl

Maßzahlen müssen deutlich senkrecht, waagerecht oder schräg geschrieben oder gezeichnet werden. Der Bauausführende muß sie einwandfrei erkennen können, um Unstimmigkeiten und Mehrarbeit zu vermeiden. Die Höhe der Maßzahl richtet sich nach der Schrifthöhe (siehe Tab. 3.7). Das bedeutet für die Liniengruppe II 3,5 mm, für die Gruppe III 5 mm Schrifthöhe.

Maßzahlen sind in der Regel über der zugehörigen durchgezogenen Maßlinie (siehe Bild 3.9) so anzuordnen, daß sie in der Hauptleserichtung der Zeichnung von unten oder von rechts lesbar sind (siehe Bild 3.8).

Das Kopfende der Zahl soll immer nach oben oder zur linken Seite zeigen. Damit wird für den Betrachter der Zeichnung häufiges Umwenden vermieden.

Können Maßzahlen aus Platzmangel nicht innerhalb des zu bemaßenden Bauteils eingetragen werden, so sind sie unmittelbar rechts darüber anzuordnen. Das trifft in fast allen Fällen für die Angabe von Wanddicken zu. Bei zwei aufeinanderfolgenden derartigen Maßen wird entsprechend Bild 3.10 verfahren. Wenn nötig, z. B. bei sehr dicht beieinanderliegenden Maßen, ist die Klarstellung durch eine Hinweislinie geboten.

Sollten während der Bauzeit wider Erwarten Änderungen erforderlich werden, ist die Maßangabe schräg durchzustreichen und die neue Maßzahl rechts darüber zu setzen.

Für einen reibungslosen und zeitlich möglichst straffen Bauablauf bildet die gewissenhafte Bemaßung der Rohbauteile nach der Maßordnung eine wesentliche Grundlage. Nur wenn die Zeichnungen detailliert bemaßt sind und sich die Bauausführenden auch verantwortlich an diese Vorgaben halten, lassen sich alle schon während der Rohbauzeit hergestellten Ausbauteile problemlos montieren.

Ausführungszeichnungen mit verbindlichen Maßeintragungen sind eine Voraussetzung für das kostenbewußte Bauen. Vielfach übliche Eintragungen wie „Alle Maße sind am Bau zu prüfen" könnten den Anschein erwecken, daß Abweichungen und Änderungen einkalkuliert sind. Sie sollten daher gerade im Sinne der heute anzustrebenden kürzeren Bauphasen unterbleiben.

Die Wahl der Maßeinheiten richtet sich nach der Bauart oder der Art des Bauwerkes.

Die verwendete Maßeinheit ist in Verbindung mit dem Maßstab anzugeben (z. B. M 1 : 100 – m, cm).

Bei den in der Tab. 3.6 genannten Maßeinheiten m, cm werden alle Maße unter einem Meter in cm und über einem Meter in m geschrieben. Bruchteile von Zentimetern werden zur besseren Unterscheidung hochgesetzt, z. B. 11⁵ oder 1,38⁵.

Tischler- und Metallbauzeichnungen werden immer in Millimeter bemaßt.

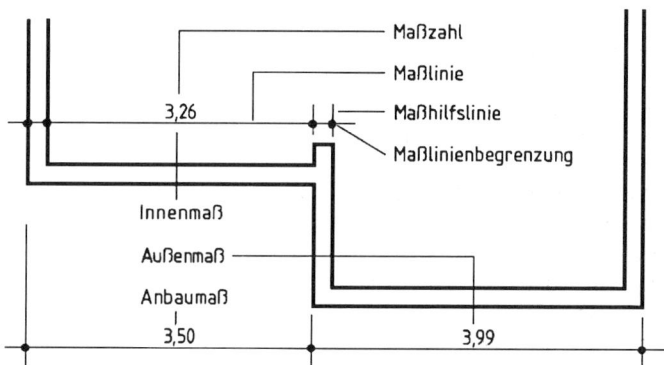

Bild 3.7 Benennung für die Bemaßung

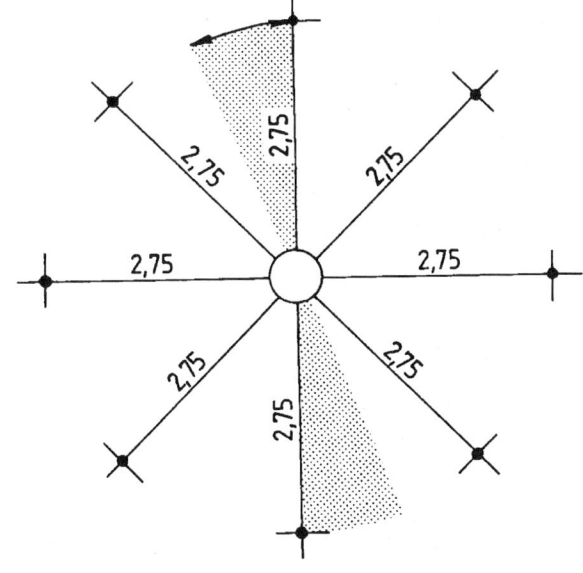

Bild 3.8 Richtung der Maßzahlen

21

3.3.8 Maßlinie

Maßlinien sind als feine Vollinien zu zeichnen. Sie liegen parallel zum Baukörper, dessen Länge sie angeben. Maßlinien gehen ein paar Millimeter über die Maßlinienbegrenzung hinaus. Es wird empfohlen, den Abstand der Maßlinie von der Begrenzungslinie des Baukörpers in der Liniengruppe II mit 1 cm, in der Liniengruppe III mit 1,4 cm anzunehmen (siehe Bilder 3.20 und 3.21).

Das Kreuzen von vollen Maßlinien soll nach Möglichkeit vermieden werden. Ansonsten ist eine der Maßlinien wie in Bild 3.12 zu unterbrechen.

3.3.9 Maßlinienbegrenzung

Die Maßlinienbegrenzung (siehe Bild 3.14) kann dargestellt werden:
a) durch einen geschlossenen Punkt mit einem Durchmesser von 1,0 oder 1,4 mm,
b) durch einen Schrägstrich, der in der Leserichtung der Zeichnung von links unten nach rechts oben unter 45° als schmale Linie von etwa 5 mm Länge gezeichnet wird.

Bild 3.15 zeigt das Bemaßen und die Maßlinienbegrenzung von Winkeln, Bild 3.16 die Darstellung und Bemaßung von Radien.

In Ausnahmefällen kann bei Vorentwurfszeichnungen oder Lageplänen wegen des zu kleinen Maßstabs auf eine Maßlinienbegrenzung verzichtet werden, jedoch nur, wenn dadurch keine Unklarheiten entstehen.

Welche Form der Maßlinienbegrenzung man wählt, bleibt letztlich eine Frage persönlicher Vorlieben. Der Punkt bereitet am wenigsten Arbeit, weil sein Durchmesser von 1,0 oder 1,4 mm durch ein Schreibgerät vorgegeben und an keine Richtung gebunden ist. Beim Schrägstrich dagegen müssen sowohl die Richtung als auch die Länge berücksichtigt werden. Für den Schrägstrich spricht jedoch der Umstand, daß er als Maßlinienbegrenzung auf einer breiten Vollinie bei Zeichnungen in größerem Maßstab deutlicher zu erkennen ist als ein Punkt.

In jedem Fall sollte innerhalb einer Zeichnung nur eine Maßlinienbegrenzung verwendet werden. Ein Versuch lohnt sich, den jeweiligen Zeitaufwand für das Eintragen von unterschiedlichen Maßlinienbegrenzungen in eine Kopie derselben Zeichnung festzustellen (siehe Bild 3.17).

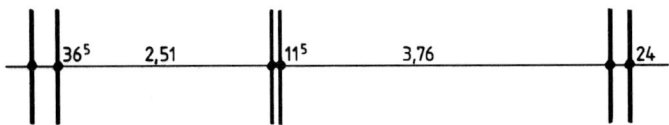

Bild 3.9 Bemaßen von Wanddicken

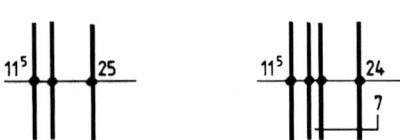

Bild 3.10 Maßzahl mit Hinweislinie

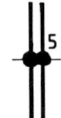

Bild 3.11 Maßlinienbegrenzung bei geringen Wanddicken

3.3.10 Maßhilfslinie

Die Maßhilfslinien werden in Verlängerung der Außenkanten des zu bemaßenden Baukörpers gezogen (siehe Bild 3.14). Sie begrenzen rechtwinklig die Maßlinie und gehen etwas darüber hinaus. Wie Bild 3.13 zeigt, trifft das auch für schräg zueinander verlaufende Wände zu. Maßhilfslinien sind als feine Vollinien zu zeichnen.

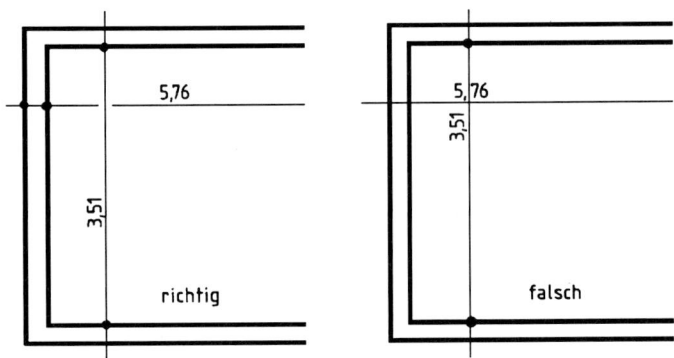

Bild 3.12 Kreuzen von Maßlinien

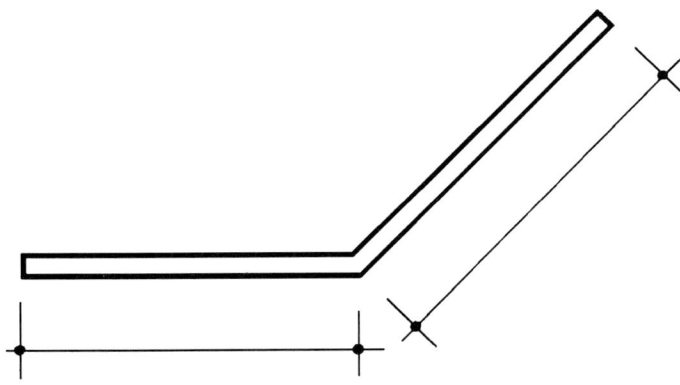

Bild 3.13 Maßlinien bei schrägen Wänden

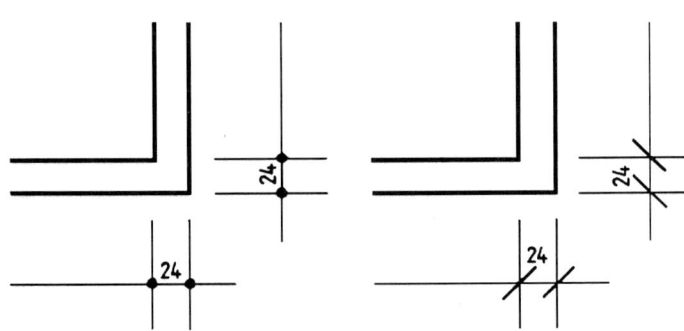

Bild 3.14 Maßlinienbegrenzungen

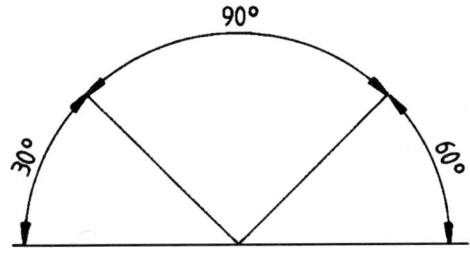

Bild 3.15 Bemaßen von Winkeln

Tab. 3.6 Maßeinheiten

Maßeinheit	Maße		
	über 1 m z. B.	unter 1 m z. B.	
m	3,76	0,05	0,24	0,885
cm	376	5	24	88,5
m, cm	3,76	5	24	88^5
mm	3760	50	240	885

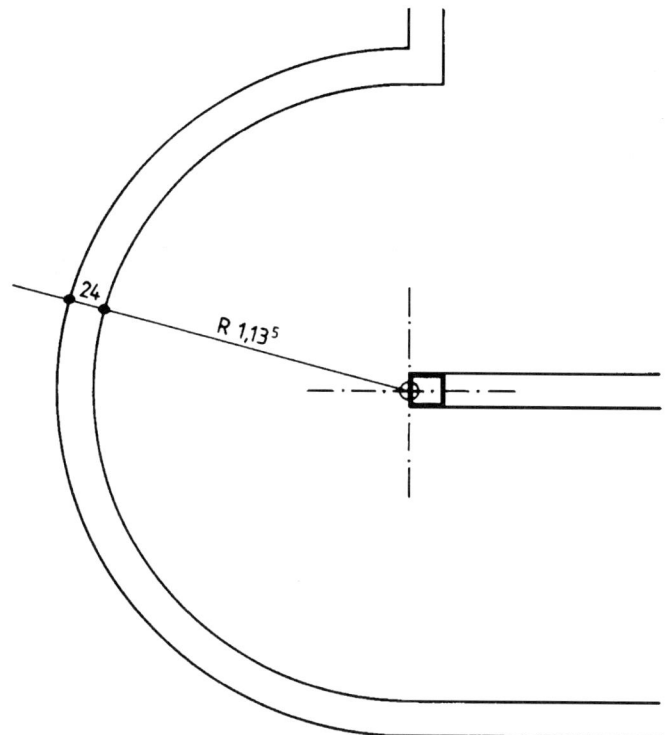

Bild 3.16 Bemaßen von Radien

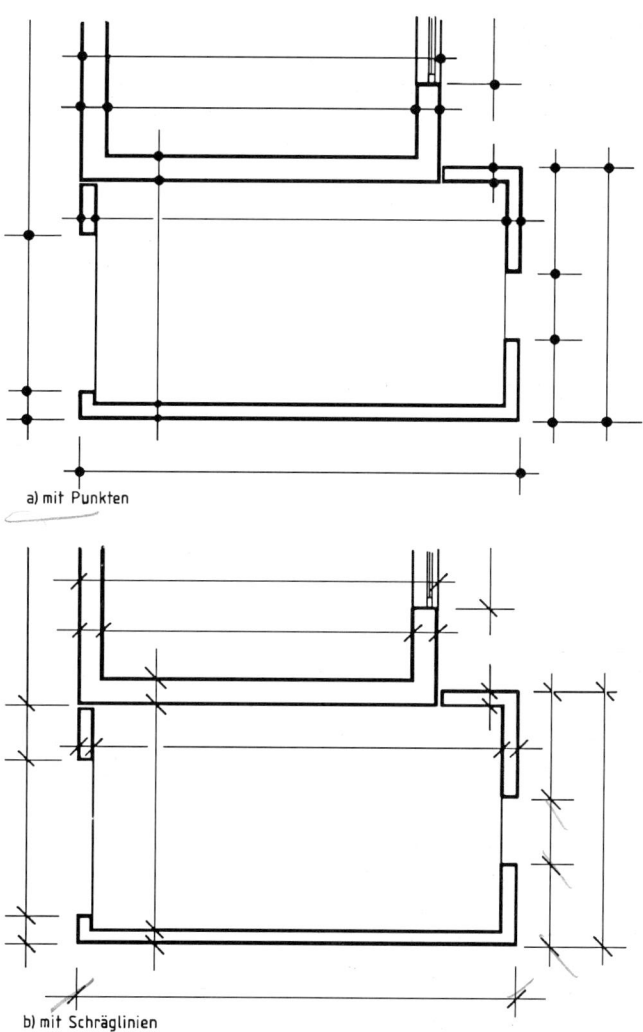

a) mit Punkten

b) mit Schräglinien

Bild 3.17 Maßlinienbegrenzungen durch Punkte (oben) oder Schräglinien (unten) in derselben Zeichnung

3.3.11 Rasterteilung

Der zugrunde gelegte Achs- oder Feldraster oder ein kombinierter Achsfeldraster wird durch dünne Vollinien gekennzeichnet (siehe Bild 3.18).

Nebenachsen oder Feldunterlagen werden durch dünne Strichlinien gekennzeichnet.

Die Bezeichnung der Achsen und Felder ist so zu wählen, daß eine eindeutige geometrische Bestimmung möglich ist.

3.3.12 Maßanordnung

Bauteile werden im allgemeinen von unten oder von rechts bemaßt (siehe Bild 3.19). Mehrere Maße hintereinander werden in Form einer Maßkette angeordnet, wobei die Maße auf der gleichen Höhe liegen. Mehrere parallele Maßketten sind nach Bild 3.20 anzuordnen, wobei empfohlen wird, den Abstand der Maßlinien untereinander in der Liniengruppe II mit 1 cm, in der Liniengruppe III mit 1,4 cm anzunehmen, ebenso den Abstand von der Begrenzungslinie. Beim Anordnen der Darstellungen und bei der Berücksichtigung der Maßketten ist es zweckmäßig, pro Maßlinie 1 cm Abstand von der am weitesten herausragenden Begrenzung der Darstellung vorzusehen.

Innenmaße werden zumindest in Ausführungszeichnungen innerhalb der Räume gezeichnet (siehe Bild 3.21). Für den Leser der

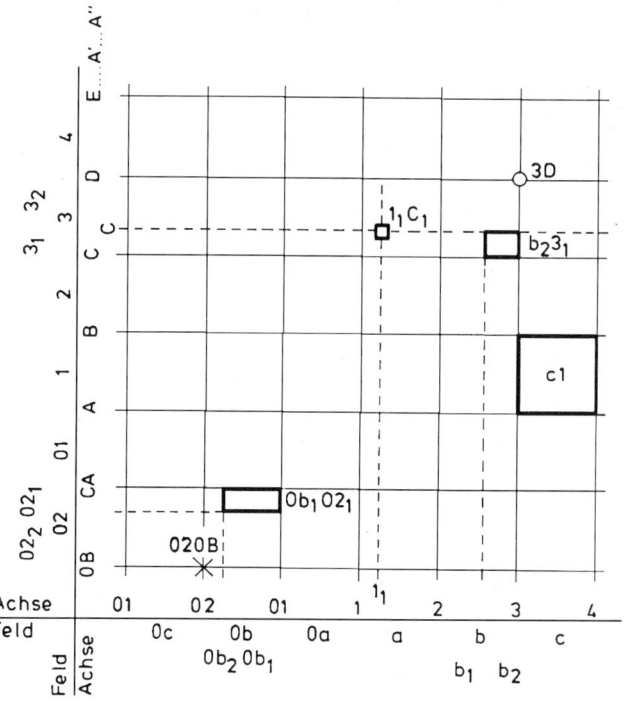

Bild 3.18 Rasterteilung

23

Zeichnung ist es übersichtlicher, die Raummaße und die Wanddicken an der entsprechenden Stelle zu finden, als sie von außerhalb der Darstellung durch das Verlängern der Maßhilfslinien zu suchen. Innenmaße sind so anzuordnen, daß Flächen in der Raummitte frei bleiben für Raumbezeichnungen, Quadratmeterangaben und Möbel.

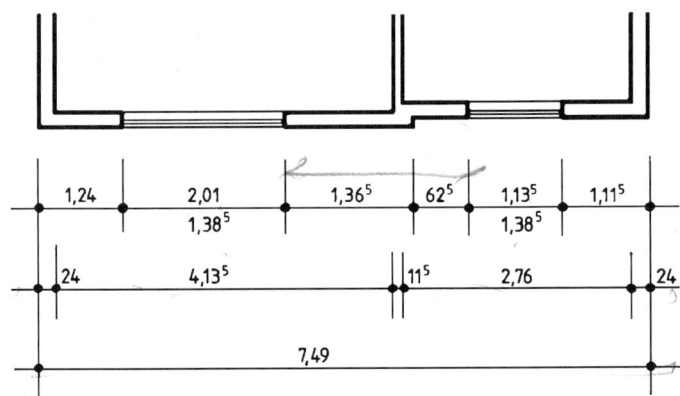

Bild 3.20 Maßketten in Entwurfszeichnungen

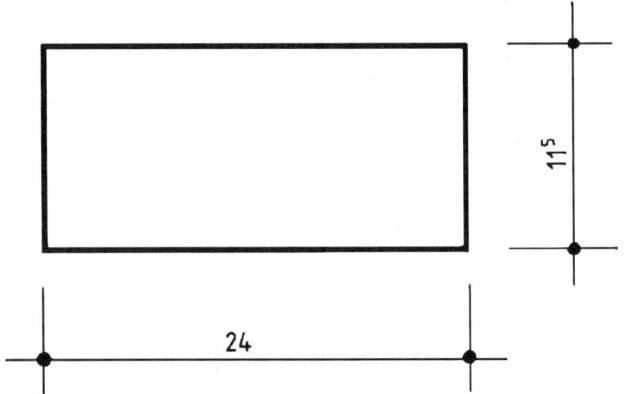

Bild 3.19 Maßanordnung

3.3.13 Höhenmaße

Höhenmaße wie Geschoßhöhen, lichte Raumhöhen, lichte Rohbauhöhen, Brüstungs-, Fenster-, Tür- und Sturzhöhen werden in Form von Maßketten wie im Bild 3.22 eingezeichnet:

    Oberkante (OK) Fertigkonstruktion $\triangledown$

    Oberkante Rohkonstruktion   ▼

    Unterkante (UK) Fertigkonstruktion $\triangle$

    Unterkante Rohkonstruktion   ▲

(siehe Zeichnungen auf den Seiten 63 bis 74)

  In manchen Fällen, vor allem in Grundrissen, ist auch die Bezeichnung Oberfläche (OF) angebracht. Die Seitenlänge des gleichseitigen Dreiecks richtet sich jeweils nach der Schriftgröße.

  Die Geschoßhöhe als Höhenmaß von OK Fertigkonstruktion bis OK Fertigkonstruktion im nächsten Geschoß dient als Grundlage für die Höhenberechnung des gesamten Gebäudes.

  Die lichte Rohbauhöhe als Höhenmaß von OK Rohkonstruktion bis UK Rohkonstruktion ist das wichtigste Höhenmaß für den Bauausführenden.

  Die lichte Höhe als Höhenmaß von OK Fertigkonstruktion bis UK Fertigkonstruktion dient in Bauvorlagezeichnungen als Nachweis für die Mindesthöhen, z. B. von Räumen, die zum dauernden Aufenthalt von Menschen vorgesehen sind.

  Höhenlagen von Ober- oder Unterkanten der Fertig- oder Rohkonstruktionen werden zweckmäßigerweise auf die Höhenlage der Fertigdecke über dem Kellergeschoß mit ± 0,00 m bezogen. Zusätzlich sollte eine Angabe über NN erfolgen, die außerhalb der Schnittzeichnung darzustellen ist. Manchmal wird auch ein Kanaldeckel oder die Höhe der Straßenmitte als Höhenbezugspunkt angegeben.

  Die Höhenzahlen stehen in Schnittdarstellungen oberhalb oder unterhalb des Dreiecks, in Grundrissen rechts daneben.

3.3.14 Weitere Maßeintragungen

Wandöffnungen in Grundrissen, insbesondere Türen und Fenster, werden so bemaßt, daß die Maßzahl für die Breite über die Maß-

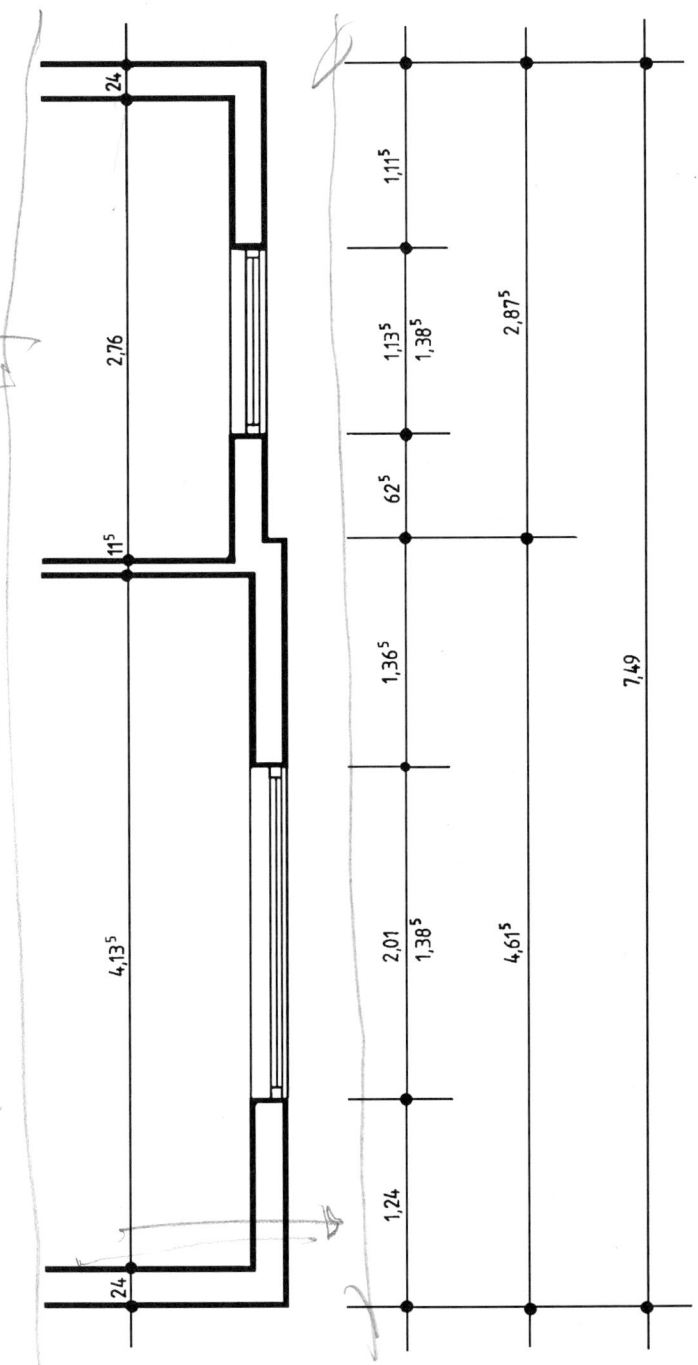

Bild 3.21 Maßketten in Ausführungszeichnungen

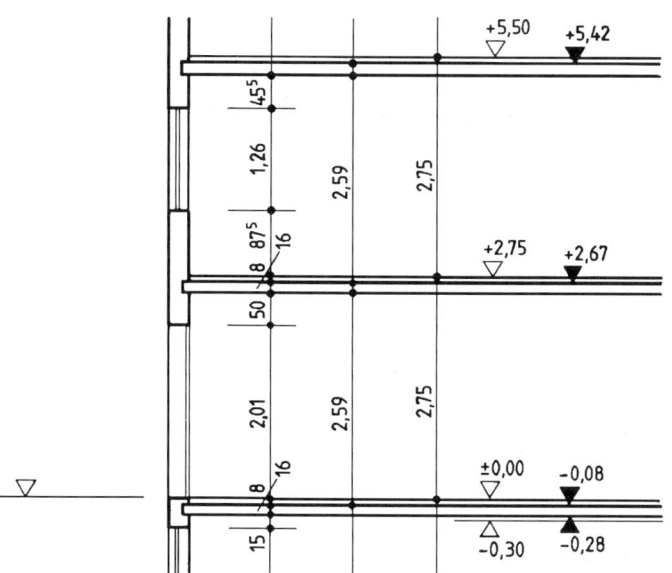

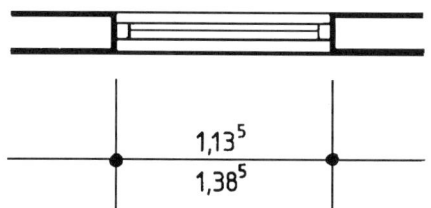

linie und die Maßzahl für die Höhe direkt darunter unter der Maßlinie anzuordnen ist (siehe Bild 3.23).

Rechteckquerschnitte (z. B. Balken oder Schornsteine) können durch Angabe ihrer Seitenlängen (Breite/Höhe) in Bruchform bemaßt werden, z. B. 12/16.

Runde Querschnitte erhalten vor der Maßzahl das Durchmesserzeichen ∅, z. B. ∅ 12.

Radien sind vor der Maßzahl mit dem Großbuchstaben R zu kennzeichnen (siehe Bild 3.16).

Denken Sie bei der Festlegung von Längen-, Breiten- und Höhenmaßen immer an die Baurichtzahlen!
Unterscheiden Sie bei den Nennmaßen Anbau-, Außen- und Innenmaße!
Bemaßen Sie Bauteile stets von rechts und von unten!
Schreiben Sie die Maßzahlen so, daß sie von der unteren rechten Ecke aus lesbar sind!
Wählen Sie für die Größe der Maßzahl die gleiche Nennhöhengruppe wie für die Schrift!

3.4 Beschriften von Zeichnungen

3.4.1 Normschrift nach DIN 6776; ISO 3098/1

Die Bauzeichnung soll nicht nur zeichnerisch, sondern auch durch eine deutlich lesbare Schrift mithelfen, die Wünsche und Vorstellungen des Bauherrn in die Wirklichkeit zu übertragen. Dabei kann die Handschrift des Zeichnenden den Gesamteindruck der Darstellung prägen. Die zunehmende Anwendung der Kopiertechniken und der Mikroverfilmung von Zeichnungen führte zum Einsatz von Schablonen und Beschriftungsgeräten. Die Normschrift mit der Festlegung von Schriftgröße und Linienbreiten bestimmt jetzt das geschriebene Bild einer Zeichnung. Bei Plotterzeichnungen ist nur eine Maschinenschrift möglich.

3.4.2 Anreibesymbole

In jeder Bauzeichnung müssen immer wieder bestimmte Zeichen, Buchstaben, Raster, Symbole usw. eingezeichnet werden. Je komplizierter die Zeichnung ist, um so höher ist der dafür erforderliche Zeitaufwand, diese Einzelheiten zu zeichnen. Das kann sich sogar auf das Schriftfeld oder ähnliche immer wiederkehrende Vorlagen erstrecken.

Für alle diese Zwecke verwenden viele Büros Anreibesymbole, die sich verhältnismäßig einfach handhaben lassen. Diese Vereinfachung der Zeichenarbeit ermöglicht eine Senkung der Zeichnungskosten, wobei die Zeichnungsqualität gleichzeitig steigt.

3.4.3 Normschrift in der Bauzeichnung

1. Schriftfeld (siehe Bild 2.11).
2. Beim Schriftblock unterhalb der Darstellung, z. B. Grundriß Erdgeschoß, beginnt der Zeichner in der Verlängerung der linken Darstellungskante. Das Anordnen des Schriftblockes genau in der Mitte oder an der rechten Seite der Darstellung ist durch viel Maßarbeit mit erheblichem Zeitaufwand verbunden und daher nicht zu empfehlen. Der Abstand der Schriftreihe von der Begrenzungslinie der Darstellung oder der äußeren Maßlinie ist der gleiche wie bei Maßlinien untereinander, nämlich in der Liniengruppe II 1 cm und in der Liniengruppe III 1,4 cm (siehe Bild 3.25).
3. Die Beschriftung der Raumbezeichnungen legt man zweckmäßigerweise so in ein freies Feld, daß möglichst viele Bezeich-

Bild 3.22 Bemaßen von Höhen

Bild 3.23 Bemaßen von Wandöffnungen

ABCDEFGHIJKLMNO
PQRSTUVWXYZ
abcdefghijklmnopq
rstuvwxyz
1234567890

ABCDEFGHIJKLMNO
PQRSTUVWXYZ
abcdefghijklmnopq
rstuvwxyz
1234567890

Bild 3.24 Normschrift

Tab. 3.7 Schrifthöhe

Zeichnungsart	Liniengruppe	Linienbreite in mm	Schrifthöhe in mm
Vorentwurfszeichnung Entwurfszeichnung	I	0,18	2,5
Vorentwurfszeichnung Entwurfszeichnung Bauvorlagezeichnung	II	0,25	3,5
Ausführungszeichnung	III	0,35	5,0
Ausführungszeichnung	IV	0,50	7,0

nungen mit derselben Zeichenschieneneinstellung beschriftet werden können. Dabei sollen die Mitten der Räume bevorzugt werden (siehe z. B. die Grundrißzeichnungen in den Kapiteln 9 und 11).

4. Schrift und Zahlen werden mit schmaler Linienbreite gezeichnet (siehe Tab. 3.4). Für die Schrift und die Zahlen soll, wenn nicht etwas Besonderes hervorzuheben ist, aus Gründen der Rationalisierung die gleiche Schrifthöhe verwendet werden, die aus der Tab. 3.7 für die entsprechende Zeichnungsart entnommen werden kann.

3.4.4 Hinweise und Hinweislinien

Bild 3.26 zeigt den Aufbau einer Decke, die aus verschiedenen Materialien besteht. Solche Hinweise sind zweckmäßigerweise in Blockform anzuordnen.

Die Hinweislinien sollen nach Möglichkeit nur einmal rechtwinklig abgeknickt werden. Schräge Hinweislinien sind nur dann anzuwenden, wenn die Darstellung dadurch deutlicher wird.

Beschriften Sie jede Bauzeichnung der Norm entsprechend!
Wählen Sie immer die zur Zeichnungsart gehörende Schrifthöhe!
Verwenden Sie innerhalb einer Zeichnung die gleiche Schrifthöhe!
Beginnen Sie mit der Beschriftung einer Darstellung unterhalb der linken Begrenzungskante!
Legen Sie die Raumbezeichnungen möglichst in gleiche Höhe!

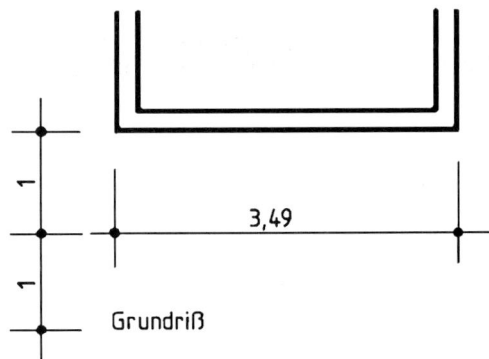

Bild 3.25 Lage des Schriftblocks in Entwurfszeichnungen

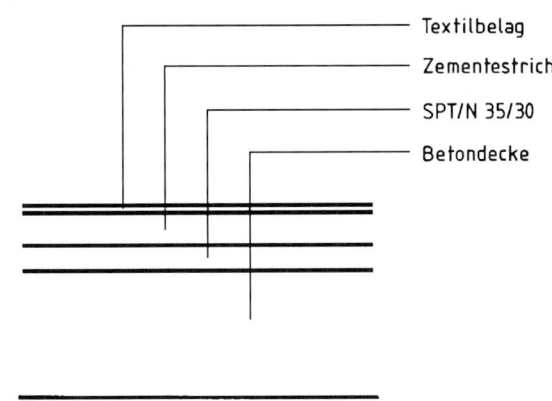

Bild 3.26 Hinweise, Hinweislinien

4 Darstellen von Körpern

4.1 Raumeck

Die Ausführung von Bauten oder Bauwerksteilen ist nur nach einwandfreien, gut durchgearbeiteten Zeichnungen möglich. Aus diesen müssen die äußere Gestaltung, die Konstruktion und sämtliche Maße für die Bauausführenden sichtbar sein. Nach Schrägbildern ein Gebäude herzustellen ist für die Bauausführenden kaum möglich, denn in diesen Darstellungen fehlen Außenmaße und sämtliche Maße für die Wände und Räume. Dennoch wird, vor allem in Fällen des Wettbewerbs, auf Zeichnungen dieser Art nicht verzichtet werden können.

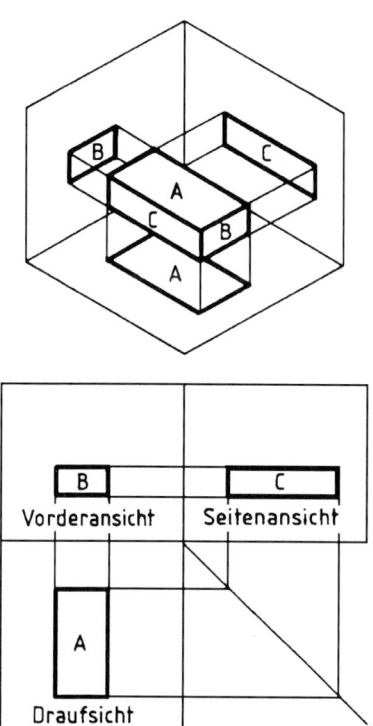

Bild 4.1 Raumeck

Diese Zeichentechnik ist durch einen Mauerstein im Raumeck veranschaulicht (siehe Bild 4.1). Drei Projektionsebenen sind rechtwinklig zu einer Raumecke zusammengefügt. Darin ist ein Mauerstein so ausgerichtet, daß die Begrenzungsflächen zu den entsprechenden Projektionsebenen parallel liegen. Die den Augen des Betrachters zugewandten Flächen des Steines werden auf die gegenüberliegenden Projektionsebenen als A, B und C übertragen. Anschließend werden alle Ebenen so aufgeklappt, daß eine Zeichenfläche entsteht. Es werden so viele Ansichten gezeichnet, wie für die Herstellung des Baukörpers erforderlich sind.

4.2 Darstellen von Körpern als Schrägbilder

Um einem Bauherrn das zu entwerfende Bauwerk besser zu veranschaulichen, kann der Architekt oder der Zeichner das Bauvorhaben durch ein Schrägbild räumlich darstellen.

4.2.1 Parallelperspektive

Als Parallelperspektiven bezeichnet man die sogenannten axonometrischen Projektionen oder Perspektiven. Dabei wird unterschieden zwischen isometrischer (Isometrie) und dimetrischer Projektion (Dimetrie).

Bei der Isometrie (iso heißt gleich) werden alle drei Körperausdehnungen (Dimensionen) unverkürzt gezeichnet. Die Seiten verhalten sich wie a : a : a. Die vom Achspunkt ausgehenden Linien sind um 30° gegen die Waagerechte geneigt (siehe Bild 4.2).

Bei der Dimetrie (di heißt zwei) werden zwei unterschiedliche Maßstäbe angewandt. Nur Höhe und Breite des Körpers sind gleich. Die von der Waagerechten ausgehenden Linien sind meist um 7° und 42° geneigt. Die in die Tiefe führenden Linien sind halbiert (siehe Bild 4.3).

Als Kavalierperspektive wird in der Regel die Form der Dimetrie bezeichnet, bei der die Waagerechte und Senkrechte des Körpers im rechten Winkel zueinander und parallel zur Bildebene liegen (siehe Bild 4.4). Die in die Tiefe führenden Linien sind um 45° geneigt, ihre Längen werden verkürzt ($\frac{1}{2}$ a oder $\frac{2}{3}$ a).

Zeichenaufgaben dazu auf Seite 92.

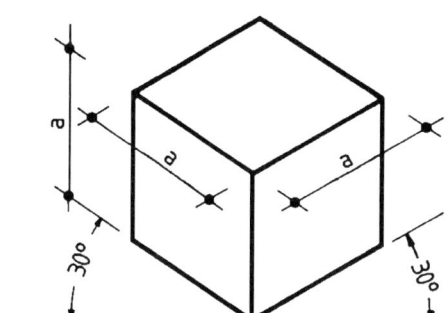

Bild 4.2 Isometrie

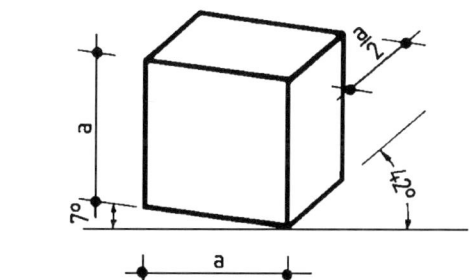

Bild 4.3 Dimetrie

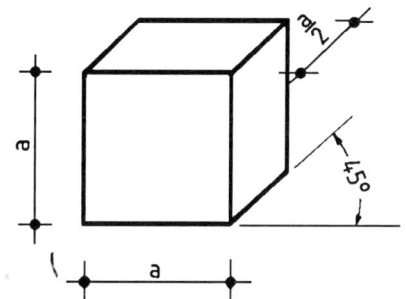

Bild 4.4 Kavalierperspektive

4.2.2 Zentralperspektive

Das Zeichnen der Ansichten eines Baukörpers entspricht nicht der Wirklichkeit, denn das Auge sieht den Körper nicht in jedem Höhenpunkt rechtwinklig zur Ansichtsfläche, sondern perspektivisch, d. h. räumlich. Liegt der darzustellende Körper rechtwinklig (frontal) zur Zeichenebene, wird nach einem Fluchtpunkt gezeichnet, liegt er schiefwinklig zur Zeichenebene, wird nach zwei Fluchtpunkten konstruiert.

Hinweise für die Konstruktion:
1. Zeichenebenen, Draufsicht, Vorder- und Seitenansicht des Körpers festlegen;
2. Standpunkt und Augpunkt eintragen (Abstand etwa 1,5fache Körperbreite von der Zeichenebene);
3. Fluchtpunkt senkrecht über dem Standpunkt in Höhe des Augpunktes einzeichnen und die Eckpunkte der Vorderansicht mit dem Fluchtpunkt verbinden;
4. Stand- und Augpunkt mit allen Körperecken verbinden (Sehstrahlen);
5. Schnittpunkte der Sehstrahlen auf den Zeichenebenen senkrecht oder waagerecht in die Vorderansicht übertragen;
6. Körperkanten des Schrägbildes zeichnen.

Die Fluchtpunkte werden gefunden, indem Parallelen zu den Körperkanten durch den Standpunkt gezogen und die Schnittpunkte der Zeichenebene senkrecht bis zur Höhe des Augpunktes übertragen werden.

Die Höhe der Horizontallage bestimmt die Art der Zentralperspektive. Die Anwendung der Zentralperspektive in normaler Horizontallage für ein Gebäude, das schiefwinklig zur Zeichenebene liegt, dessen Breite, Länge und Höhe gegeben ist, zeigt Bild 4.8.

So, wie man das Gesamtbild eines Hauses von außen darstellen kann, ist es möglich, die Raumgestaltung durch die Innenraumperspektive zu veranschaulichen (siehe Zeichnungen S. 77 und 78).

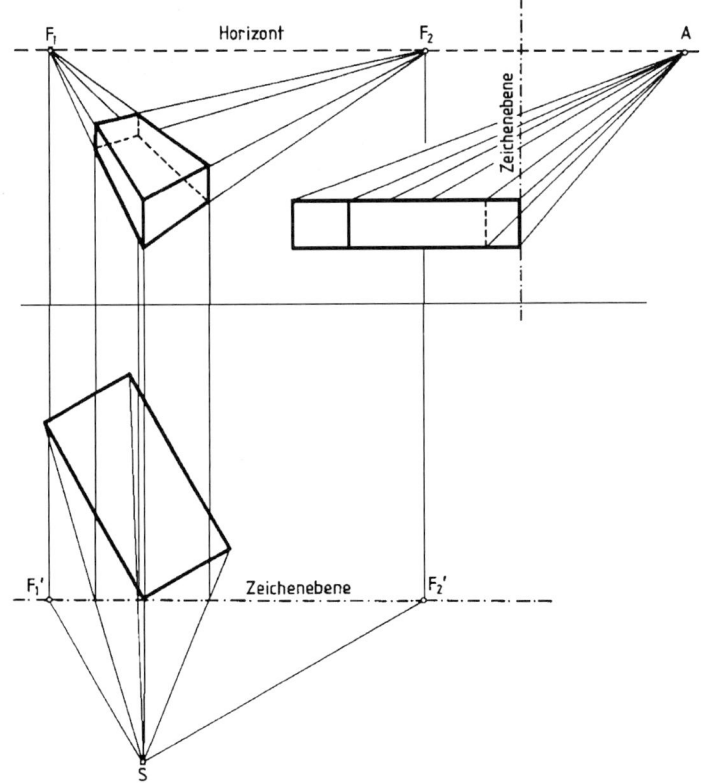

Bild 4.6 Übereckperspektive

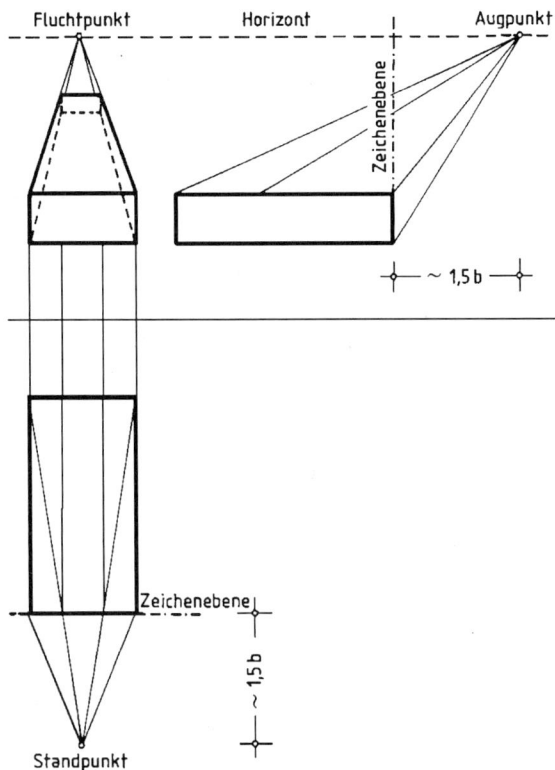

Bild 4.5 Frontalperspektive

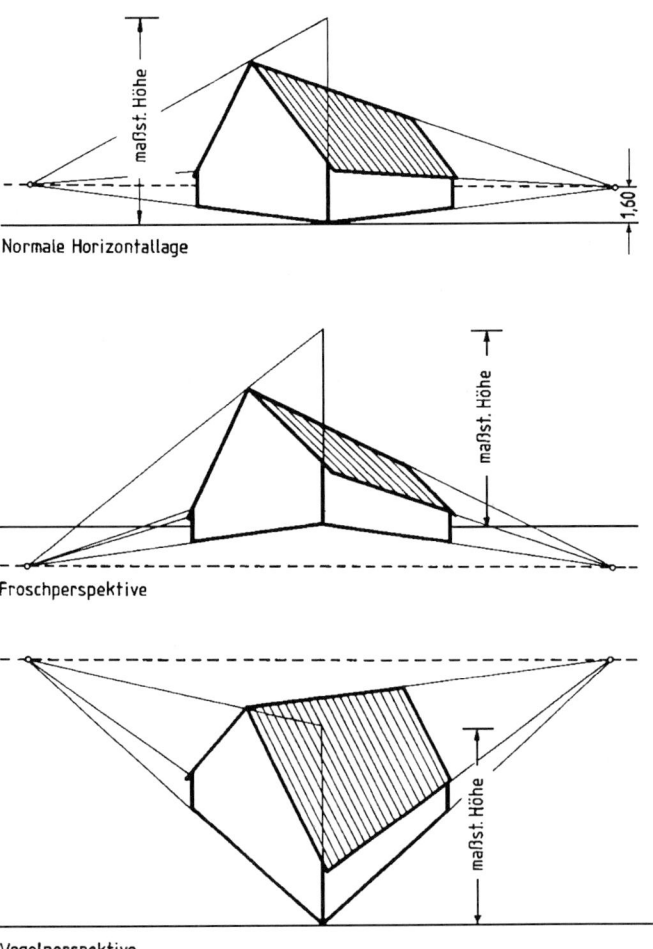

Bild 4.7 Horizontallagen

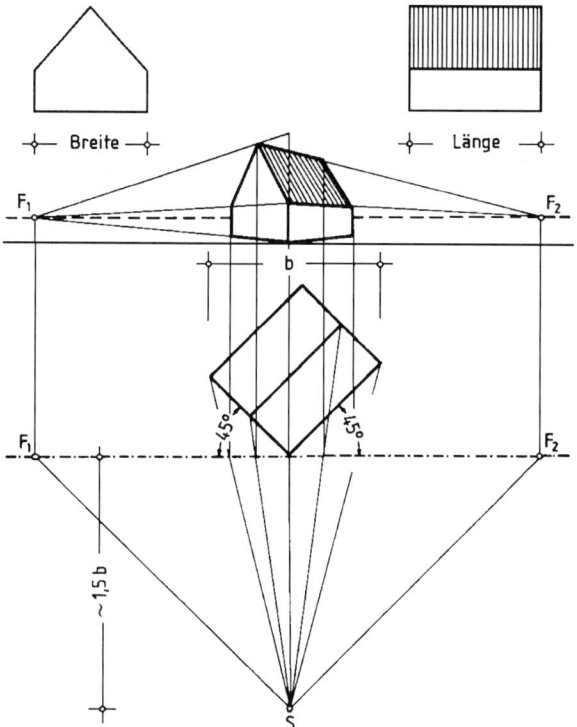

Bild 4.8 Übereckperspektive

Hinweise für die Konstruktion:
Zeichne
1. den Grundriß,
2. die Zeichenebene (Strichpunktlinie) und den Standpunkt,
3. die hintere Wand in maßstäblicher Größe und in 1,60 m Höhe den Fluchtpunkt,
4. die Sehstrahlen,
5. die Höhenlagen der Öffnungen und Möbel maßstäblich in der Ecke der hinteren Wand,
6. die Strahlen vom Fluchtpunkt durch die Höhenpunkte.

4.3 Darstellen von Körpern in Grundrissen, Schnitten und Ansichten

Im vorigen Abschnitt wurde gezeigt, wie man einen Körper auf eine Zeichenfläche überträgt. Nach dem gleichen Grundsatz kann der Zeichner verfahren, wenn er ein Haus auf einem Zeichenblatt darstellen will. Er muß immer überlegen, daß die Zeichnung für den Bauausführenden als Arbeitsunterlage dienen soll. Daher müssen die Einzelteile einwandfrei zu erkennen sein.

Aus der Draufsicht eines Hauses kann der Maurer z. B. nicht erkennen, wo eine Wand angelegt werden soll und wie dick sie ist. Aus dem Grunde legt der Zeichner durch jedes Geschoß einen Schnitt, der als Grundriß bezeichnet wird. Der Grundriß ist die Draufsicht auf den unteren Teil eines waagerecht geschnittenen

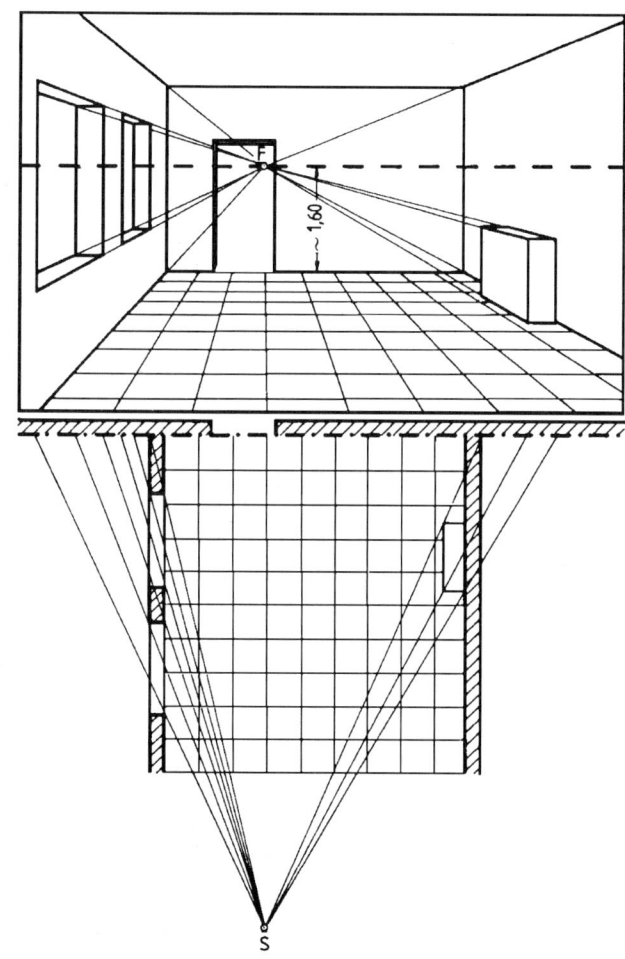

Bild 4.9 Innenraumperspektive

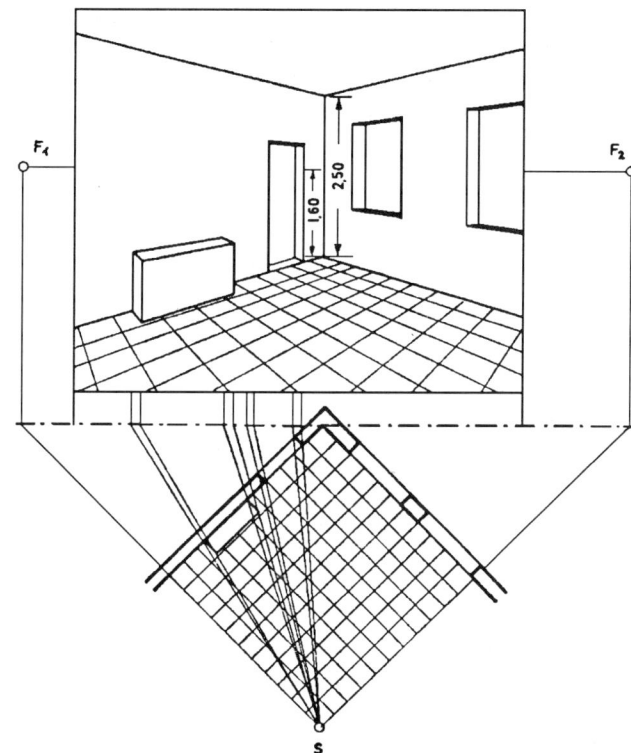

Bild 4.10 Innenraumperspektive

Baukörpers. Die Begrenzungen werden als sichtbare Kanten durch Vollinien in der entsprechenden Liniengruppe dargestellt. Unterhalb der Schnittebene liegende verdeckte Kanten werden als Strichlinien, oberhalb der Schnittebene liegende Kanten wie Unterzüge, Öffnungen und dergleichen als Punktlinie gezeichnet. Dadurch werden alle Wände und weitere Einzelheiten wie aus der Vogelschau sichtbar.

Diese Art der Darstellung nennt man je nach Lage des Geschosses Keller-, Erd-, Ober- oder Dachgeschoßgrundriß. Der Höhenabstand der Schnittebene vom Fußboden oder von der Decke läßt sich nicht genau in Metern angeben. Er beträgt etwa 1,0 m bis 1,5 m und soll so gewählt werden, daß wesentliche Bauteile wie Fenster- und Türöffnungen, Treppen usw. geschnitten werden. Die Schnittebene kann auch innerhalb eines Grundrisses versetzt werden, damit höherliegende Teile, z. B. Garderobenfenster, erfaßt werden.

Abweichend von der beschriebenen Art und Weise der Darstellung aus dem Hoch- und Tiefbau wird der waagerechte Schnitt im Ingenieur- und Tragwerksbau genau umgekehrt gezeichnet. Hier kann der Grundriß auch die gespiegelte Untersicht unter den oberen Teil eines Baukörpers sein („Blick in die leere Schalung").

Bild 4.11 zeigt die Kennzeichnung des Schnittverlaufs im Grundriß. Der äußere Teil des Schnittverlaufs wird durch eine breite Strichpunktlinie gekennzeichnet. Verspringt der Schnitt (siehe z. B. Bild 11.1), so ist dieser Punkt ebenfalls anzugeben. Das Ende des Schnittverlaufs wird auf beiden Seiten durch den gleichen Großbuchstaben bezeichnet, der auch die Blickrichtung angibt. Bei mehreren Schnitten liegen diese Buchstaben immer in der Leserichtung.

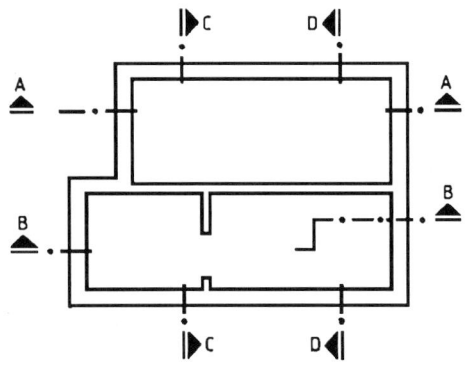

Bild 4.11 Kennzeichnen des Schnittverlaufs im Grundriß

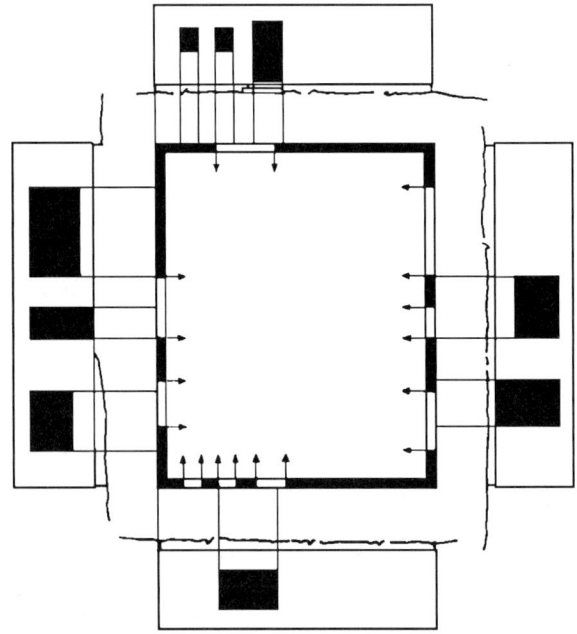

Bild 4.12 Darstellen von Ansichten

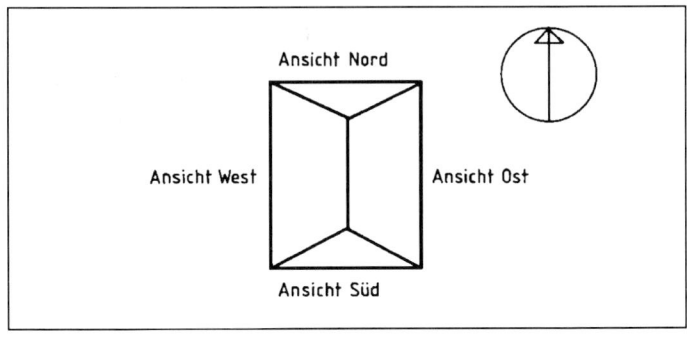

Bild 4.13 Kennzeichnen von Ansichten nach der Himmelsrichtung

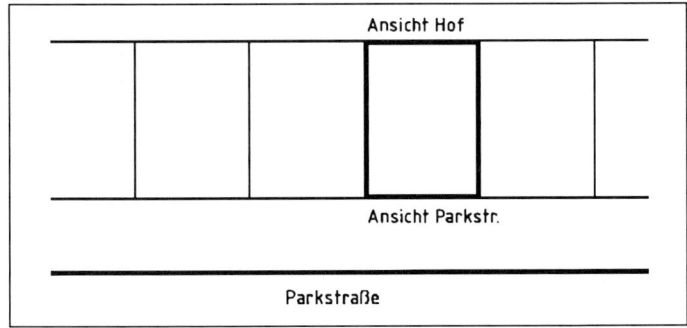

Bild 4.14 Kennzeichnen von Ansichten nach der Umgebung

Bild 4.15 Bäume und Personen

Aus dem Grundriß kann der Bauhandwerker aber nur Längen und Breitenmaße entnehmen.

Der senkrechte Schnitt rechtwinklig oder parallel zu den Außenflächen des Bauwerks oder Bauteils gibt dem Zeichner Gelegenheit, die noch fehlenden Maße einzutragen. Diese Art der Darstellung nennt man Längs- oder Querschnitt. Der Längsschnitt liegt parallel zur längeren Seite, der Querschnitt parallel zur kürzeren Seite des Gebäudes. Die von vorn sichtbaren Begrenzungen der Bauteilvorderseiten werden als sichtbare Kanten durch Vollinien in der entsprechenden Liniengruppe dargestellt. Hinter der Schnittebene liegende verdeckte Kanten werden durch Strichlinien, vor der Schnittlinie liegende Kanten, z. B. Öffnungen und Treppenläufe, durch Punktlinien gezeichnet.

Der Schnitt soll so angelegt werden, daß alle konstruktiv wichtigen Teile erfaßt werden. Dazu gehören vor allem das Dach und die Treppen sowie Wände, Decken und Öffnungen. In einigen Fällen ist es daher notwendig, einen Querschnitt und einen Längsschnitt zu zeichnen, wenn diese wichtigen Konstruktionsteile nicht in einem einzigen Schnitt gezeigt werden können. Der

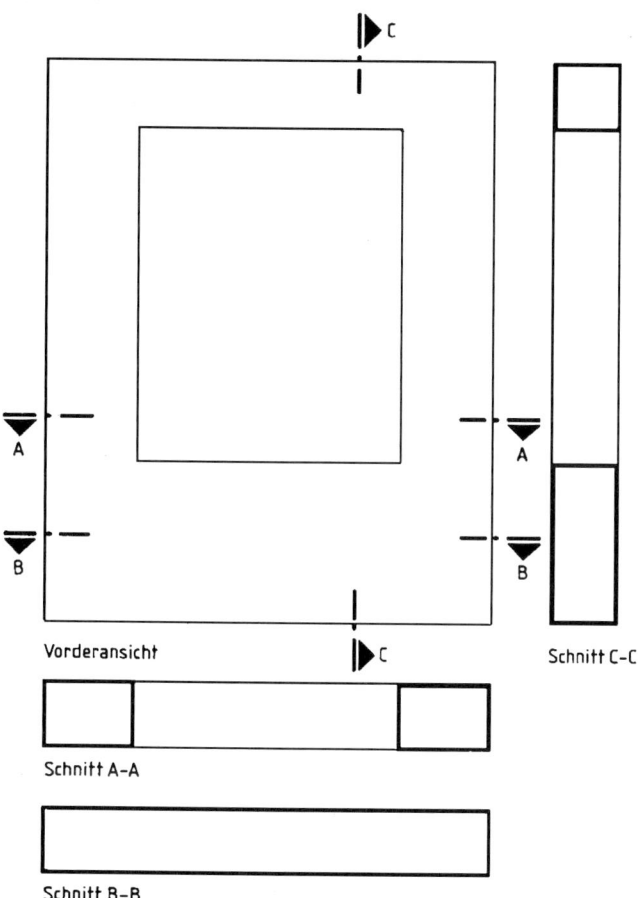

Vorderansicht · C

Schnitt A-A

Schnitt B-B

Bild 4.16 Ansichten und Schnitte einer Wand

Schnittverlauf kann geschwenkt oder versetzt werden. Die senkrechte Schnittebene wird im Grundriß nach Bild 4.11 gekennzeichnet.

Die Begrenzungslinien der Schnittflächen werden normalerweise durch Vollinien betont (siehe Bild 4.11). In besonderen Fällen, z. B. in einer Teilzeichnung, kann es zur Verdeutlichung beitragen, wenn einzelne Baustoffe durch verschiedene Schraffuren unterschieden werden (siehe Bilder 11.8 bis 11.11 und 12.9). Bei bestimmten Maßstäben dürfen Schnittflächen auch schwarz angelegt werden.

Die Ansichten vervollständigen das Gesamtbild. Sie sollen so gezeichnet werden, als ob sich der Zeichner mit seinem Auge rechtwinklig zu jedem Höhenpunkt der Ansichtsfläche des Gebäudes befindet. Von vorne sichtbare Begrenzungen der Bauteilvorderseiten werden als sichtbare Kanten durch Vollinien dargestellt (siehe Bilder 11.5 und 11.6).

Im Gegensatz zur Grundriß- und Schnittdarstellung zeigt die Ansichtsdarstellung nicht den Rohbau, sondern den fertigen Zustand. Bild 4.12 veranschaulicht das Übertragen der Öffnungen in die Ansichten. Wichtig ist die Überlegung, die Seiten- und Rückansichten in die richtige Lage zu bringen. Dazu schwenkt man die Seitenansichten nach links oder rechts bis in die waagerechte Lage. Die Rückansicht muß einmal um 180° gedreht werden, weil sie sonst spiegelverkehrt erscheint.

Die Lagekennzeichnung erfolgt bei freistehenden Gebäuden meistens auf Grund der Lage zur Himmelsrichtung, z. B. „Ansicht Nord". Ansichten von Reihenhäusern oder ähnlichen Objekten werden vorwiegend nach ihrer Lage im Grundstück oder zur Umgebung gekennzeichnet, z. B. „Ansicht Parkstraße" (siehe Bilder 4.13 und 4.14).

Die Ansichtszeichnungen sind ebenso technische Zeichnungen wie Grundrisse und Schnitte. Daher sollte der Zeichner mit Personen, Bäumen, Büschen usw. in Entwurfs- und Ausführungszeichnungen sehr sparsam sein. Bäume sind nur dann angebracht, wenn die Umgebung für den Gesamteindruck eines Gebäudes von ausschlaggebender Bedeutung ist. Das kann z. B. in Vorentwurfszeichnungen geschehen. In Zeichnungen für einen Wettbewerb kann der Architekt auf solche grafischen Effekte nicht verzichten (siehe Bild 4.15).

Bild 4.16 zeigt die Anwendung der Kennzeichnung des Schnittverlaufs am Beispiel einer Wand mit Fensteröffnung.

Denken Sie an den Bauausführenden bei der Bestimmung der Höhenlage für die waagerechte Schnittebene!
Legen Sie den senkrechten Schnitt so, daß alle wichtigen Konstruktionsteile erfaßt werden!
Verwenden Sie die breite Strichpunktlinie zur Kennzeichnung des Schnittverlaufes!
Kontrollieren Sie die Ansichten auf die richtige Anordnung und Lage der einzelnen Teile des Gebäudes!

4.4 Anordnen der Darstellungen

In vielen Architekturbüros wird jede Darstellung auf einem besonderen Bogen angelegt. Für Teilzeichnungen und bei größeren Bauvorhaben auch für Ausführungszeichnungen mag diese Arbeitsweise wegen des Blattumfanges berechtigt sein. In Entwurfszeichnungen dagegen ist das Anordnen möglichst vieler Darstellungen auf einem Zeichenblatt vorteilhafter.

Folgende Regelung empfiehlt sich für das Anordnen der Darstellungen:

In der waagerechten unteren Reihe liegen alle Grundrisse wie Fundamentplan, Keller-, Erd-, Ober- und Dachgeschoßgrundriß, wobei das unterste Geschoß stets unten links auf dem Blatt stehen muß. In der Reihe darüber liegen der Längs- und der Querschnitt, evtl. die Balkenlage und Sparrenlage. Über den Schnitten werden die Ansichten gezeichnet. Bei nebeneinander gezeichneten Darstellungen ist die gleiche Höhenlage einzuhalten. Werden Grundrisse, Schnitte und Ansichten auf einem Blatt dargestellt, so sind die Ansichten und Schnitte so anzuordnen, daß möglichst viele Linien und Maße nach oben hin übertragen werden können. Die Beschriftung ist stets unterhalb der jeweiligen Darstellung anzuordnen.

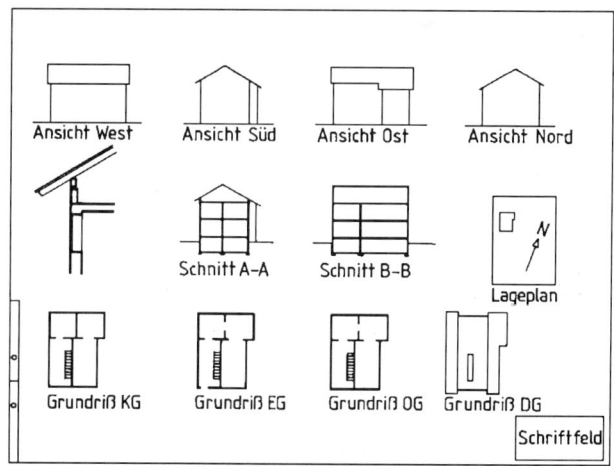

Bild 4.17 Anordnen der Darstellungen

Bevor der Zeichner zu arbeiten beginnt, muß er sich einen Überblick über den Umfang und die Anordnung der notwendigen Darstellungen verschaffen. Eine kleine Planskizze hilft ihm dabei. Ohne diese Überlegungen kann es vorkommen, daß ganze Darstellungen in ihrer Lage geändert oder gar wegradiert werden müssen. Wichtig ist weiterhin die Entscheidung über die Hoch- oder Querlage der Grundrisse zur Grundlinie. Ein oder zwei Geschosse legt man mit der Längsrichtung parallel zur Grundlinie, mehr als zwei Geschosse dagegen in die Hochlage, weil man sonst zwei Reihen für die Grundrisse braucht. Dann zeichnet man die längere Seitenansicht über dem Längsschnitt und die kürzere Seitenansicht über dem Querschnitt.

Diese Regelung soll eine Richtschnur sein, sie will dem Zeichner in seiner Planung helfen. Das schließt aber nicht aus, daß man in einigen Fällen davon abweicht, wenn es die Art der Darstellungen gebietet. In jedem Fall aber sollte die wirtschaftliche und rationelle Arbeitsweise richtunggebend für die Anordnung der Darstellungen sein.

Wenn die Planskizze fertig ist, muß der Zeichner die Umrisse auf das Zeichenblatt übertragen. Er beginnt in der linken unteren Ecke und bestimmt die Grund- und die Seitenlinie. Sie liegen mindestens 5 cm vom fertigen Blattrand, damit noch Platz für Heftrand, Maßketten und Schrifttext bleibt.

Bei der Wahl des Abstandes der Grundrisse untereinander müssen folgende Faktoren berücksichtigt werden:
– vorspringende Gebäudeteile wie Kellertreppen, Kellerlichtschächte, Freitreppen, Garagenanbauten, Terrassen;
– eine oder mehrere Maßketten;
– Lage der Schnitte, der Ansichten;
– Größe des Schriftfeldes.
In jedem Fall muß die Aufteilung ein befriedigendes Bild ergeben.

Normalerweise beträgt der Abstand der Darstellungen voneinander rund 5 cm, wobei vorspringende Teile dementsprechend hinzugerechnet werden. Der Abstand zwischen Grundrissen und Schnitten oder zwischen Schnitten und Ansichten ist ebenfalls 5 cm. Falls der Schnitt mit einer Ansicht auf einer Höhe liegt, muß der zusätzliche Platz für den Kellerteil beachtet werden, weil das Gebäude in der Ansicht nur bis Oberkante Erdboden dargestellt wird.

Ordnen Sie möglichst viele Darstellungen auf einem Zeichenblatt an!
Halten Sie sich beim Anordnen der Darstellungen an eine einheitliche Regelung!
Verschaffen Sie sich durch eine Planskizze einen Überblick über die bestmögliche Anordnung der Darstellungen!

5 Zeichnen von Mauerwerkskonstruktionen

5.1 Das Mauerwerk und seine Teile

Mauerwerk wird aus künstlichen oder natürlichen Steinen und Mörtel hergestellt. Infolge der verschiedenen Anforderungen an das Mauerwerk wie Druckfestigkeit, Wärmeschutz, Schallschutz usw. ist der Zeichner gezwungen, sich einen Überblick über die wandbildenden Baustoffe und Konstruktionsvarianten zu verschaffen.

Verschiedene Steinformate stehen zur Verfügung: z. B. Dünnformat (DF), Normalformat (NF), doppeltes Dünnformat (2DF) usw. Die Steine sind in Schichten (Lagerfuge + Steinhöhe) von maximal 25 cm in konstruktiven Verbänden mit 1-1,2 cm Lagerfugen zu vermauern oder mit dünneren Fugen zu verkleben.

5.2 Mauerwerksverbände und Außenwandkonstruktionen

Traditionelle Konstruktionsverbände mit den ihnen eigentümlichen Verbandsansichten (Bilder 5. 2 a bis d), die ihren Ursprung in der Verwendung von klein- und mittelformatigen Steinen haben, verloren mit zunehmender Verwendung von Großformaten für das tragende Hintermauerwerk an Bedeutung. Grundsätzliche Verbandsregeln, bauartgeprüfte Verbindungen, z. B. die Vermauerung von Steinen ohne Stoßfugenvermörtelung usw., garantieren die Festigkeit des Mauerwerks.

Verbände nach den Bildern 5.2 e und f gelten als Zierverbände, die als 11,5 cm starke Schale hergestellt werden. Natursteinmauerwerk (Bilder 5.2 g und h) wird entweder nur aus Natursteinen oder als Verblendmauerwerk mit Hintermauerung aus künstlichen Steinen errichtet.

Die nachfolgenden Beispiele für verschiedene Wandaufbauten wurden unter dem Gesichtspunkt zusammengestellt, daß sie bei richtiger Auswahl der Wärmeleitfähigkeiten der einzelnen Baustoffe die Forderung der Wärmeschutzverordnung nach einem Wärmedurchgangskoeffizienten von < 0,50 W/m²K erfüllen (siehe Bild 5.3).

5.3 Wandbezeichnungen

Es gibt folgende Wandbezeichnungen:
Umfassungswände grenzen das Bauwerk nach außen hin ab.
Wohnungstrennwände sind Wände, die verschiedene Wohnungen voneinander trennen.
Treppenhauswände grenzen das Treppenhaus gegen die Wohnungen ab.
Brandwände bilden einen Feuerschutz.
Belastete Mittelwände nehmen, bedingt durch die Spannrichtung der Decken, die Hauptlast der Decken auf.
Aussteifende Querwände tragen wesentlich zur Standsicherheit der Umfassungswände bei.
Leichte Trennwände sind Innenwände von geringer Dicke und geringem Gewicht, die keine wesentlichen Lasten zu tragen und sonst keine statischen Aufgaben zu erfüllen haben.
Wohnungstrennwände, Treppenhauswände und Brandwände können auch als zweischalige Konstruktionen ausgeführt werden (siehe Bild 5.4).

5.4. Wärmeschutz, Schallschutz

Wanddicken können nicht allein nach statischen Grundsätzen bemessen werden. Bei Bauten, die zum dauernden Aufenthalt von Menschen dienen, ist die Gesundheit der Bewohner als sehr bedeutender Faktor zu bedenken. Diese Maxime war in den 50er und 60er Jahren wichtig. Die Energiekrise der 70er Jahre führte unter volkswirtschaftlichem Aspekt zu erheblichen Anstrengungen, Heizkosten einzusparen, aber erst die Sichtweise der 90er Jahre scheint die Problematik ganz zu erfassen.

Tab. 5.1 Auswahl von Steinformaten. Verschiedene Großformate werden in Dünnbettmörtel gesetzt. Diese Formate haben in Länge und Höhe abweichende Maße.

Kurzname	Wanddicke	Länge	Breite	Steinhöhe	Mörtel Lagerfuge in cm	Höhe in cm	Schichthöhe
DF	11,5	24	11,5	5,3	1,0	6,3	25/4
NF	11,5	24	11,5	7,1	1,2	8,3	25/3
2DF	11,5	24	11,5	11,3	1,2	12,5	25/2
3DF	17,5	24	17,5	11,3	1,2	12,5	25/2
4DF	24	24	24	11,3	1,2	12,5	25/2
5DF	11,5	30	11,5	23,8	1,2	25,0	25
5DF	24	30	24	11,3	1,2	12,5	25/2
6DF	11,5	36,5	11,5	23,8	1,2	25,0	25
6DF	24	36,5	24	11,3	1,2	12,5	25/2
6DF	36,5	24	36,5	11,3	1,2	12,5	25/2
7,5DF	17,5	30	17,5	23,8	1,2	25,0	25
10DF	24	30	24	23,8	1,2	25,0	25
10DF	30	24	30	23,8	1,2	25,0	25
12DF	24	36,5	24	23,8	1,2	25,0	25
12DF	36,5	24	36,5	23,8	1,2	25,0	25
16DF	24	49	24	23,8	1,2	25,0	25
20DF	30	49	30	23,8	1,2	25,0	25

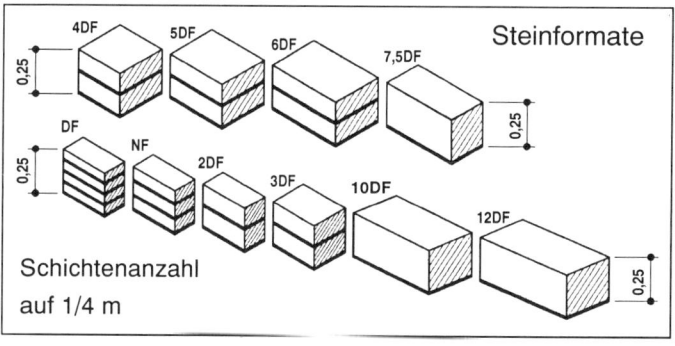

Bild 5.1 Steinformate und Schichtenanzahl

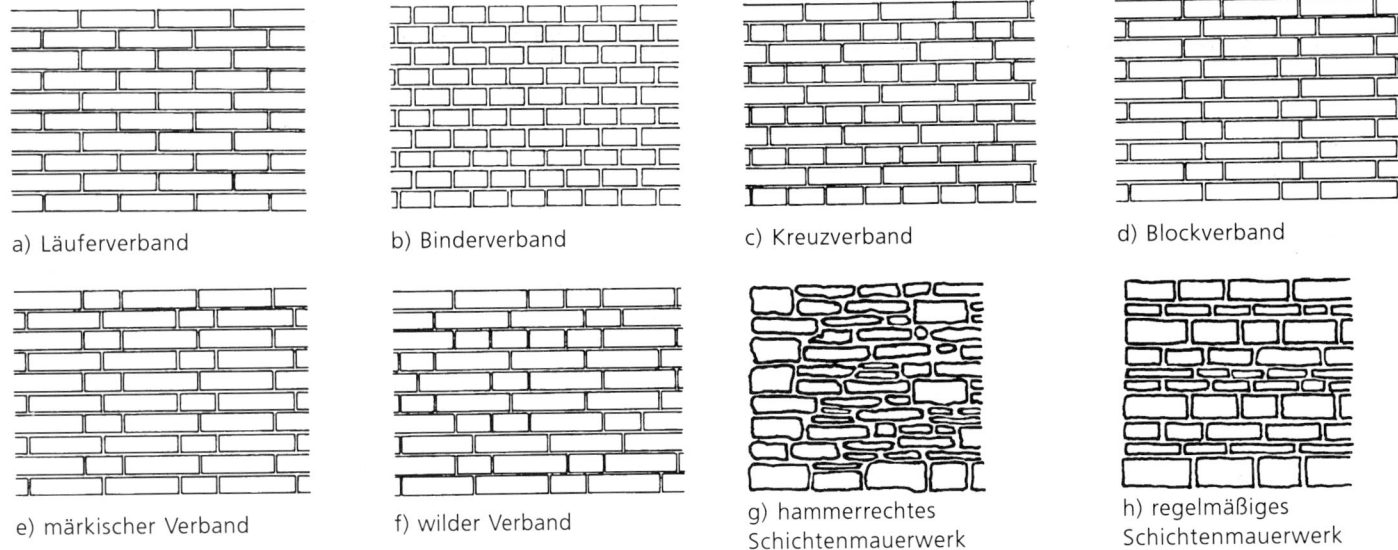

a) Läuferverband

b) Binderverband

c) Kreuzverband

d) Blockverband

e) märkischer Verband

f) wilder Verband

g) hammerrechtes Schichtenmauerwerk

h) regelmäßiges Schichtenmauerwerk

Bild 5.2 Mauerwerk aus künstlichen und natürlichen Steinen

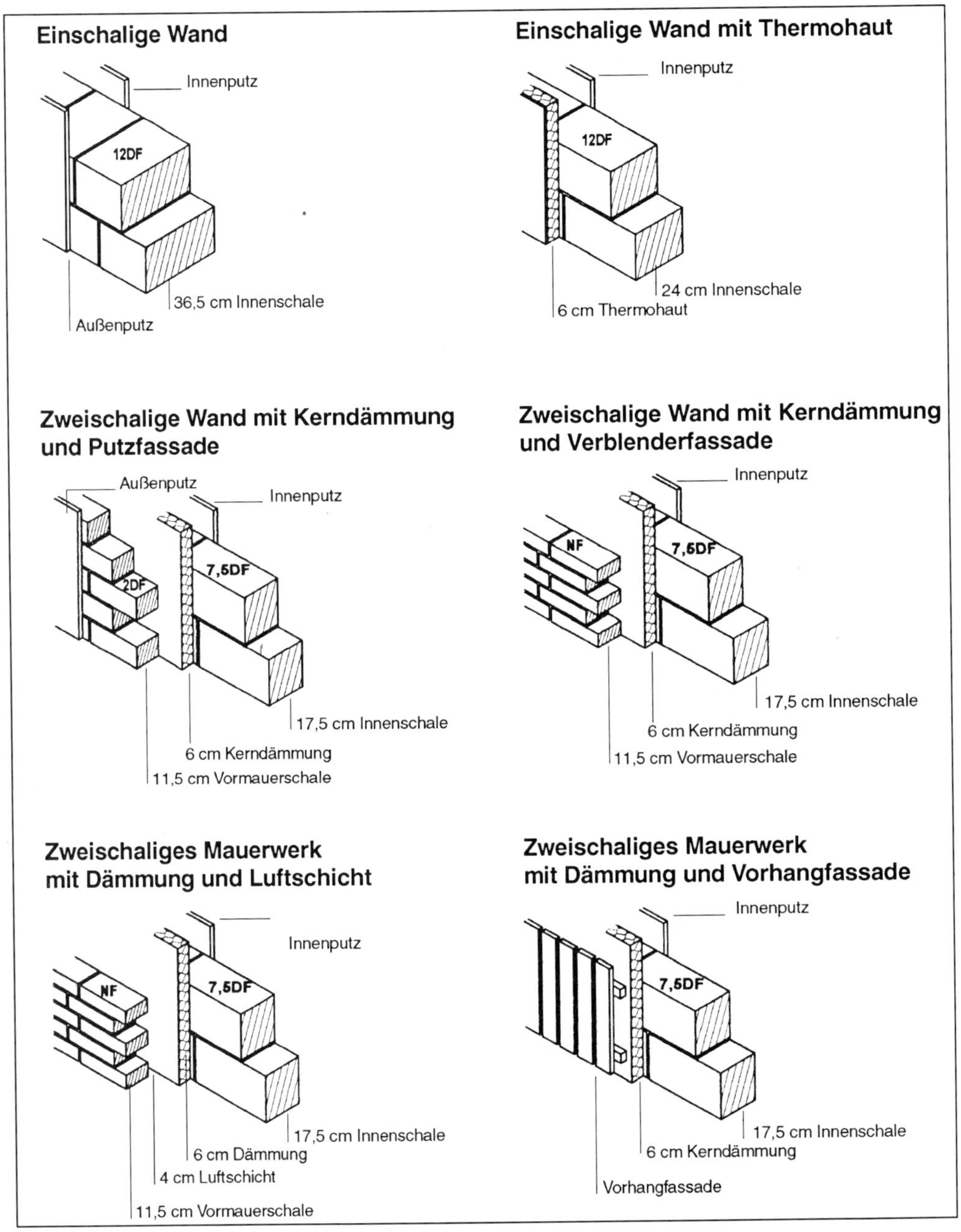

Einschalige Wand

Innenputz

12DF

36,5 cm Innenschale

Außenputz

Einschalige Wand mit Thermohaut

Innenputz

12DF

24 cm Innenschale

6 cm Thermohaut

Zweischalige Wand mit Kerndämmung und Putzfassade

Außenputz

Innenputz

2DF

7,5DF

17,5 cm Innenschale

6 cm Kerndämmung

11,5 cm Vormauerschale

Zweischalige Wand mit Kerndämmung und Verblenderfassade

Innenputz

NF

7,5DF

17,5 cm Innenschale

6 cm Kerndämmung

11,5 cm Vormauerschale

Zweischaliges Mauerwerk mit Dämmung und Luftschicht

Innenputz

NF

7,5DF

17,5 cm Innenschale

6 cm Dämmung

4 cm Luftschicht

11,5 cm Vormauerschale

Zweischaliges Mauerwerk mit Dämmung und Vorhangfassade

Innenputz

7,5DF

17,5 cm Innenschale

6 cm Kerndämmung

Vorhangfassade

Bild 5.3 Verschiedene Außenwandkonstruktionen

Brandwand
Umfassungswand
Nichttragende innere Trennwand
Treppenhauswand
belastete Mittelwand
Wohnungstrennwand

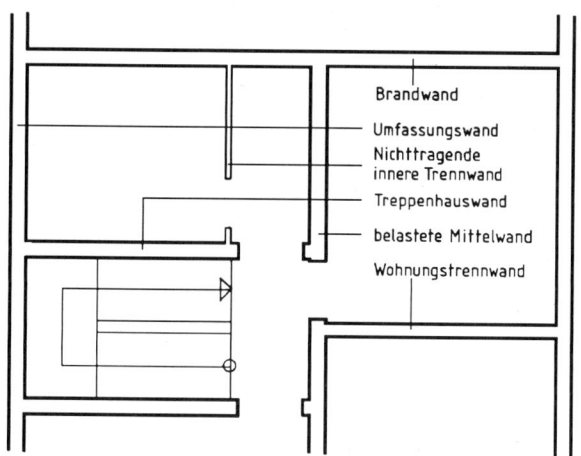

Bild 5.4 Wandbezeichnungen

Neben bauphysikalischen und ökonomisch wichtigen Aspekten führten die ökologischen Aspekte der Verbrennung fossiler Brennstoffe und deren negative Auswirkungen auf das Klima zur Novellierung der Wärmeschutzverordnung und der Heizungsanlagenverordnung.

Demnach muß bei Neubauvorhaben und unter bestimmten Voraussetzungen auch beim Umbau vorhandener Substanz der Jahres-Heizwärmebedarf durch bauliche Maßnahmen begrenzt werden. Dabei werden interne und solare Wärmegewinne mit dem Transmissionswärmebedarf und dem Lüftungswärmebedarf eines Gebäudes ausgerechnet.

Das vereinfachte Bauteilverfahren für Gebäude mit maximal zwei Vollgeschossen und nicht mehr als drei Wohneinheiten oder das Energiebilanzverfahren für alle übrigen unter die Verordnung fallenden Gebäude sind seit dem 1. Januar 1995 mitbestimmende Faktoren bei den Planungsüberlegungen der Architekten.

bedingt tragende Wände
11,5 – 24 cm
nichttragende Innenwand
7 – 11,5 cm
Wohnungstrennwände Treppenhaustrennwände
Brandwand
24 cm
2 × 11,5 cm + 4 cm Fuge mit Mineralfaserfüllung
Haustrennwände Brandwände
30 cm
2 × 17,5 cm + 4 cm Fuge mit Mineralfaserfüllung

Bild 5.5 Wandausführungen

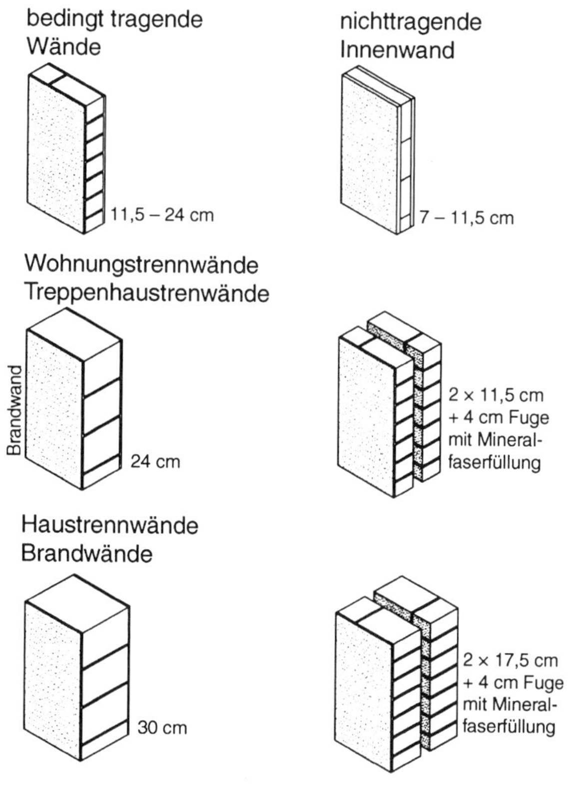

Neue Grenzwerte für kleine Wohngebäude werden wie folgt festgeschrieben:

Der maximale Wärmedurchgangskoeffizient (k-Wert) in W/m²K beträgt bei Außenwänden $\leq 0{,}5$, bei Dächern $\leq 0{,}22$ und bei Kellerdecken oder an das Erdreich angrenzenden Raumabschlüssen $\leq 0{,}35$.

Der mittlere äquivalente Wärmedurchgangskoeffizient $k_{m,eq,F}$ für Fenster ist $\leq 0{,}7$ W/m²K.

Im Bereich der Verglasungen werden spürbare Verbesserungen durch den Einsatz von Wärmeschutzglas erzielt sowie der passive Solarenergiegewinn berücksichtigt.

Weiterhin werden die Lüftungswärmeverluste begrenzt und mechanische Lüftungsanlagen mit Wärmerückgewinnung bevorzugt im Nachweisverfahren berücksichtigt. Derartige kontrollierte Wohnungslüftungsanlagen können, wie 20 Jahre Erfahrung in Schweden zeigen, bei einer Luftwechselrate von 0,5 bis 1,0 je Stunde das Wohnklima insgesamt stabil halten und damit Bauschäden sowie allergische Erkrankungen in Innenräumen verhindern helfen. Gleichzeitig verringern sie die Heizkosten durch sinnvolle Wärmerückgewinnung über Wärmepumpen.

DIN 4109 - Schallschutz im Hochbau fordert Lärmschutz für den Menschen. In dieser Norm sind viele Hinweise für die Planung und Ausführung angegeben, die sich auf Wohnungstrennwände, Haustrennwände, Außenwände, Wände, die Installationsleitungen führen, Wohnungstrenndecken usw. beziehen (siehe Bild 5.5).

5.5 Schornsteine

Schornsteine haben die Aufgabe, Verbrennungsgase von festen, flüssigen oder gasförmigen Stoffen sicher über das Dach abzuleiten.

Der Schornsteinzug beruht auf dem Gewichtsunterschied zwischen der warmen Rauchgassäule und der kälteren Außenluft. Für eine optimale Wirkung sorgen die Temperaturdifferenz, die Form und Größe des Schornsteinquerschnittes, Höhe und Verlauf der Anlage, Oberfläche und Wärmedämmung der Wandungen.

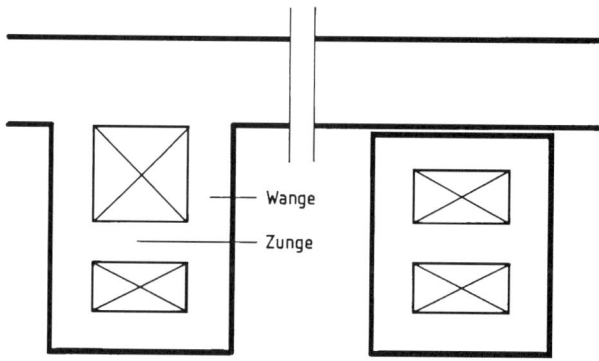

Wange
Zunge

Bild 5.6 Schornsteine und Schächte (Prinzipdarstellung); links gemauerter Schornstein (für heutige Anforderungen ungenügend); rechts Schornstein aus Fertigteilen

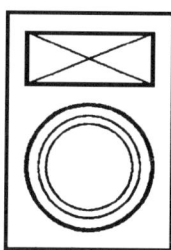

Bild 5.7 Dreischaliger Schornstein aus Fertigteilen

Gerade unter dem Aspekt der besten Energieausnutzung werden heute Heizsysteme verwendet, welche mit ihren niedrigen Abgastemperaturen besonders hohe Anforderungen an das Schornsteinsystem stellen.

5.5.1 Schornsteine und Schächte

Die grundsätzliche Darstellung von Schornsteinen und Schächten, z. B. für die Entlüftung eines Heizraumes, zeigt Bild 5.6.

Gemäß den oben genannten Kriterien hat sich das Bild des Schornsteins jedoch grundlegend gewandelt. Gemauerte einschalige Schornsteine genügen den heutigen Anforderungen schon längst nicht mehr, und auch der Schornstein aus Fertigteilen zeigt heute ein völlig anderes Querschnittsbild (siehe Bild 5.7).

5.5.2 Schornsteinquerschnitte

Die Entwicklung der Heiztechnik führte zum dreischaligen Schornstein, der als komplettes Fertigteilsystem auf die Baustelle kommt. Die Abgasführung erfolgt in säurebeständigen Innenrohren. Glatte Wandungen und überwiegend kreisförmige Querschnitte begünstigen die Strömung der Gase.

5.5.3 Formsteine

Seit dem Einsatz von Ölfeuerungsanlagen wurden wegen der Säurebeständigkeit zweischalige Formsteine (Innenrohr und Mantelstein) für den Bau von Schornsteinen verwendet.

Gemäß ihrer Bauart und der Säurebeständigkeit des Innenrohres erfüllten diese die Anforderungen zur Vermeidung von Versottungen. Die weitere Entwicklung der Heiztechnik führte zu niedrig temperierten Abgasen. Diese dürfen im Schornstein keine starke Abkühlung mehr erfahren, wenn man sicher sein will, daß sie infolge des physikalischen Prinzips des Auftriebs schadlos über das Dach abgeführt werden. Der dreischalige Schornstein besitzt daher zwischen Innenrohr und Mantelstein eine wärmedämmende Schicht.

Die vorgefertigten Formsteinsysteme sind schnell montiert und bieten bei gewissenhafter Planung mit ihrem kompletten Zubehörprogramm ein hohes Maß an Sicherheit für die spätere Funktion

der gesamten Heizungsanlage. Unter den verschiedenen Formsteinformaten helfen zudem speziell für den Serienbau entwickelte geschoßhohe Bauelemente, Zeit und Kosten zu sparen.

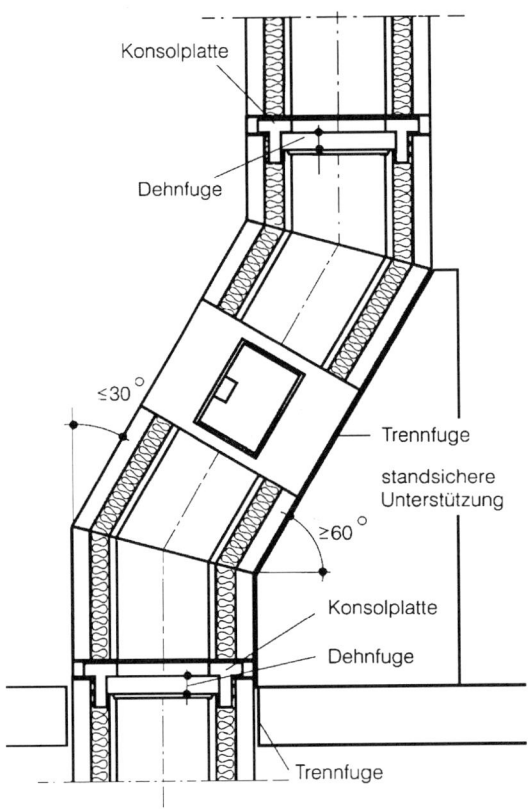

Bild 5.9 Schrägführung eines dreischaligen Schornsteins (Schiedel)

5.5.4 Lage der Schornsteine

Die Lage der Schornsteine ist maßgeblich für die wirtschaftliche Ausnutzung der Brennstoffe. Da hierbei die Wärmedämmung eine ausschlaggebende Rolle spielt, ist bei der Planung darauf zu achten, daß die Schornsteine möglichst im Innern des Gebäudes und nicht in der Außenwand liegen. Bei Schornsteinen in den Außenwänden ist unbedingt für eine zusätzliche, ausreichende Wärmedämmung zu sorgen.

Da die DIN 18160 bei mehr als 20° geneigten Dächern nur eine Mündungshöhe von mindestens 40 cm (bei weicher Bedachung mindestens 80 cm) zuläßt, wird der Planer die Schornsteinanlage möglichst in Firstnähe plazieren.

Lange, über Dach freistehende Schornsteine müssen gegen Windbelastungen ausreichend stabilisiert werden.

5.5.5 Ziehen von Schornsteinen

Die früher übliche, als „Ziehen von Schornsteinen" bezeichnete Schrägführung untersagt die DIN 18160, indem sie einen durchgehend mit einheitlichen Baustoffen und einheitlicher Bauart lotrecht errichteten Schornstein fordert. Abweichend von dieser Forderung dürfen dreischalige Hausschornsteine einmal schräggeführt werden, wenn eine bauaufsichtliche Zulassung vom Institut für Bautechnik für die Schrägführung erteilt wurde. Die Schrägführung muß in einem stets zugänglichen Raum liegen. Der Winkel zwischen der Schornsteinachse und der Waagerechten darf nicht weniger als 60° betragen.

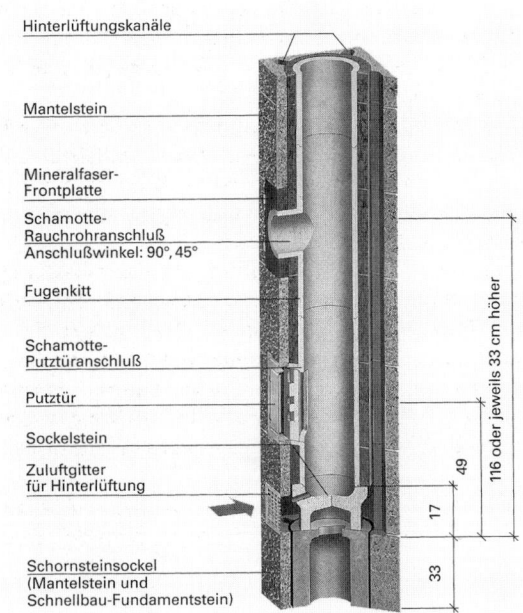

Bild 5.8 Schnitt durch einen dreischaligen Schornstein aus Formteilen (Schiedel)

5.5.6 Schornsteinkopf

Der Schornsteinkopf ist der aus dem Dach hinausragende Teil des Schornsteines. Die Mündung soll bei Flachdächern oder bei bis zu 20° geneigten Dächern mindestens 1 m betragen. Dieser Abstand ist, vertikal gemessen, auch von allen angrenzenden brennbaren Baustoffen einzuhalten. Horizontal gemessen, muß dieser Abstand mindestens 1,50 m betragen. Bei Dächern mit einer Neigung von mehr als 20° muß der Schornstein mindestens 40 cm (bei weicher Bedachung mindestens 80 cm) über dem First enden.

Der Schornsteinkopf ist allseitig so auszubilden, daß er den Witterungseinflüssen dauerhaft standhält. Auf eine ausreichende Wärmedämmung des Schornsteinkopfes ist unbedingt zu achten.

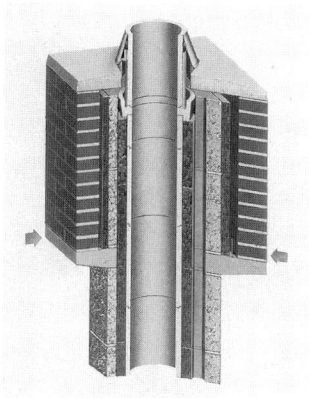

Bild 5.10 Schornstein-Fertigteil; Alternative mit bauseitiger Ummauerung (Schiedel)

5.5.7 Vorschriften für Feuerungsanlagen und die Brennstofflagerung

In den Bauordnungen der Bundesländer werden grundsätzliche Anforderungen an Feuerungsanlagen gestellt. In der ergänzenden Feuerungsverordnung (FeuVo) und den Durchführungsverordnungen (DV) zur Bauordnung sowie in entsprechenden Verwaltungsvorschriften finden sich Regelungen für die Aufstellräume der Feuerstätten und die Brennstofflagerung.

Die Frage, ob derartige Anlagen anzeigepflichtig, genehmigungsfrei oder genehmigungspflichtig sind, ist an dieser Stelle somit nicht pauschal zu beantworten.

Für die Abwicklung bei Baugenehmigungsmaßnahmen kann aber folgender Ablauf dargestellt werden:

Der Bauherr oder sein Architekt melden die Baumaßnahme bei der zuständigen Bauaufsichtsbehörde mit dem Bauantrag oder einem anderen örtlich vorgegebenen schriftlichen Verfahren an.

Der Bezirks-Schornsteinfegermeister (BSFM) führt eine Rohbauabnahme und eine Schlußabnahme durch und erstellt eine Bescheinigung über die Tauglichkeit und sichere Benutzbarkeit der Feuerungsanlagen.

Um diesen Ablauf möglichst reibungsfrei zu gestalten, sollte der Planer rechtzeitig die entsprechenden Fachleute der Heizungs- und Schornsteintechnik sowie den zuständigen Bezirks-Schornsteinfegermeister einschalten oder zu Rate ziehen.

Schornsteine

Ein Schornstein, an den nur eine Feuerstätte angeschlossen ist, wird als einfach belegter oder eigener Schornstein bezeichnet. Die moderne Heizungstechnik sowie die luftdichte Ausführung der Gebäude führen dazu, daß jede Feuerstätte in der Regel an einen eigenen Schornstein anzuschließen ist.

1. Nach DIN 18160 müssen Feuerstätten mit einer Nennwärmeleistung von mehr als 20 kW (bei Gasfeuerstätten von mehr als 30 kW) und offene Kamine oder andere Feuerstätten mit offen zu betreibendem Feuerraum an einen eigenen Schornstein angeschlossen werden.

2. Holzbalkendecken, Dachbalken aus Holz und ähnliche, streifenförmig an Schornsteine angrenzende Bauteile aus brennbaren Baustoffen müssen von den Außenflächen von Schornsteinen mindestens 5 cm Abstand haben. Der verbleibende Spalt ist auf der Seite des Schornsteins mit einer Mineralfasertrennschicht und auf der Seite des brennbaren Baustoffs mit Beton auszufüllen.

3. Schornsteinwangen dürfen durch Decken, Unterzüge und andere Bauteile nicht unterbrochen, nicht belastet und nicht auf sonstige Weise gefährlich beansprucht werden. Die Aussparungen im Deckendurchgangsbereich sind unter Berücksichtigung der Bautoleranzen umlaufend etwa 2 bis 3 cm größer als das Schornsteinaußenmaß herzustellen. Der verbleibende Spalt ist mit Mineralfaserplatten oder einem ähnlichen, nicht brennbaren Dämmstoff dicht auszufüllen. Ein Einspannen des Schornsteins ist in jedem Fall zu vermeiden.

4. Jeder Schornstein muß an seiner Sohle eine Reinigungsöffnung haben, die mindestens 20 cm tiefer als der unterste Feuerstättenanschluß liegen muß. Die Reinigungsöffnung muß für Überwachungs- und Reinigungsarbeiten gut zugänglich sein und darf nicht in Wohnräumen, Schlafräumen, Ställen, Lagerräumen für Lebensmittel sowie in Räumen mit erhöhter Brandgefahr vorgesehen werden.

5. Soll der Schornstein nicht von der Schornsteinmündung aus gereinigt werden, sind Putztüren im Dachraum vorzusehen. Ihre Anordnung ist mit dem zuständigen Bezirks-Schornsteinfegermeister abzustimmen.

Feuerstätten

1. Werden in einem Raum Feuerstätten mit einer Gesamtnennwärmeleistung von mehr als 50 kW betrieben, ist der Aufstellraum als Heizraum auszubilden.

Dies bedeutet, daß besondere Anforderungen bezüglich der Be- und Entlüftung des Raumes und der Brandsicherheit seiner Wände, Decken und Türen einzuhalten sind (siehe örtlich geltende Bestimmungen).

2. Der freie Querschnitt der Verbrennungsluftöffnungen beträgt bei einer Gesamtnennwärmeleistung von 50 kW mindestens 300 cm². Für jedes weitere kW muß der Querschnitt um 3 cm² vergrößert werden.

3. Räume, in denen Feuerstätten mit einer Gesamtnennwärmeleistung von mehr als 50 kW betrieben werden, müssen entlüftet werden. Abluftschächte oder mechanische Lüftungsanlagen sind entsprechend der Gesamtnennwärmeleistung zu dimensionieren. Der Mindestquerschnitt beträgt 180 cm².

4. Für Feuerstätten mit einer Gesamtnennwärmeleistung unter 50 kW wird kein eigener Aufstellungsraum gefordert, es werden jedoch Anforderungen an die Raumgröße gestellt. Der Aufstellungsraum muß ein Fenster oder eine Tür ins Freie aufweisen und einen Rauminhalt von 4 m³ je 1 kW Nennwärmeleistung haben. Anderenfalls kann ein Verbrennungsluftverbund mit anderen Räumen geschaffen werden, die Türen oder Fenster ins Freie haben.

5. Für Anlagen, denen die Verbrennungsluft durch Leitungen aus dem Freien direkt zugeführt wird, gelten diese Anforderungen nicht.

Brennstofflagerung

1. Bei unterirdischen Tankanlagen müssen die im Erdreich außerhalb des Gebäudes eingebetteten Tanks gegen Auslaufen gesichert sein. Sie werden doppelwandig ausgeführt, und der Hohl-

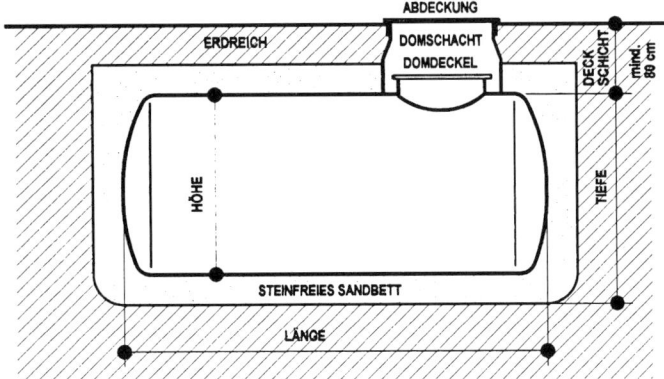

Bild 5.11 Erdtank (nach DEHOUST)

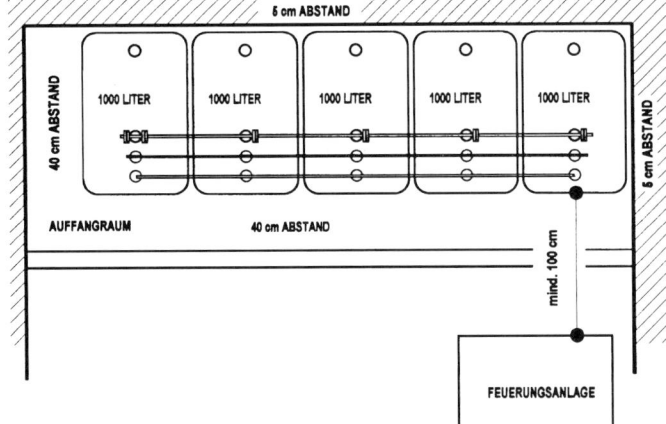

Bild 5.12 Einbauabstände

raum zwischen Außen- und Innenbehälter wird durch ein Leck-anzeigegerät überwacht. Alle 5 Jahre (in Wasserschutzgebieten alle 2,5 Jahre) muß durch den TÜV eine Dichtigkeitsprüfung und eine Prüfung der Leckwarneinrichtung erfolgen.

2. Zu den Nachbargrundstücken wie zu öffentlichen Versorgungsleitungen ist bei unterirdischen Tankanlagen ein Abstand von mindestens 1 m einzuhalten. Mehrere Behälter halten untereinander einen Abstand von mindestens 40 cm. Verkehrslasten dürfen den Tank nicht belasten. Die Tanks werden unter einer Erddeckschicht von mindestens 0,8 m bis etwa 1,5 m in einem feinkörnigen Sandbett eingebaut.

3. Bei Tankanlagen in Gebäuden haben sich für die Brennstofflagerung in Kellerräumen Kunststoff-Batterie-Tanks bewährt. Bis zu 5000 Liter Heizöl dürfen in einem Raum gelagert werden, dessen Wände und Boden so ausgebildet sind, daß im Schadensfall auslaufendes Heizöl darin aufgefangen wird. Die Wände und Decken sind feuerhemmend auszuführen. Türen müssen feuerhemmend und selbstschließend sein.

4. Die gültigen Aufstellbestimmungen der Länder erfordern bei Lagerung von Heizöl in PE-Batterie-Tanks einen Wandabstand von 40 cm an je einer Schmal- und Breitseite und 5 cm an den beiden anderen Seiten.

5. Wenn Lagermengen von maximal 5000 Litern in dem Raum gelagert werden, in dem auch die Feuerstätte aufgestellt ist, dann muß zwischen den Tanks und der Feuerstätte ein Abstand von mindestens 1 m eingehalten werden. In diesem Fall müssen Wände und Decken aus nichtbrennbaren Baustoffen bestehen und feuerbeständig sein. Türen müssen feuerhemmend und selbstschließend sein.

6. Für Heizölmengen von mehr als 5000 Litern, feste Brennstoffe von mehr als 15 000 kg oder Flüssiggas von mehr als 14 kg sind entsprechend auszuführende Brennstofflagerräume zu planen.

Beachten Sie bei der Planung die Lage der Schornsteine zum First!
Beachten Sie die Planungsvorgaben der Fachleute für Feuerungsanlagen!
Beachten Sie die örtlichen Vorschriften für Feuerungsanlagen und Brennstofflagerung!

5.6 Mauerbogen

Mauerbogen haben die Aufgabe, Öffnungen zu überdecken und die darüberliegenden Lasten auf die Widerlager zu übertragen.

5.6.1 Scheitrechter Bogen

Wegen der geringen Stichhöhe sind diese Konstruktionen als tragende Elemente nur bedingt belastbar und somit nur für Öffnungen mit kleiner Spannweite (etwa 1,20 bis 1,50 m) geeignet.

5.6.2 Flachbogen (Segmentbogen)

Konstruktionsverlauf:
1. Stichhöhe festlegen ($1/12$ bis $1/6$ der Spannweite);
2. Mittelsenkrechte auf der Verbindungslinie zwischen Scheitel- und Kämpferpunkt errichten;
3. der Schnittpunkt der Mittelsenkrechten mit der Senkrechten des Achsenkreuzes ergibt den Einsetzpunkt M.

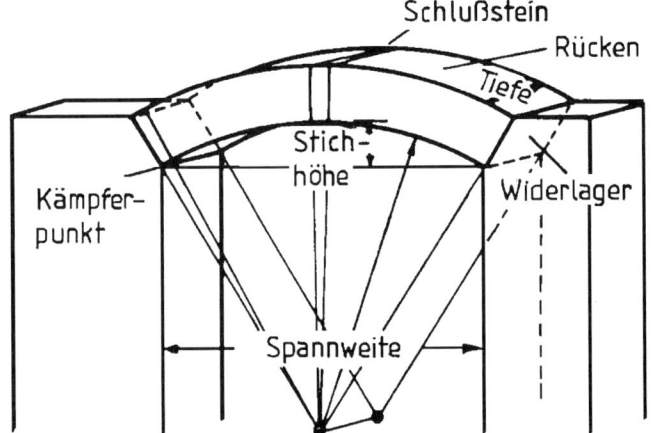

Bild 5.13 Teile des Bogens

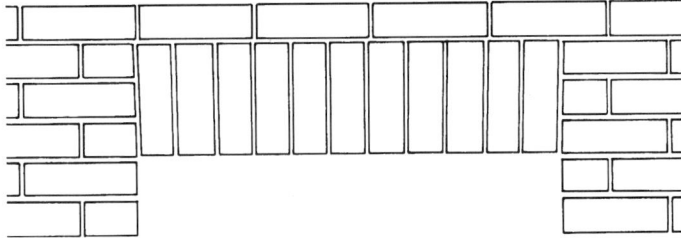

Bild 5.14 Scheitrechter Bogen

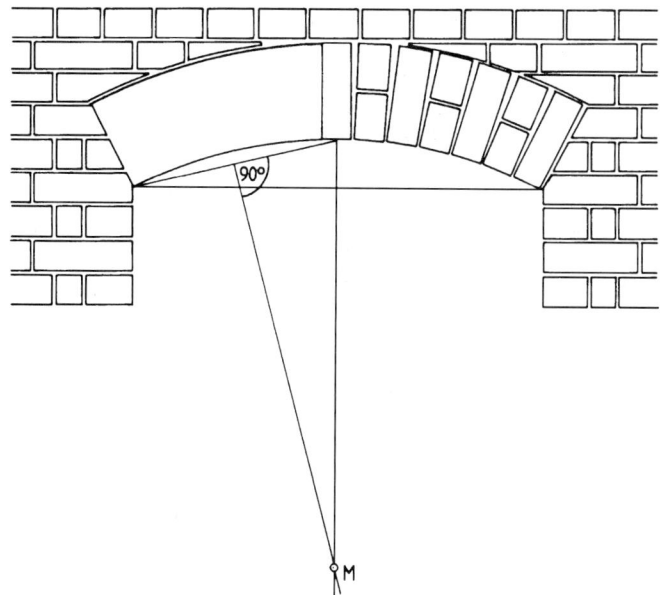

Bild 5.15 Flachbogen

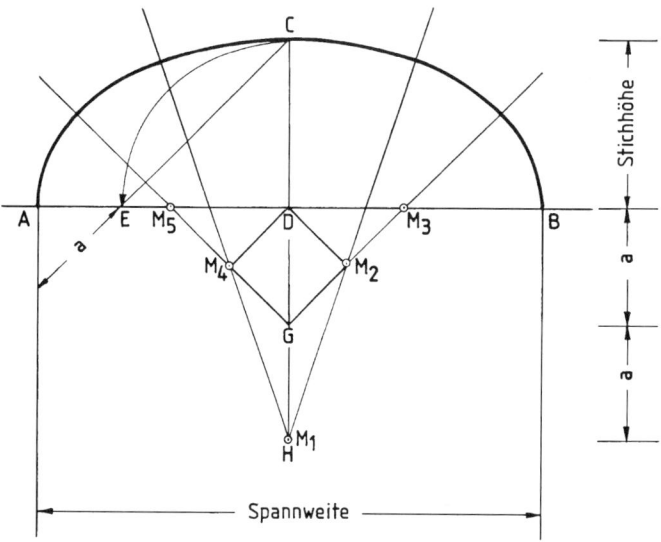

Bild 5.17 Korbbogen mit fünf Einsetzpunkten

4. Maß a von D aus zweimal abtragen ergibt G und H;
5. Quadrat zeichnen;
6. die Kreisbogen um die Einsetzpunkte M_1 bis M_5 ergeben den entsprechenden Teil des Korbbogens.
Zeichenaufgaben dazu auf Seite 96.

5.7 Kellerlichtschacht

Der Kellerlichtschacht ermöglicht eine Belichtung und Belüftung von Kellerräumen, deren Fenstersohlbänke innerhalb des Erdreiches liegen.

Aus wirtschaftlichen Gründen wird der Kellerlichtschacht aus Fertigbauteilen hergestellt. Das kann z. B. in Form eines Gesamtbauteils aus glasfaserverstärktem Kunststoff (GFK) geschehen. Die-

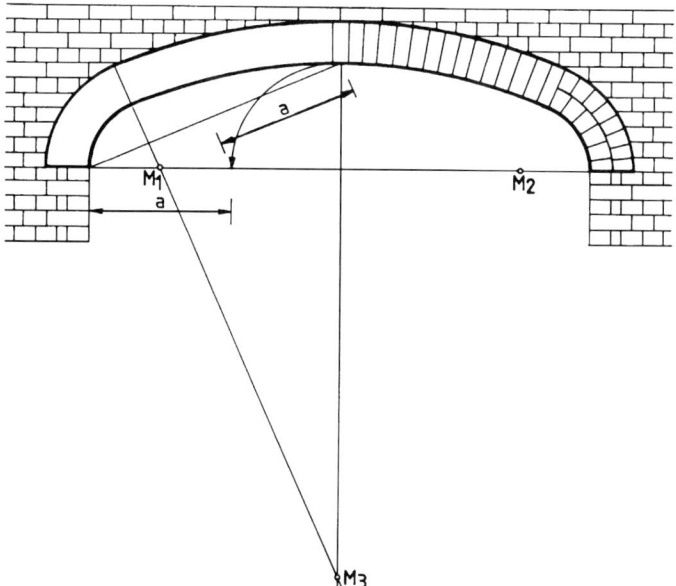

Bild 5.16 Korbbogen mit drei Einsetzpunkten

5.6.3 Korbbogen

Konstruktionsverlauf für Korbbogen aus drei Mittelpunkten:
1. Stichhöhe festlegen (< halbe Spannweite);
2. Stichhöhe auf der Spannweite abtragen;
3. den sich ergebenden Rest der halben Spannweite a auf der Verbindungslinie vom Scheitelpunkt aus einzeichnen;
4. auf dem Rest der Verbindungslinie Mittelsenkrechte errichten;
5. die Schnittpunkte mit der Spannweite ergeben die Einsetzpunkte M_1 und M_2, der Schnittpunkt mit der Senkrechten des Achsenkreuzes ergibt M_3.

Konstruktionsverlauf für Korbbogen aus fünf Mittelpunkten:
1. Stichhöhe festlegen (< halbe Spannweite);
2. Kreisbogen um D mit Radius CD ergibt E;
3. C mit E verbinden und über E hinaus verlängern ergibt Konstruktionsmaß a;

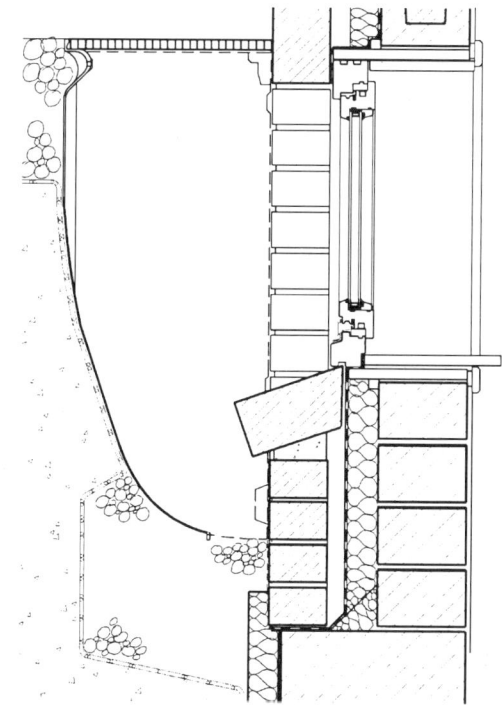

Bild 5.18: Schnitt durch einen GFK-Kellerlichtschacht (Schöck)

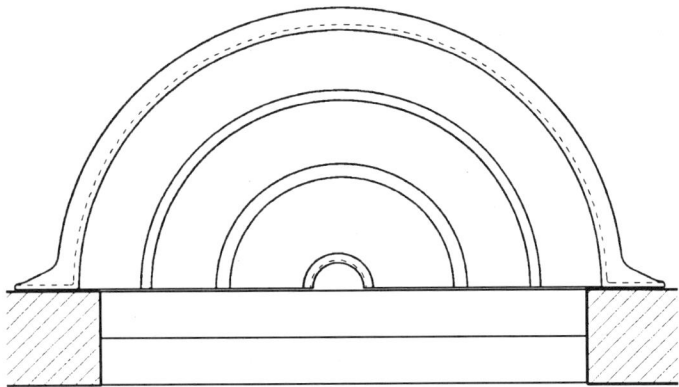

Bild 5.19: Gartenlichtschacht (Prinzipskizze, Draufsicht)

se verrottungssicheren Bauteile werden mit genau passenden Gitterrosten auch für höhere Lastaufnahmen (PKW) abgedeckt.

Das eingedrungene Regenwasser kann über Kiesfilter im Erdreich versickern oder über Entwässerungsanschlüsse, die mit Laubfangkörben ausgerüstet sind, der Kanalisation zugeführt werden.

Für Kellerräume, die auch Wohnqualitäten aufweisen sollen, bietet sich die Verwendung von Gartenlichtschächten an. Die Schachtöffnungen dieser Bauteile sind wesentlich vergrößert und werden nicht mehr mit Abdeckrosten verschlossen. Halbkreisförmig stufen sich diese Lichtschächte über Terrassen so von der Oberkante Erdreich bis zum Boden ab, daß ein Lichteinfallwinkel von etwa 45° entsteht.

5.8 Einschaliges Verblendmauerwerk (Sichtmauerwerk)

Verblendmauerwerk, das mit der Hintermauerung im Verband ausgeführt wird, wird als einschaliges Verblendmauerwerk bezeichnet.

Aus Gründen der Schlagregensicherheit muß bei einschaligem Verblendmauerwerk jede Mauerschicht mindestens zwei Steinreihen aufweisen, zwischen denen eine durchgehende, schichtweise verspringende, hohlraumfrei vermörtelte, 2 cm dicke Längsfuge verläuft (z. B. 37,5 cm statt 36,5 cm dickes Mauerwerk im Kreuz- oder Blockverband). Dies gilt nicht für Gebäude, die nicht für den dauernden Aufenthalt von Menschen bestimmt sind.

Bei einschaligem Verblendmauerwerk gehört die Verblendung zum tragenden Querschnitt.

Für die zulässige Beanspruchung ist die im Querschnitt verwendete niedrigste Steinfestigkeitsklasse maßgebend.

Einschaliges Verblendmauerwerk ist im gesamten Querschnitt vollfugig und haftschlüssig zu mauern.

Die Fugen der Sichtflächen sollen, soweit kein Fugenglattstrich erfolgt, mindestens 1,5 cm flankensauber ausgekratzt und anschließend sachgemäß ausgefugt werden.

5.9 Zweischaliges Verblendmauerwerk mit Luftschicht

Bei dieser Konstruktionsart ist aus Gründen der Beanspruchung durch Schlagregen vor die Innenschale eine Außenschale mit einer durchgehenden Luftschicht gesetzt.

Normalerweise beträgt die Dicke der Luftschicht 6 cm. Bei Verwendung einer zusätzlichen Wärmedämmschicht darf die Dicke der Luftschicht von 4 cm nicht unterschritten werden.

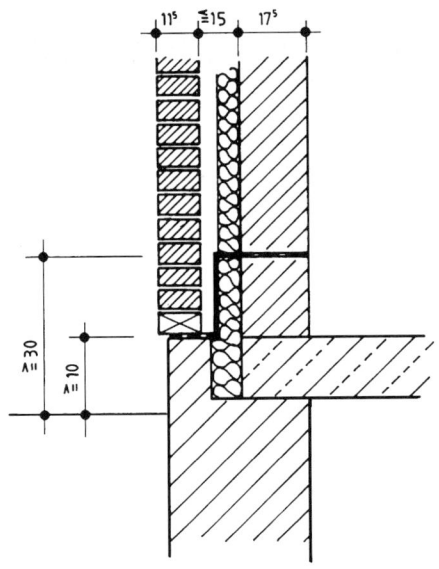

Bild 5.20 Zweischaliges Verblendmauerwerk mit Luftschicht

Um die Standsicherheit der äußeren Schale zu erhöhen, wird sie durch Luftschicht-Drahtanker mit der Innenschale verbunden. Der Schalenabstand darf maximal 15 cm betragen.

Damit mögliche Feuchtigkeit abgeleitet werden kann, muß in der ersten Schicht und im Bereich der Fenster- und Türstürze eine Abdichtung vorgesehen werden. Außerdem soll die Außenschale mit Lüftungsschlitzen (z. B. offene Stoßfugen) versehen werden.

5.10 Mauer- und Pfeilerabdeckungen

Abdeckungen haben die Aufgabe, darunterliegende Bauteile vor Witterungseinflüssen zu schützen. Das Eindringen des Niederschlagwassers in das Mauerwerk und die darauf folgende Zerstörung durch den Frost kann durch eine wasserdichte und frostfreie Abdeckplatte aus Beton verhindert werden. Die Platte kann als Betonfertigteil verlegt oder aus Ortbeton hergestellt werden. Der seitliche Überstand mit der Wassernase verhindert das Herablaufen des Niederschlagwassers am Mauerwerk.

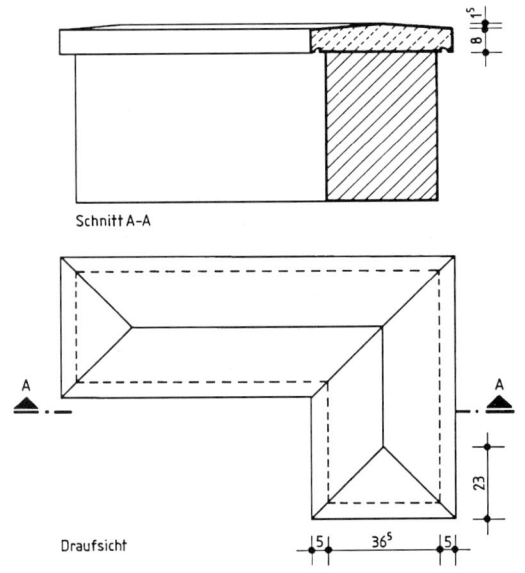

Schnitt A–A

Draufsicht

Bild 5.21 Mauerabdeckung

6 Zeichnen von Holzkonstruktionen

6.1 Holzbalkendecken

Eine Zeitlang wurden Holzbalkendecken aus Gründen der Pilz-, Wurm- und Brandgefahr im Wohnungsbau seltener hergestellt. Im Rahmen des „gesunden Bauens" hat die Verwendung solcher Decken zugenommen.

Die Balkenlage (siehe Bild 6.1) ist der tragende Teil einer hölzernen Decke. Mauerwerk und Balkenlage werden durch Anker miteinander verbunden, um ein Ausknicken des Mauerwerks zu verhindern und gleichzeitig eine Aussteifung des Gebäudes zu bewirken.

Für die Länge der Balkenauflager gilt im allgemeinen die Faustregel: Balkenhöhe = Auflagerlänge.

Die Zwischenräume der Balkenlagen werden aus wärme- und schalltechnischen Gründen ausgefüllt.

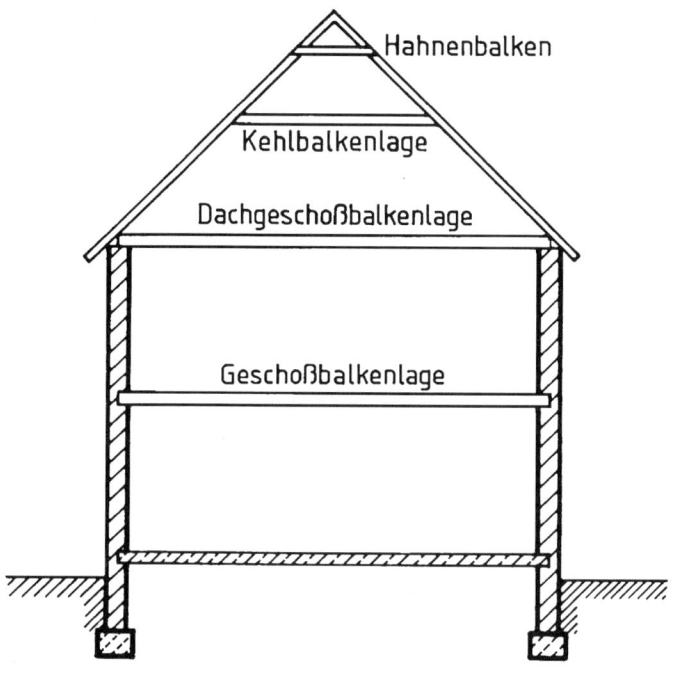

Bild 6.1 Balkenlagen

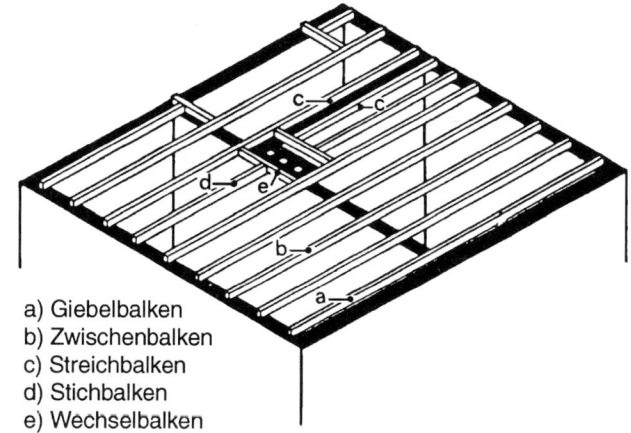

a) Giebelbalken
b) Zwischenbalken
c) Streichbalken
d) Stichbalken
e) Wechselbalken

Bild 6.2 Bezeichnung der Balken

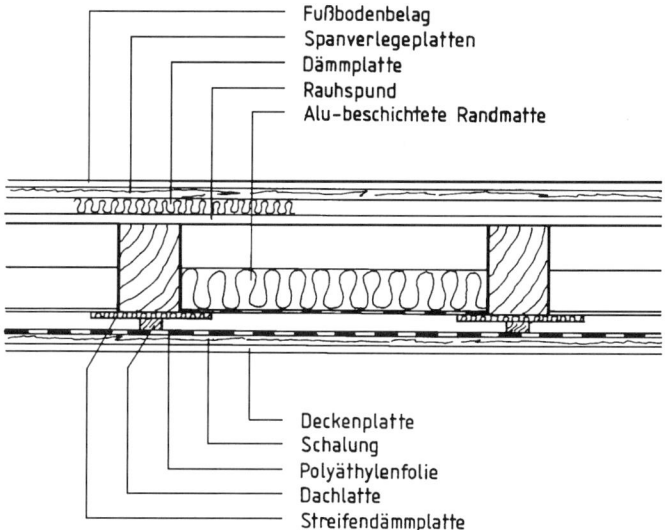

Bild 6.3 Teile einer Holzbalkendecke

6.2 Dächer

Das Dach hat die Aufgabe, das Haus gegen Regen, Schnee und Wind zu schützen. Die Form und das Material des Daches sind von großer Bedeutung für den Gesamteindruck des Gebäudes.

6.2.1 Dachformen

Das Satteldach ist bei beabsichtigtem Ausbau des Dachgeschosses vorzuziehen, weil es am meisten Raum dafür bietet.

Der First ist die obere, die Traufe die untere waagerechte und der Ortgang die seitliche Begrenzung der Satteldachflächen.

Das Walmdach wird vielfach bei freistehenden Wohnhäusern angewendet. Da alle Gebäudeseiten schräge Dachflächen haben, ist diese Form für das ausgebaute Dachgeschoß ungünstig.

Der Walm ist die dreieckige Fläche an der Schmalseite des Daches. Die Gratlinie entsteht durch Zusammenstoßen zweier Dachflächen. Der Anfallpunkt ist der Endpunkt der Firstlinie, in dem drei Dachflächen zusammentreffen.

Das Krüppelwalmdach ist von der Kehlbalkenlage bis zum First abgewalmt.

Das Zeltdach ist ein Walmdach ohne Firstlinie. Alle Dachflächen laufen in dem Firstpunkt zusammen. Der Grundriß ist entweder quadratisch, sechs- oder achteckig.

Das Pultdach gehört zur Gruppe der Flachdächer und hat häufig eine Neigung von 2 bis 5%.

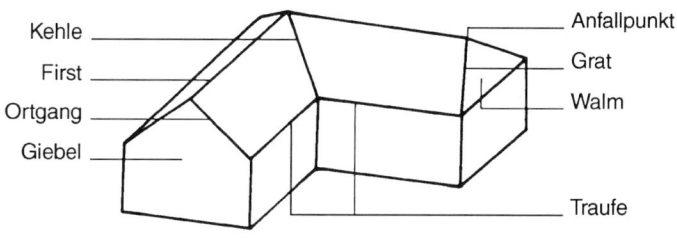

Bild 6.4 Teile des Daches

Das Sägedach (Sheddach) wird für Fabrikhallen hergestellt, weil die Verglasung der steilen Dachfläche eine gute Belichtung gewährleistet.

Die Kehllinie entsteht durch Zusammenstoßen zweier Dachflächen. Die Verfallung ist die Verbindung zweier Firste, die in winkligen Grundrissen mit unterschiedlichen Breiten bei gleicher Dachneigung entsteht.

6.2.2 Dachgerüste

Sparrendächer
Sparrendächer können bis zu einer Sparrenlänge von 4,50 m konstruiert werden. Die Sparren und die dazugehörigen Balken bilden ein unverschiebliches Dreieck. Jedes Sparrenpaar mit Balken (Gespärre) bildet einen selbständigen Fachwerkträger. Der Längsverband wird durch schräg auf die Sparren genagelte Windrispenbänder und durch die Dachlatten oder Schalung gebildet.

Sparrendächer mit Kehlbalken
Sparren, die länger als 4,50 m sind, werden durch Kehlbalken ausgesteift, damit sie nicht durchbiegen. Bei ausgebauten Dachgeschossen liegt der Kehlbalken in Deckenhöhe. Wird der Sparren oberhalb des Kehlbalkens länger als 3,50 m, wird zusätzlich ein Hahnenbalken parallel zum Kehlbalken eingebaut.

Pfettendächer
Während bei Sparrendächern die Last (Eigengewicht, Schneelast und Windlast) direkt auf den Fußpunkt übertragen wird, übernehmen diese Aufgabe beim Pfettendach hauptsächlich die Pfette und die Stiele. Die Stiele (Ständer) können durch tragende Wände ersetzt werden.

Tab. 6.1 Deckstoffe und Dachneigungen

Art der Deckung	Sparrenneigung
Pappdeckung:	
einlagiges Pappdach, genagelt	20 bis 30°
mehrlagiges Pappdach	2 bis 25°
Welltafeldeckung:	
Flachdach (200 mm Überdeckung, Kittdichtung)	3 bis 10°
flachgeneigtes Dach (200 mm Überdeckung)	10 bis 20°
Flach- bis Steildach (150 mm Überdeckung)	20 bis 90°
Stroh- und Rohrdeckung	45 bis 80°
Metalldeckung:	
Falz- und Leistendeckung auf fester Schalung	2 bis 15°
Falz- und Leistendeckung auf Sparschalung	8 bis 15°
Metallplattendeckung, Wellblechdach	12 bis 35°
Schieferdeckung:	
altdeutsches Schieferdach, altdeutsches Doppeldach, einfaches und doppeltes Schuppenschablonendach	25 bis 90°
Ziegel- und Betonsteindeckung:	
Flachdachpfannen	15 bis 19°
Falzpfannen (Doppelfalzpfannen)	30 bis 50°
Falzziegeldeckung (Ein- oder Zweifalz-Ausführung)	30 bis 50°
Biberschwanz-, Kronen- und Doppeldeckung	30 bis 60°
Kremp- und Strangfalzziegeldeckung	35 bis 60°
Hohlpfannen-Aufschnittdeckung	40 bis 60°
Hohlpfannen-Verschnittdeckung	45 bis 60°

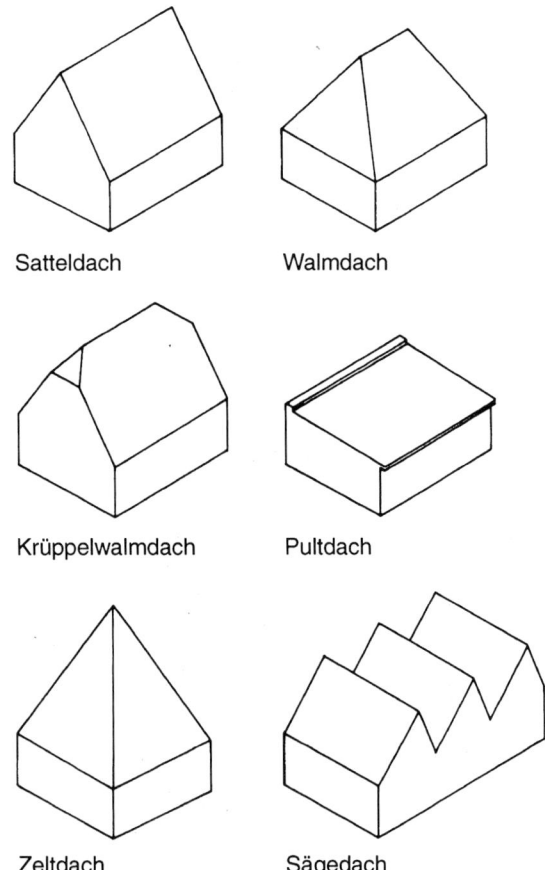

Satteldach   Walmdach

Krüppelwalmdach   Pultdach

Zeltdach   Sägedach

Bild 6.5 Dachformen

Flachdächer
Flachdächer sind eine weitverbreitete Dachform im Industrie- und Wohnungsbau. Mit den heutigen Baustoffen und bautechnischen Erkenntnissen können Flachdächer konstruiert werden, die allen Anforderungen hinsichtlich Form, Wirtschaftlichkeit und Dauerhaftigkeit entsprechen.

Man unterscheidet zwei Arten von Flachdächern im Wohnungsbau. Das durchlüftete Kaltdach verfügt über einen Lüftungsraum, der sich über die ganze Dachfläche erstreckt und an den tiefsten und höchsten Punkten be- und entlüftet wird. Auf diese Weise machen sich keine schädlichen Einflüsse durch Temperatur und Feuchtigkeit am Mauerwerk bemerkbar (siehe Bild 6.10).

Das einschalige Warmdach wird einmal aus Gründen der Konstruktionshöhe hergestellt, zum anderen, weil im Innern des Lüftungsraumes des Kaltdaches Kondensationsfeuchtigkeit in unkontrollierbarer Form entstehen kann.

Aufgrund theoretischer Erkenntnisse, Untersuchungen und praktischer Erfahrungen der letzten Jahre lassen sich heute Vorkehrungen treffen, mit denen Mängel oder Schäden vermieden werden, die ansonsten nur mit sehr viel Aufwand oder zum Teil gar nicht beseitigt werden könnten. Der Aufbau eines Warmdaches nach Bild 6.11 garantiert dem Planenden eine Dachkonstruktion, die allen Anforderungen der Wärme- und Diffusionstechnik entspricht.

6.2.3 Dachhaut

Die Dachhaut soll regendicht sein, das Wasser schnell und sicher ableiten und die Luftfeuchte aus dem Hausinnern entweichen lassen. Nicht jedes Deckungsmaterial eignet sich für jede Dachform. Nach DIN 4102 werden Bedachungen auf ihre Widerstandsfähigkeit gegen Flugfeuer und strahlende Wärme geprüft.

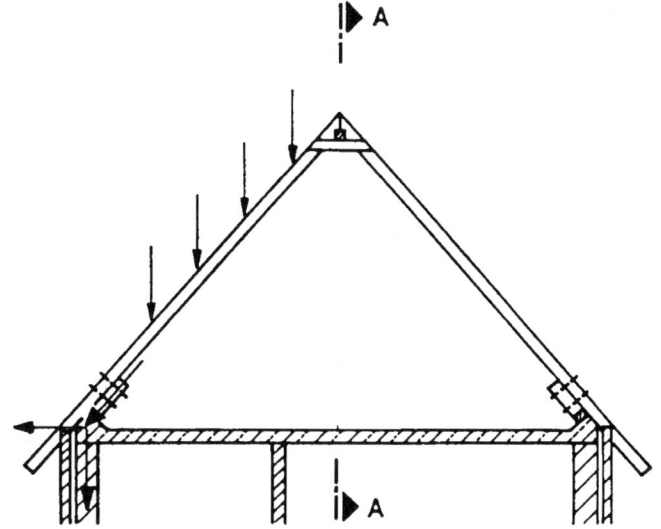
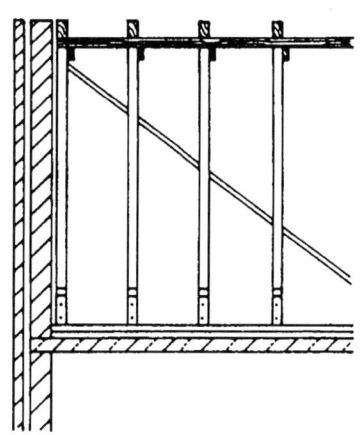

Bild 6.6 Sparrendach

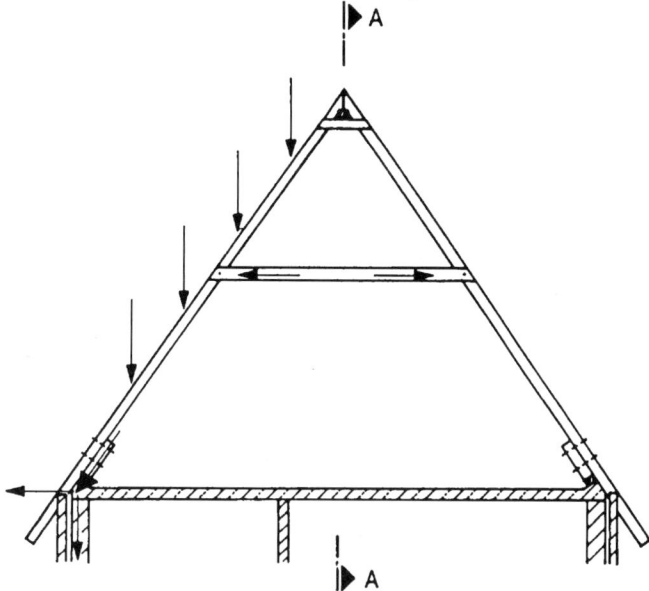
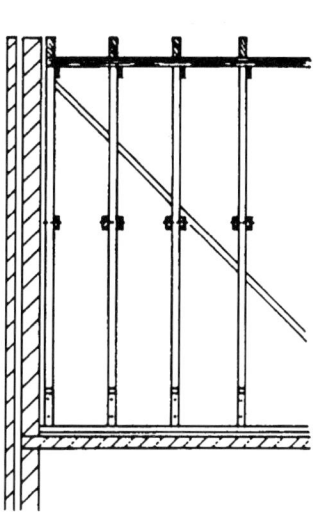

Bild 6.7 Kehlbalkendach

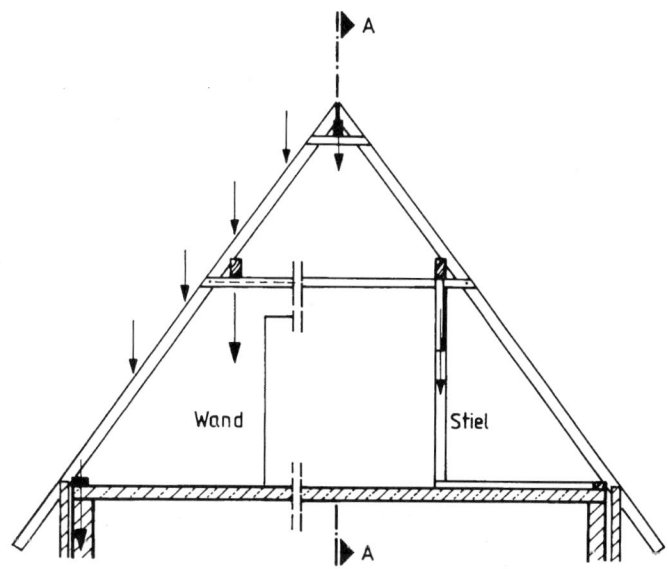
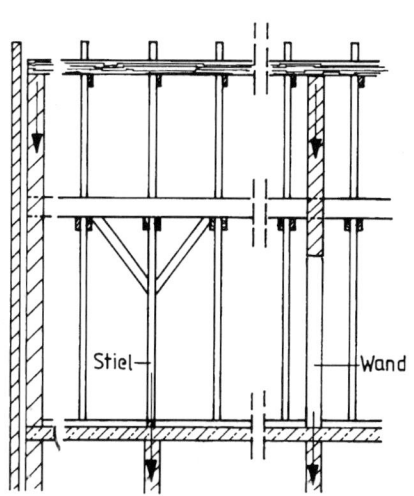

Bild 6.8 Pfettendach

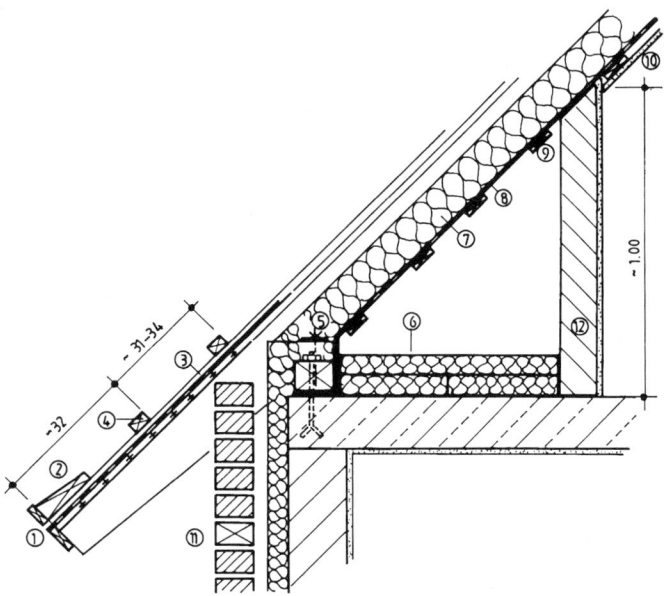

Bild 6.9 Traufpunkt mit Sparrengesims

1 = Entwässerung des Unterdaches unter die Dachrinne (Schadenskontrolle); 2 = Traufbohle; 3 = Konterlattung 24/80; 4 = Lattung mindestens 30/50; 5 = Klemmscheibe, mit verzinktem Nagel auf der Schwelle befestigt; 6 = Wärmedämmung, zweilagig und fugendicht ausgelegt; 7 = Wärmedämmung mindestens 120 mm; 8 = Dampfbremsschicht, verhindert Kondensate in der Konstruktion, gleichzeitig Winddichtung; 9 = Sparschalung; 10 = Gipskarton; 11 = Stoßfugenöffnung; 12 = Abseitenwand (Gasbeton), darf die Dampfbremsschicht nicht durchstoßen

6.2.4 Dachfußpunkt

Der Dachfußpunkt ist die Nahtstelle zwischen der Außenwand und dem Dach; er muß konstruktiv sorgfältig ausgebildet werden, damit das Niederschlagwasser in die Fallrohre geleitet werden kann, ohne Schaden am Mauerwerk anzurichten.

Beim Dachfußpunkt mit Sparrengesims wird der auskragende Teil durch die Sparren gebildet, die gehobelt und profiliert werden (siehe Bild 6.9).

6.3 Fenster

Fenster haben die Aufgabe, Räume zu belichten und zu belüften. Die Fensterfläche richtet sich nach der Größe und dem Zweck der Räume. In Räumen zum dauernden Aufenthalt von Menschen betragen die Fensterflächen etwa $1/6$ bis $1/10$ der Grundrißfläche. Als Breite und Höhe der Fenster gelten die kleinsten Lichtmaße der Wandöffnungen (siehe auch Bild 3.23).

6.3.1 Rohbaurichtmaße für Fensteröffnungen

Die für den Wohnungsbau üblichen Fenster- und Türfensteröffnungen sind Rohbaurichtmaße (RR), aus denen die Nennmaße der Öffnungen abzuleiten sind (siehe Abschnitt 3.3.3).

Fenster werden häufig nach Katalog bestellt. In diesen Fällen ist die Einhaltung der Rohbaurichtmaße durch die Größe der Fertigfenster vorgegeben.

Bei anderen Bauobjekten werden die Fenster durch den Tischler oder Metallhandwerker hergestellt. Immer sollte das Öffnungsmaß

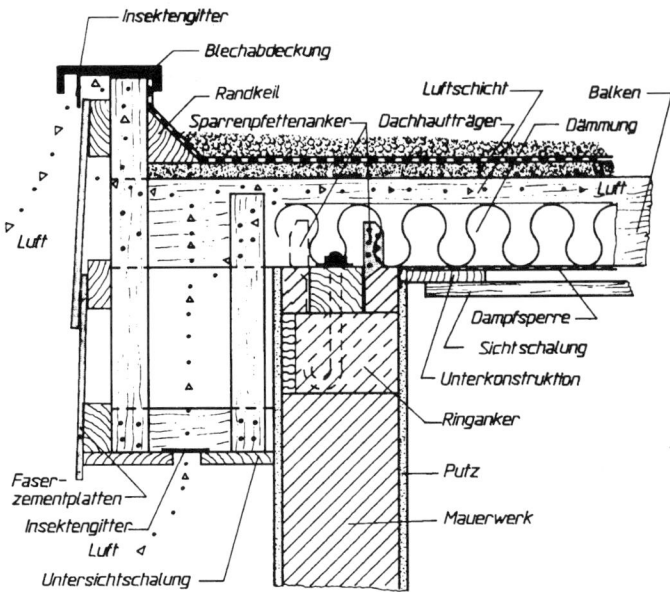

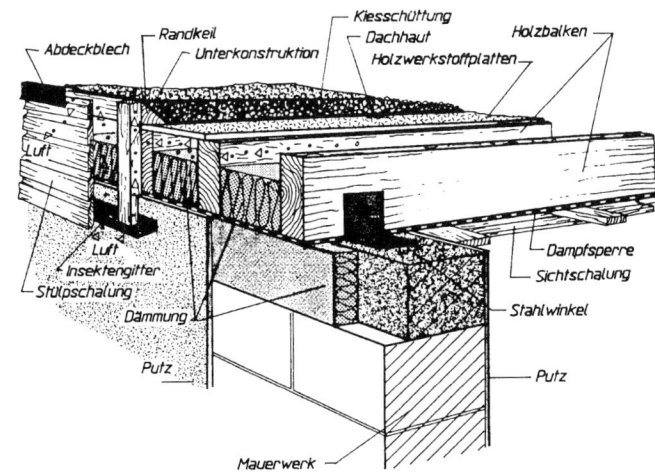

Bild 6.10 Ortgang eines Kaltdaches (Detailzeichnung aus DER ZIMMERMANN)

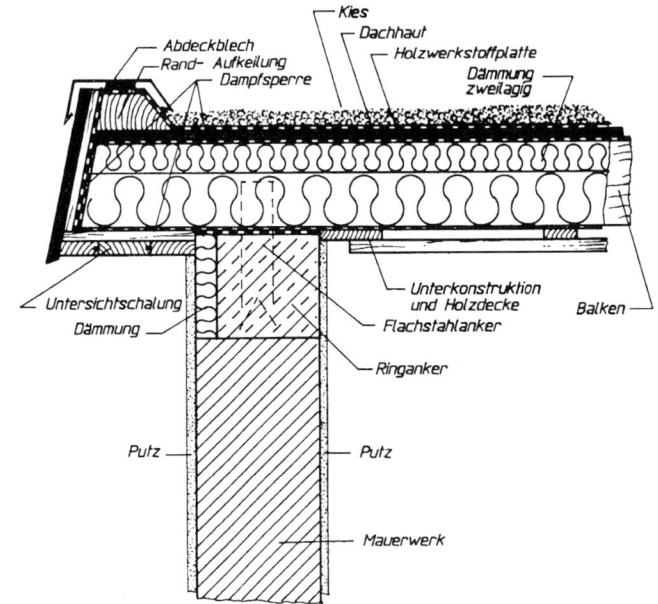

Bild 6.11 Ortgang eines Warmdaches (Detailzeichnung aus DER ZIMMERMANN)

Fensterart		Entwurfszeichnung	Ausführungszeichnung
Fenster nach ihrer Lage	Fenster vor der Außenfläche der Wand	außen / innen	außen / innen
	Fenster bündig mit der Außenfläche der Wand		
	Fenster mittig in der Fensterleibung		
	Fenster bündig mit der Innenfläche der Wand		
	Fenster mit Nische		
	Fenster als raumhohes Element		
	Fenster mit Außenanschlag ohne Brüstung		
	Fenster mit Innenanschlag mit Brüstung		

Bild 6.12 Darstellen von Fenstern im Grundriß

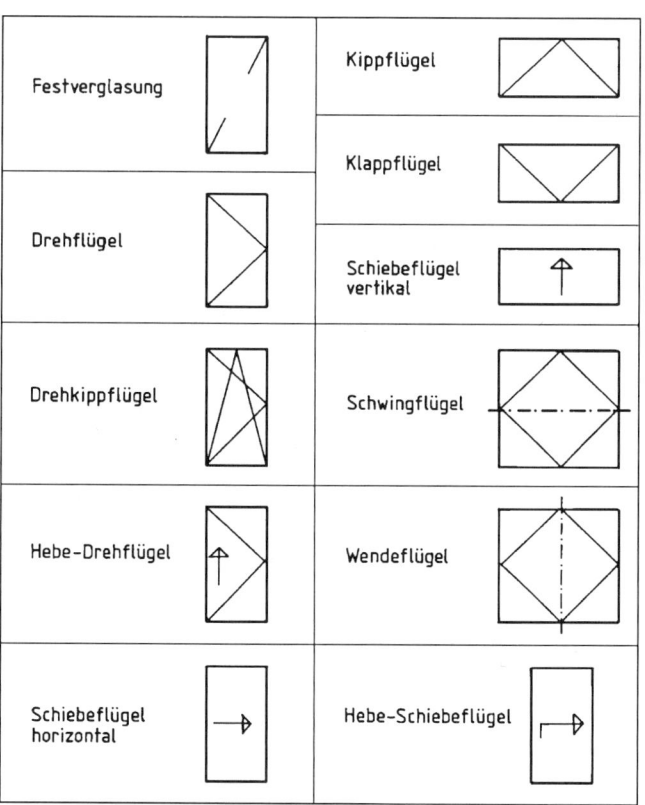

Bild 6.13 Öffnungsarten von Türen und Fenstern in der Ansicht

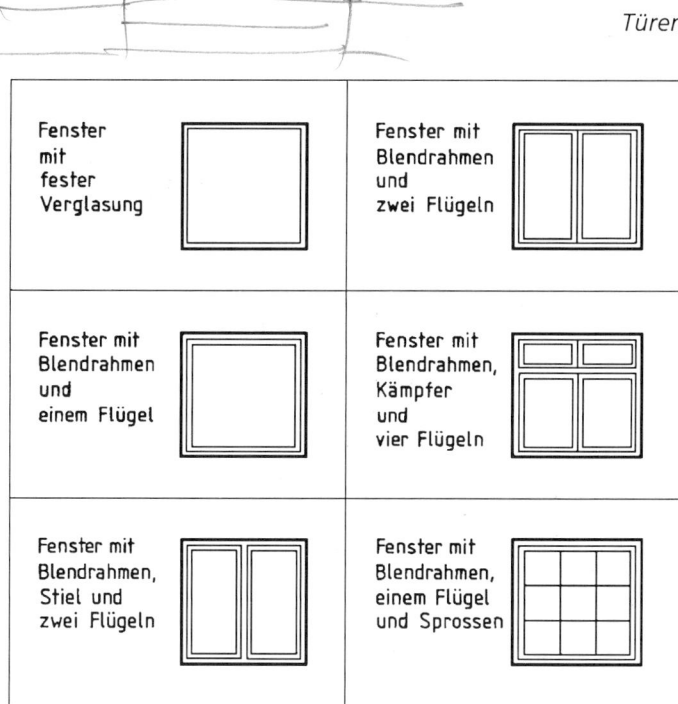

Bild 6.14 Darstellen von Fenstern in der Ansicht

dem Vielfachen von 12,5 cm (= 1 am) entsprechen, sowohl in der Breite als auch in der Höhe.

6.3.2 Anschlagsarten

Bild 6.12 zeigt die unterschiedliche Anschlagsart von Fenstern und ihre Darstellung in Entwurfs- und Ausführungszeichnungen. Die Fensterebenen sollten jeweils durch zwei Vollinien angegeben werden.[1]

6.3.3 Öffnungsrichtung der Fensterflügel

Die Beschläge der Fenster richten sich nach der gewünschten Öffnungsrichtung, woher auch die Bezeichnung stammt, z. B. Dreh-Kipp-Beschlag. Bild 6.13 stellt unterschiedliche Öffnungsrichtungen dar.

6.3.4 Darstellen von Fenstern in der Ansicht

In Bild 6.14 werden verschiedene Fensterkonstruktionen gezeigt. Dabei ist zu beachten, daß die äußeren Linien als sichtbare Kanten der Wandbegrenzung als schmale, die übrigen Linien als feine Vollinien zu zeichnen sind.

6.4 Türen

Türen werden je nach Verwendungszweck aus Holz, Stahl, Leichtmetall, Glas oder Kunststoff hergestellt.

6.4.1 Wandöffnungen für Türen nach DIN 18 100

Sprünge in den Rohbaurichtmaßen für Türen liegen in der Breite zwischen 62,5 cm und 112,5 cm, in der Höhe zwischen 187,5 cm und 212,5 cm. Türen von 175 cm bis 200 cm Breite und 200 cm Höhe sind im Regelfall zweiflügelig.

---

[1] Bonai/Fries, Forschungsauftrag des Bundesministeriums für Raumordnung, Bauwesen und Städtebau: „Empfehlungen zur Standardisierung von Bauzeichnungen", 1983.

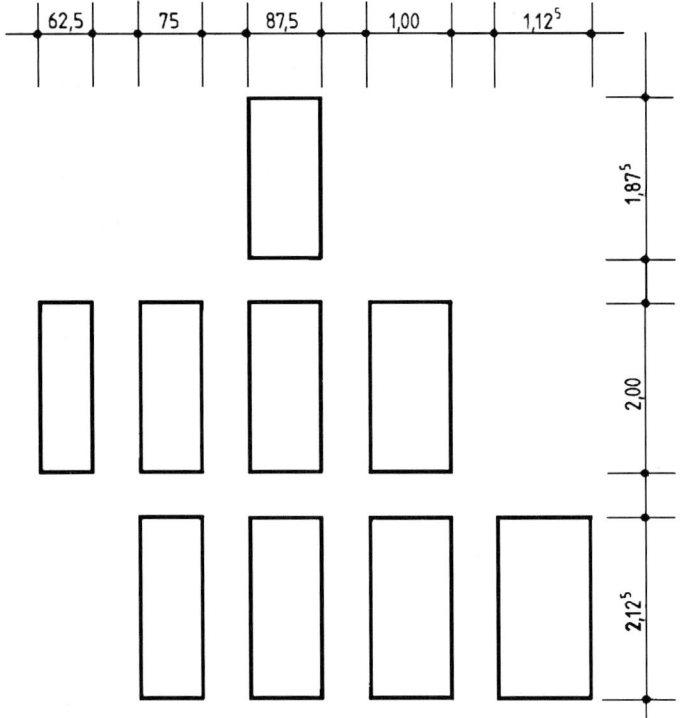

Bild 6.15 Vorzugsmaße für Türen

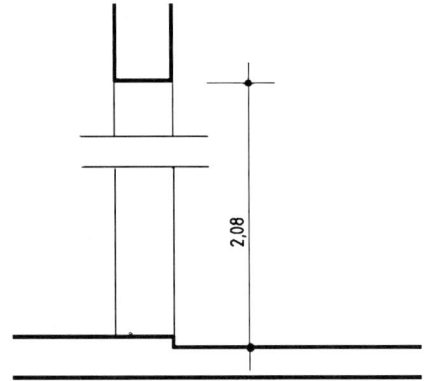

Bild 6.16 Türhöhe bei unterschiedlichen Fußbodenhöhen

Dem Baurichtmaß einer Tür, z. B. 87,5 cm x 200 cm, entspricht das Nennmaß 88,5 cm x 201 cm. Da dieses Maß aber von Oberfläche Fertigdecke bis Unterfläche Türsturz gilt, ist ihm die Dicke der Oberdecke (Dämmung, Zementestrich, Belag) hinzuzufügen. Dabei ist zu berücksichtigen, daß bei Türen zwischen Räumen mit unterschiedlicher Höhenlage der Fußböden die Höhe der Öffnung von dem Fußboden gerechnet wird, in den die Tür schlägt.

6.4.2 Links- und Rechtsbezeichnung nach DIN 107

Das Türblatt wird von der Seite aus betrachtet, nach der es aufschlägt. Die Lage der Türbänder ist maßgebend für die Bezeichnung einer Tür als Links- oder Rechtstür (siehe Bild 6.18).

6.4.3 Innentüren

Die Innentür besteht aus dem Türblatt und der Zarge. Das glatte Türblatt kann mit edelholzfurnierter, streichfertiger oder auch schichtstoffveredelter Oberfläche mit Einlagen aus leichten Röhrenspanplatten ausgeführt werden.

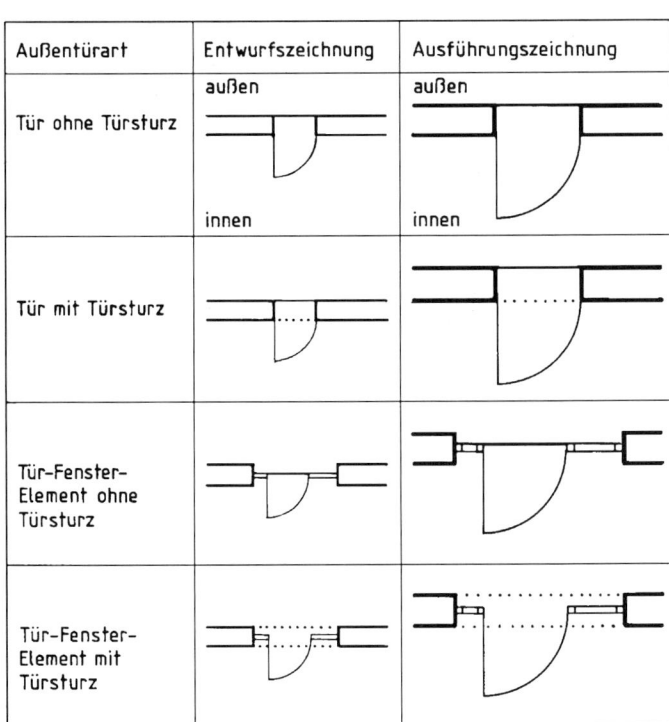

Bild 6.17 Darstellen von Außentüren im Grundriß

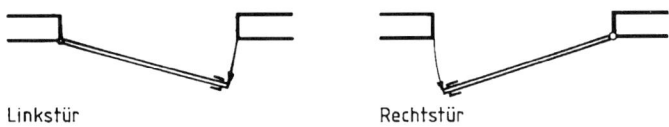

Linkstür   Rechtstür

Bild 6.18 Links- und Rechtsbezeichnung von Türen

Profilierte Türblätter bestehen aus preßgeformten Holzfaserhartplatten mit Einlagen aus kleinzelligen Verbundkernen oder aus furnierten Rahmen mit Füllungen aus furnierten Vollspanplatten und aufgeleimten Profilholzleisten. Auch Füllungen aus Glas, Bleiglas und furniertem Massivholz sind möglich. Die Umfassungszarge besteht aus dem Futter und der Bekleidung. Sie wird aus furnierten oder schichtstoffbekleideten Feinspanplatten, aber auch aus Massivholz angefertigt. Für besondere Anforderungen werden Stahlzargen montiert, die mit Mörtel voll zu hintergießen sind (siehe Bild 6.21).

Neben der üblichen Einbaulösung der Umfassungszarge gibt es den wandbündigen Einbau mit Blockzarge oder futterbrettbündiger Zierbekleidung.

Das Türblatt kann auf verschiedene Arten in den Falz des Futters schlagen. Man unterscheidet das gefälzte und das stumpf einschlagende Blatt.

Schallschutz-, Sicherheits-, Naß- und Feuchtraumtüren bieten Lösungen für besondere Verwendungen. Aus Gründen des Brandschutzes sind je nach Anforderung feuerhemmende (T30, T60) oder feuerbeständige (T90) Türen aus Holzwerkstoffen mit Spezialbrandschutzeinlagen oder aus Stahl einzubauen.

6.4.4 Außentüren

Im Gegensatz zur Innentür muß die Außentür wetterbeständig gebaut sein. Das wird durch die Auswahl geeigneten Materials und durch eine einwandfreie Konstruktion erreicht. Weiterhin wird die Außentür gegen Witterungseinflüsse geschützt, wenn sie an der Innenseite der Außenwand angebracht wird und zusätzlich

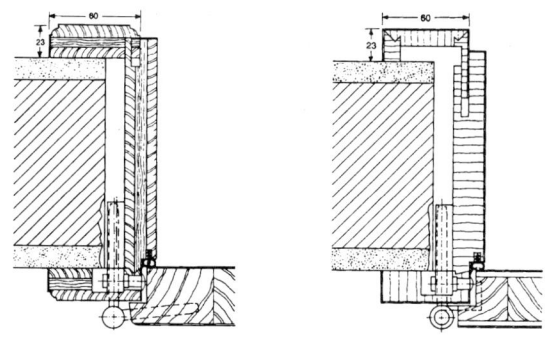

Bild 6.19 Gefälztes Türblatt mit Massivholzzarge (links) und Zarge aus beschichteter Feinspanplatte (rechts; Wirus)

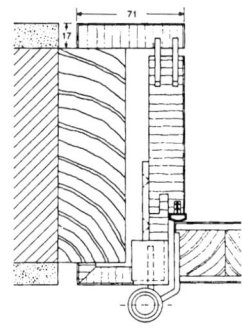

Bild 6.20 Wandbündiger Einbau mit Zierbekleidung; stumpf einschlagende Tür (Wirus)

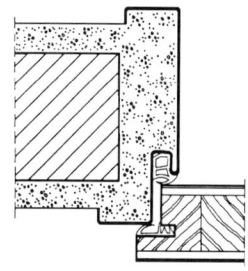

Bild 6.21 Stahlzarge mit doppelter Türfalzdichtung einer Rauchschutztür (Wirus)

einen Wetterschutz oberhalb der Tür bekommt. Die Haustür wird in fast allen Fällen als Blendrahmentür angefertigt. Der Rahmen liegt in einem Mauerfalz und schneidet mit der Oberfläche des Innenputzes ab. Der Blendrahmen wird durch Blendrahmenschrauben (Hülsenschrauben) mit dem Mauerwerk verbunden. Die Tür schlägt mit dem unteren Falz gegen eine Stahlschiene, die gleichzeitig eine Verbindung zwischen dem Podest und dem tiefer liegenden Fußboden des Windfangs herstellt.

6.4.5 Darstellen von Türen im Grundriß

Innentüren werden nach Bild 6.23, Außentüren nach Bild 6.17 dargestellt. Die Anschlagsrichtung wird durch Viertelkreise gekennzeichnet, um den vollen Raumbedarf bei geöffneter Tür zu ersehen. Dieser Viertelkreis wird entweder mit dem Zirkel oder mit der Kreisschablone hergestellt. In Ausführungszeichnungen sind weiter Angaben über Zargen, Futter, Türflügel, Türschlag, Sturz, Leibung usw. einzutragen.

Zeichenaufgaben dazu auf Seite 97.

Zeichenaufgaben dazu auf Seite 97.

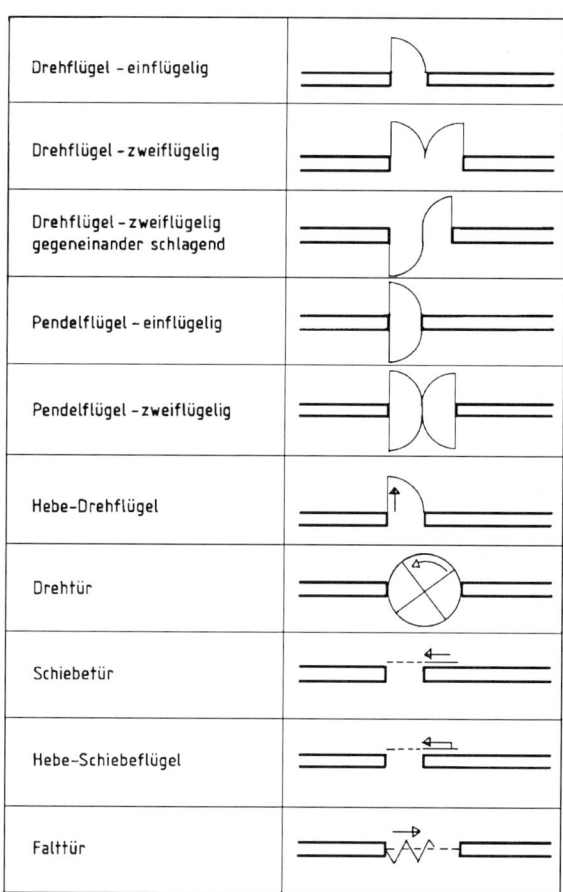

Drehflügel – einflügelig	
Drehflügel – zweiflügelig	
Drehflügel – zweiflügelig gegeneinander schlagend	
Pendelflügel – einflügelig	
Pendelflügel – zweiflügelig	
Hebe-Drehflügel	
Drehtür	
Schiebetür	
Hebe-Schiebeflügel	
Falttür	

Bild 6.22 Öffnungsarten von Türen im Grundriß

Innentürart	Entwurfszeichnung	Ausführungszeichnung
Tür ohne Anschlag und ohne Türsturz		
Tür ohne Anschlag und mit Türsturz		
Tür mit Anschlag und ohne Türsturz		
Tür mit Anschlag und mit Türsturz		
Tür-Fenster-Element ohne Anschlag und ohne Türsturz		
Tür-Fenster-Element ohne Anschlag und mit Türsturz		
Tür-Fenster-Element mit Anschlag und ohne Türsturz		
Tür-Fenster-Element mit Anschlag und mit Türsturz		

Bild 6.23 Darstellung von Innentüren im Grundriß

6.5 Treppen

Treppen haben die Aufgabe, unterschiedliche Höhen zu über-
brücken. Je nach Ausführungsart und Werkstoff werden sie vom
Tischler, Maurer, Betonbauer, Betonwerker, Steinmetz oder Bau-
schlosser hergestellt.

6.5.1 Grundbegriffe nach DIN 18 064

Im folgenden sind einige der wichtigsten Begriffe zusammengefaßt,
soweit sie nicht in den Bildern 6.24 und 6.25 angegeben sind:

Treppe	Bauteil aus mindestens einem Treppenlauf
Treppenlauf	Mindestens drei Treppenstufen ohne Unter-brechung
Wange	Bauteil als Stütze für die Stufen und seitliche Begrenzung für den Lauf
Steigungs-verhältnis (Neigung)	Verhältnis von Steigung zu Auftritt, z. B. $17^2/28$ Anmerkung: Eine Treppe gilt dann als bequem begehbar, wenn zweimal Steigung plus einmal Auftritt rund 59 bis 65 cm er-geben, die der durchschnittlichen Schritt-länge eines Menschen bei normaler Steigung entsprechen. Merke: $a = 63 - 2s$
Lauflänge	Maß, im Grundriß gemessen, von der Vorder-kante der Antrittsstufe (1. Stufe) bis zur Vor-derkante der Austrittsstufe (letzte Stufe).

6.5.2 Treppenarten

Nach der Lage unterscheidet man folgende Arten:

Geschoßtreppe	Treppe von einem Vollgeschoß zum nächsten
Kellertreppe	Treppe vom Hauseingang oder vom untersten ausgebauten Geschoß zum Keller
Bodentreppe	Treppe vom obersten ausgebauten Geschoß zum Dachboden
Ausgleichtreppe	Treppe zum Ausgleich von Höhenunterschie-den innerhalb eines Geschosses

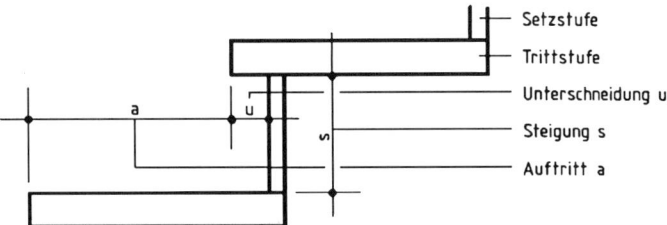

Bild 6.24 Begriffe und Bezeichnungen im Treppenbau
(Stufenquerschnitt)

6.5.3 Stufenformen

Nach dem Querschnitt werden verschiedene Stufenformen unterschieden (siehe Bild 6.27).

6.5.4 Links- und Rechtsbezeichnung nach DIN 107

Der Drehsinn beim Begehen einer Treppe nach oben ist maßgebend
für die Bezeichnung als Links- oder Rechtstreppe (siehe Bild 6.28).

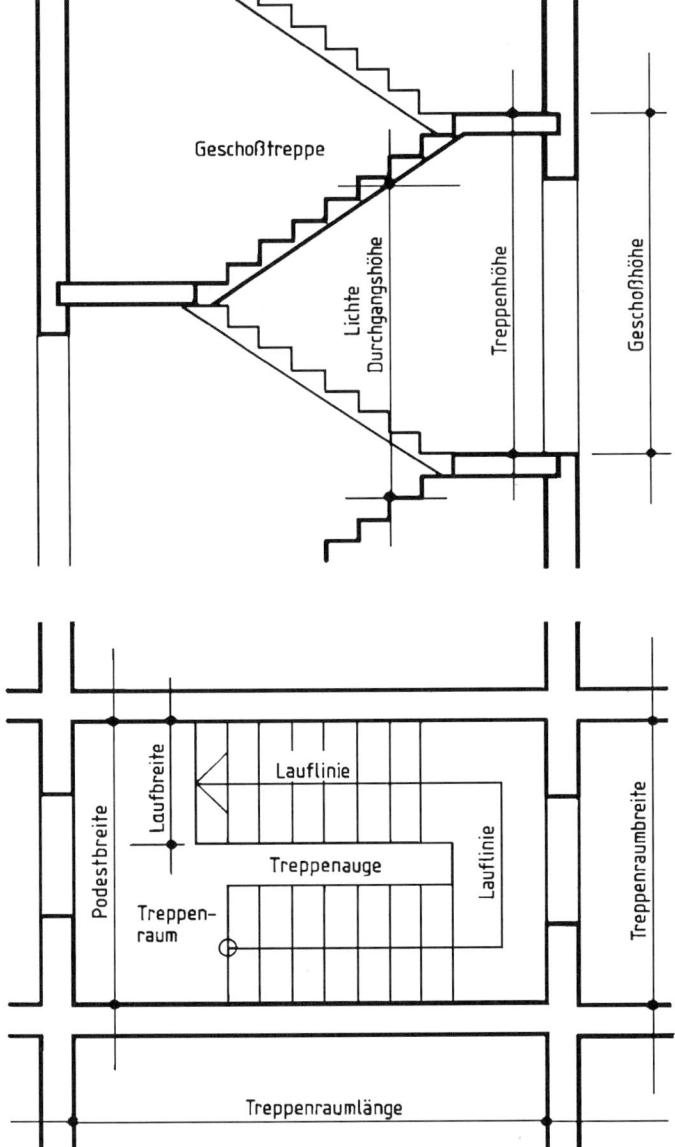

Bild 6.25 Begriffe und Bezeichnungen im Treppenbau
(Querschnitt und Grundriß)

6.5.5 Mindestanforderungen nach DIN 18 065

Die Angaben 17,2 und 28 für Steigung und Auftritt in Tab. 6.2
sind als Vorzugsmaße anzusehen. Die Vorschriften hinsichtlich
weiterer Anforderungen sind in den einzelnen Bundesländern unterschiedlich. Für Zwischenpodeste, lichte Durchgangshöhen, Stu-
fenbreite bei gewendelten Treppen, Unterschneidungen usw. ist
in jedem Fall die Bauordnung des betreffenden Bundeslandes
maßgebend.

Tab. 6.2 Laufbreite, Steigung, Auftritt (Maße in cm)

Treppenarten	Lauf-breite	Steigung	Auftritt
Keller- und Bodentreppen	80	≤ 21	≥ 21
Geschoßtreppen in Gebäuden mit 2 oder weniger Wohnungen	80	17,2 (14 bis 20)	28 (23 bis 37)
Geschoßtreppen in Gebäuden mit mehr als 2 Wohnungen	100	17,2 (14 bis 19)	28 (26 bis 37)

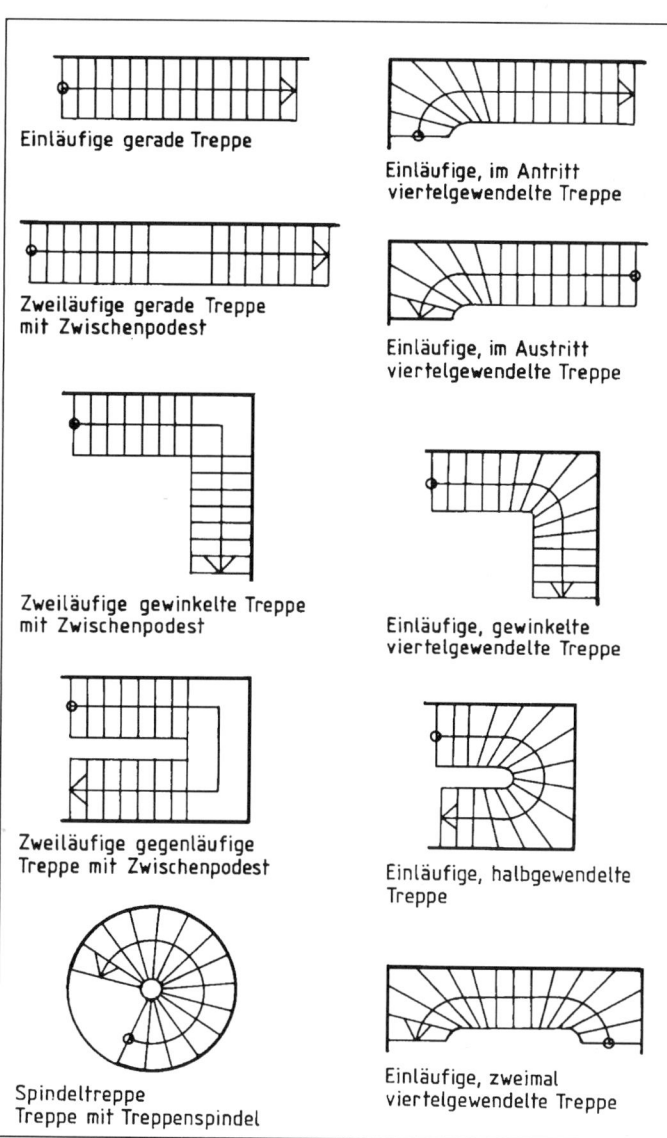

Bild 6.26 Treppenarten

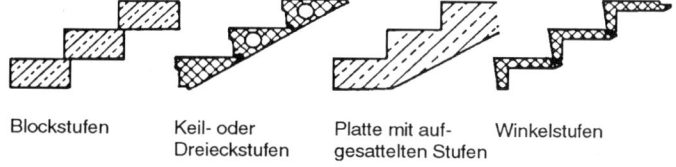

Blockstufen Keil- oder Dreieckstufen Platte mit aufgesattelten Stufen Winkelstufen

Bild 6.27 Treppenstufen

6.5.6 Vorzugsmaße für Treppen

Unter Berücksichtigung einer bequemen Begehbarkeit lassen sich für die in Tab. 6.3 aufgeführten Geschoßhöhen Konstruktionsmaße errechnen, die als Richtgrößen den Raumbedarf der Treppen abgrenzen.

6.5.7 Raumbedarf für Treppenhäuser

Nachdem der Zeichner aus der Tab. 6.3 das Steigungsverhältnis ausgewählt hat, z. B. 16 × 17²/29, muß er den für das Treppenhaus erforderlichen Raumbedarf ermitteln. Wie aus Bild 6.32 zu ersehen ist, kann man bei gleichem Steigungsverhältnis und da-

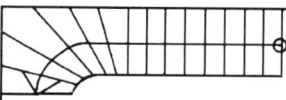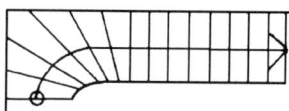

Bild 6.28 Linkstreppe (links) und Rechtstreppe (rechts)

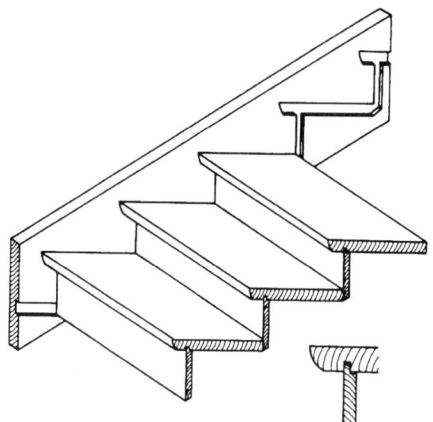

Bild 6.29 Gestemmte Treppe

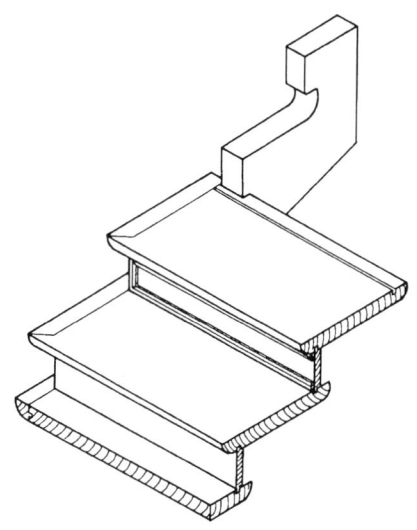

Bild 6.30 Aufgesattelte Treppe

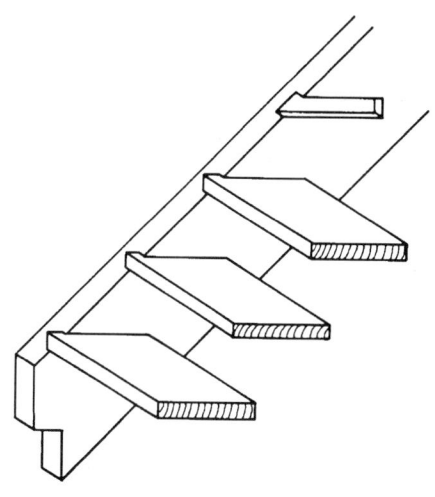

Bild 6.31 Eingeschobene Treppe

mit gleicher Lauflänge sehr unterschiedliche Treppenraumgrößen erzielen.

Der Umfang des Viertelkreises gewendelter Treppen beträgt bei einem Radius von 70 cm:

$$\frac{2\,r\,\pi}{4} = \frac{2 \cdot 70\ \text{cm} \cdot 3{,}14}{4} = 110\ \text{cm} = 1{,}10\ \text{m}$$

Nachdem dieses Maß von der Lauflänge abgezogen ist, ergibt sich die Länge des geraden Treppenteils. Bei weiteren Wendelungen verfahre man sinngemäß. Wenn das Treppenhaus immer noch zu groß wird, hat der Zeichner noch die Möglichkeit, eine steilere Treppe zu wählen (z. B. 15 × 18³/26; siehe Tab. 6.3). Durch die um 71 cm kürzere Lauflänge kann auch der Raumbedarf erheblich vermindert werden. Die Zahlen sind in Bild 6.32 in Klammern gesetzt.

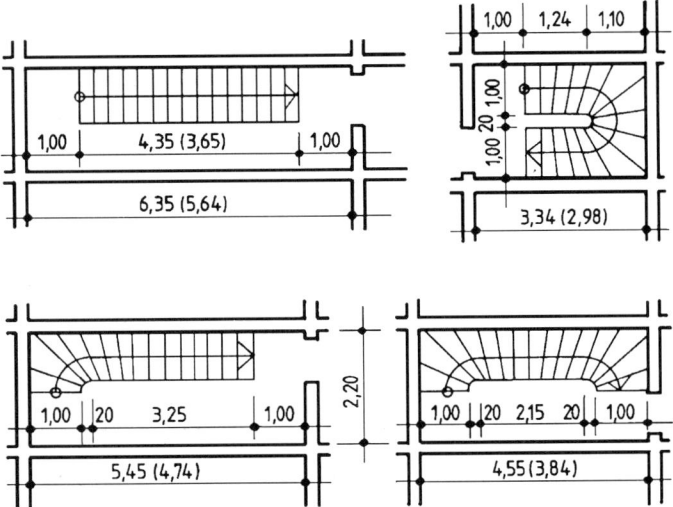

Bild 6.32 Raumbedarf für Treppen

Tab. 6.3 Geschoßhöhen, Steigungen, Auftritte, Lauflängen

Geschoß-höhe m	Stufen-anzahl	Steigung (gerundet) cm	Auftritt cm	Lauflänge m
2,25	12	18,8	25	2,75
			26	2,86
	13	17,3	25	3,00
			26	3,12
2,50	14	17,9	25	3,25
			26	3,38
			28	3,64
			29	3,77
2,75	15	18,3	25	3,50
			26	3,64
	16	**17,2**	25	3,75
			26	3,90
			28	**4,20**
			29	4,35
3,00	17	17,6	28	4,48
			29	4,64
	18	16,7	28	4,76
			29	4,93

6.5.8 Verziehen der Stufen von gewendelten Treppen

Für das Verziehen der Stufen von gewendelten Treppen gibt es mehrere Möglichkeiten. Bei Darstellungen im M 1 : 200, 1 : 100 und 1 : 50 reicht das zeichnerische Verziehen der Stufen nach Augenmaß aus. Hierbei muß der Zeichner immer beachten, daß die Breite des Auftritts an der Wange gleichmäßig schmaler und wieder breiter wird. Weiterhin soll keine Stufenkante genau in den rechtwinkligen Zusammenstoß zweier äußerer Wangen führen.

Bei größeren Maßstäben reicht die Genauigkeit dieses Verfahrens aber nicht mehr aus. Für solche Arbeiten ist das genaue Verziehen der Stufen, z. B. mit der rechnerischen Methode, günstiger.

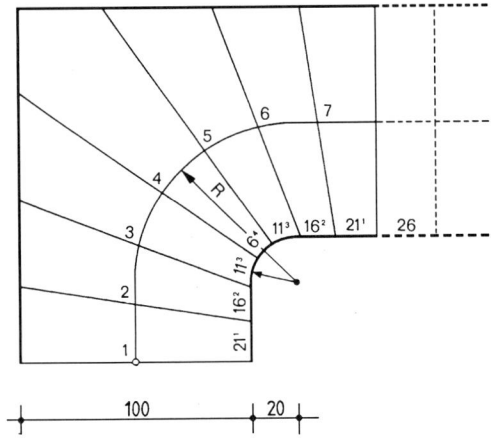

Bild 6.33 Verziehen von Stufen einer gewendelten Treppe

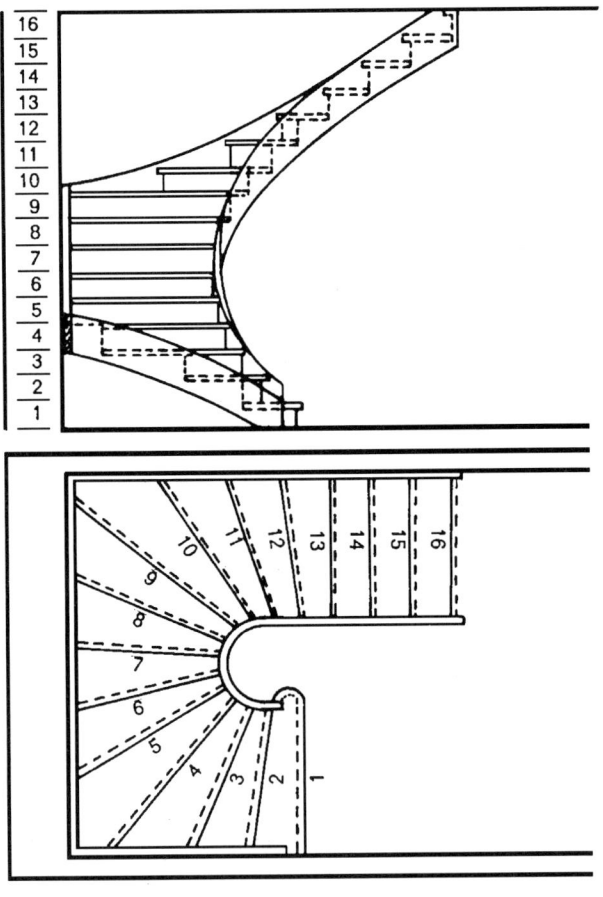

Bild 6.34 Treppe im Grundriß und im Schnitt

Beispiel:

Bei einer Treppe von 16 × 17²/26 sollen die Stufen 1 bis 7 verzogen werden (je größer die Anzahl der verzogenen Stufen, desto günstiger die Mindestauftrittsbreite).

Umfang des Viertelkreises auf der Lauflinie: r = 70 cm

$$\frac{2 \cdot 70 \text{ cm} \cdot 3{,}14}{4} = 110 \text{ cm}$$

Umfang des Viertelkreises auf der Freiwange: r = 20 cm

$$\frac{2 \cdot 20 \text{ cm} \cdot 3{,}14}{4} = 31{,}4 \text{ cm}$$

Differenz: 110 cm – 31,4 cm = 78,6 cm

Aus diesem Maß wird der Anteil berechnet, um den jede Stufe schmaler oder breiter wird. Die Auftrittsbreite der Stufen 1 bis 4 und 7 bis 4 an der Freiwange wird jeweils um 1 Teil schmaler.

```
Stufen 1 und 7 je 1 Teil    = 2 Teile
Stufen 2 und 6 je 2 Teile   = 4 Teile
Stufen 3 und 5 je 3 Teile   = 6 Teile
Stufe  4          4 Teile   = 4 Teile
                             ─────────
                             16 Teile
```

Die Differenz von 78,6 wird auf die 16 Teile gleichmäßig verteilt und ergibt für 1 Teil = 4,9 cm.

Die Auftrittsbreiten an der Freiwange betragen (siehe Bild 6.33):

```
Stufen 1 und 7:   26 cm –     4,9 cm  = 21,1 cm
Stufen 2 und 6:   26 cm – 2 · 4,9 cm  = 16,2 cm
Stufen 3 und 5:   26 cm – 3 · 4,9 cm  = 11,3 cm
Stufe  4:         26 cm – 4 · 4,9 cm  =  6,4 cm
```

Arbeitsverlauf:
1. Umriß der Treppe im Grundriß auftragen;
2. mittlere Lauflinie zeichnen und darauf Auftrittsbreiten der Stufen eintragen;
3. Differenz zwischen großem und kleinem Viertelkreisbogen ermitteln;
4. Anzahl der zu verziehenden Stufen festlegen;
5. Auftrittsbreiten der zu verziehenden Stufen an der Freiwange ermitteln und antragen (siehe Rechenbeispiel);
6. Punkte auf der Freiwange mit denen auf der mittleren Lauflinie verbinden und bis an die Wandwange verlängern;

Nachweis der lichten Durchgangshöhe (Kopfhöhe):

Kopfhöhe = Geschoßhöhe – (Deckendicke + 2 Steigungen)
K = 2,75 m – (0,24 m + 2 · 0,17 m)
K = 2,17 m

6.5.9 Darstellung von Treppen in Bauzeichnungen

Die Darstellung einer Treppe richtet sich nach ihrer Lage, je nachdem, ob sie im untersten Geschoß, in einem normalen Geschoß oder im obersten Geschoß gebaut werden soll (siehe Bild 6.35). Bei der untersten Treppe werden die Stufenvorderkanten bis zur Schnittkennzeichnung als Vollinien dargestellt, die übrigen Stufen entsprechend Tab. 3.3 als Punktlinien. Die Gehrichtung wird durch einen Pfeil angegeben, der immer aufwärts weist, die Antrittsstufe durch einen Kreis. Im Normalgeschoß werden jeweils zwei

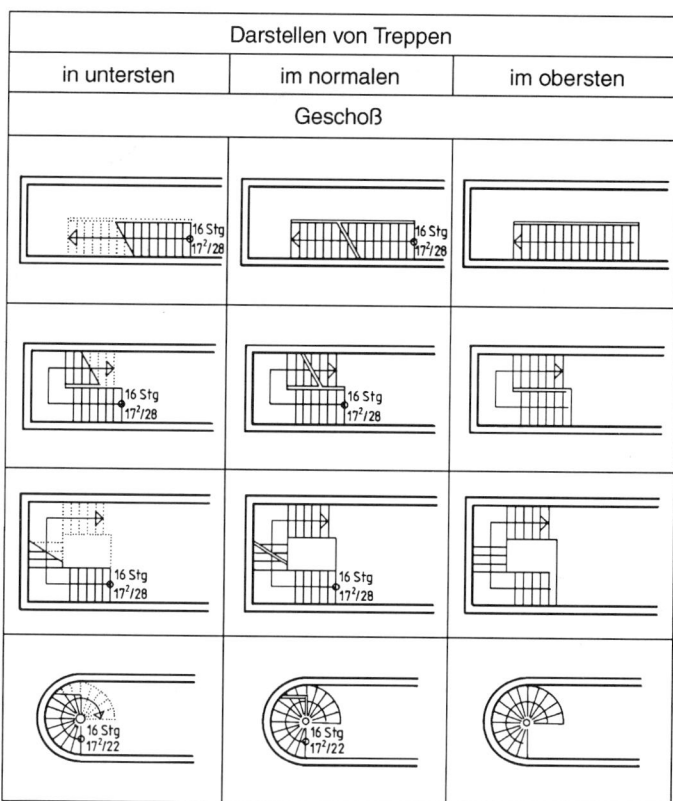

Bild 6.35 Darstellung von Treppen in unterschiedlichen Geschossen

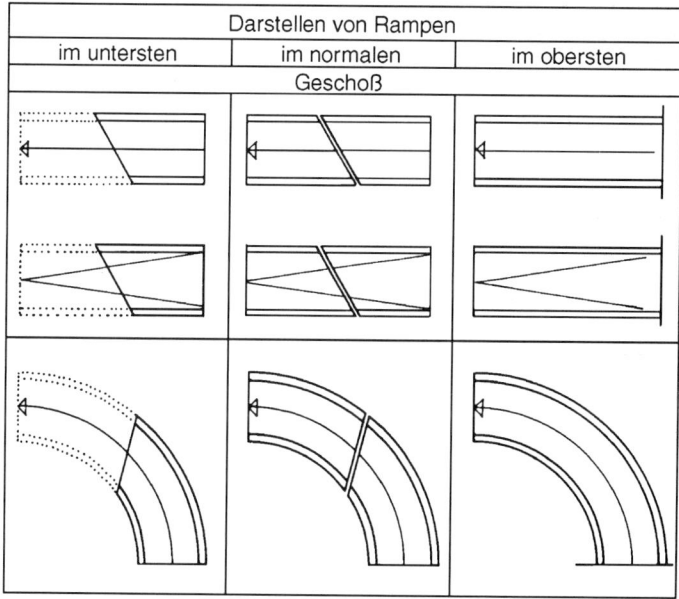

Bild 6.36 Darstellung von Rampen in unterschiedlichen Geschossen

Treppen, im obersten Geschoß nur die tatsächlich sichtbaren Treppenstufen gezeichnet.[1] Den senkrechten Schnittverlauf wählt der Zeichner am besten so, daß die ganze Treppe in der Vorder- oder Seitenansicht sichtbar wird.

---

[1] Bonai/Fries, Forschungsauftrag des Bundesministeriums für Raumordnung, Bauwesen und Städtebau: „Empfehlungen zur Standardisierung von Bauzeichnungen", 1983.

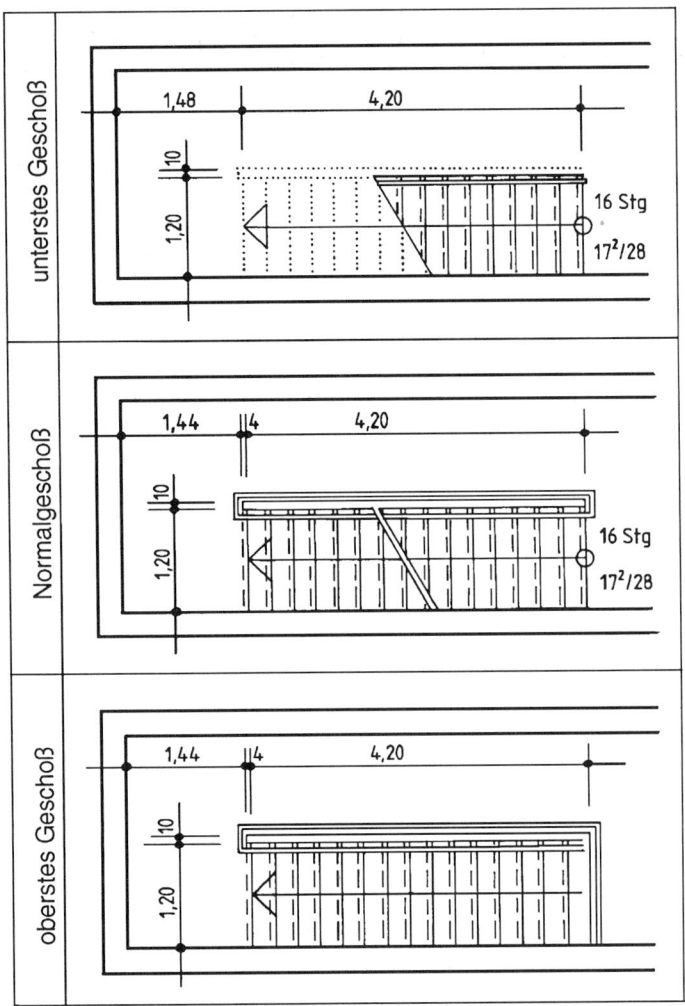

Bild 6.37 Darstellung von Treppen in Ausführungszeichnungen

Die Steigungshöhen teilt man mit einem Stechzirkel an der Treppenhauswand ab. Zum Übertragen der Stufenkanten zeichnet man die Treppe im Grundriß auf ein Stück Klarpapier und legt dieses Blatt unter das betreffende Geschoß in der Schnittzeichnung. Das Übertragen der senkrechten und waagerechten Linien ergibt die Treppe in der Ansicht (siehe Bild 6.34). Der Abstand der oberen und unteren Stufenkante zur Wange beträgt

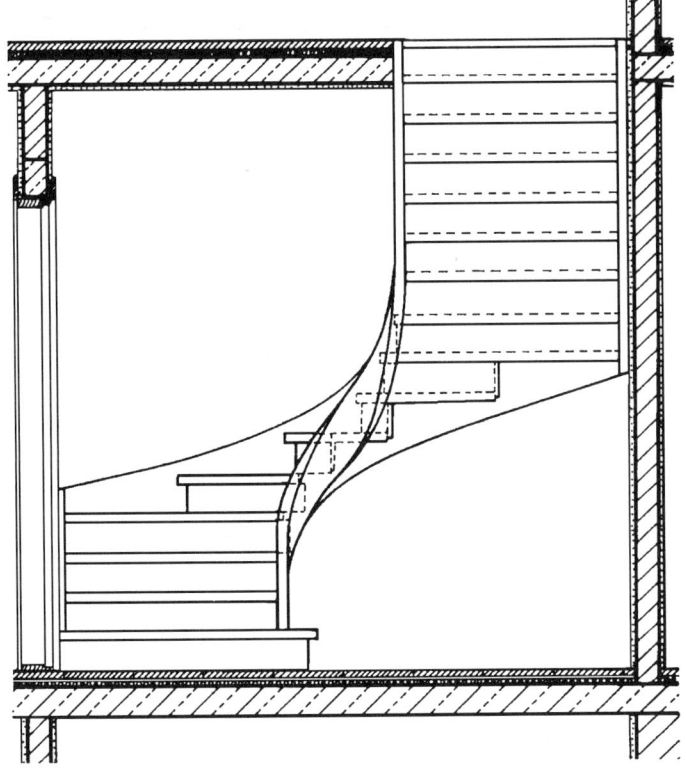

Bild 6.38 Schnitt durch ein Treppenhaus

4 bis 5 cm (Besteckmaß). Um die Wange ermitteln zu können, trägt der Zeichner diese Abstände ein und verbindet die Punkte miteinander. In Bild 6.38 wird in einer Teilzeichnung eine Treppe im großen Maßstab gezeigt.

Zeichenaufgaben dazu auf Seite 98.

Wählen Sie für Treppen möglichst ein genormtes Steigungsverhältnis!
Berechnen Sie den Raumbedarf des Treppenhauses vor der endgültigen Festlegung der Innenwände!
Beachten Sie beim Verziehen der Stufen die Mindestauftrittsbreite!
Richten Sie sich in der Darstellungsweise der Treppen nach dem entsprechenden Maßstab!

7 Zeichnen von Betonkonstruktionen

7.1 Fundamente

7.1.1 Bodenuntersuchungen

Fundamente übertragen auf den Baugrund Lasten, die sich aus der Eigenlast (Wände, Decken, Dach) und der Verkehrslast (veränderliche oder bewegliche Belastung in Form von Personen, Einrichtungsgegenständen, Lagerstoffen, Wind und Schnee) ergeben. Die Konstruktionsart ist abhängig von der Belastbarkeit des Baugrundes, die zwischen 0 und 3 MN/m² (breiiger Boden – Felsen) liegen kann. Wenn nicht aus Erfahrung von benachbarten Bauten her eine Aussage über den Baugrund gemacht werden kann, muß eine Bodenuntersuchung in Form einer Bohrprobe durchgeführt werden. Das Ergebnis dieser Untersuchung wird in das Schichtenverzeichnis eingetragen. Daraus kann der Statiker die Werte entnehmen, die für die Konstruktionsart maßgebend sind.

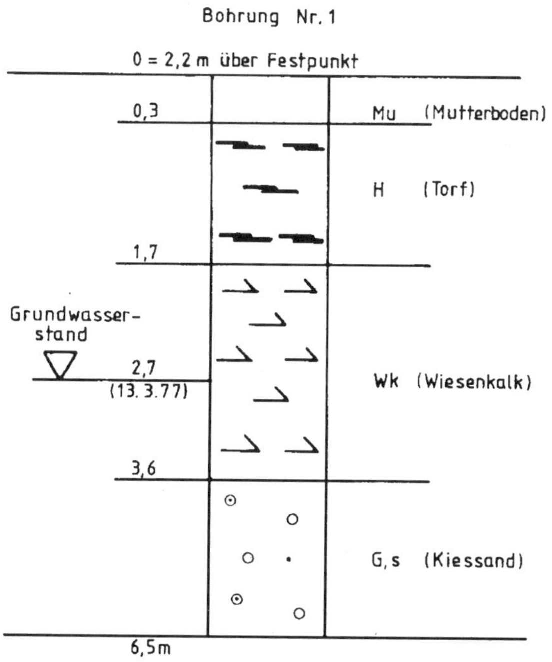

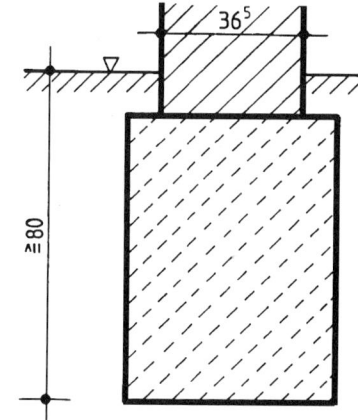

Bild 7.1 Schichtenverzeichnis

7.1.2 Fundamentarten

Das Streifenfundament wird bei normalen Bodenverhältnissen angewandt. Der Überstand zum Mauerwerk beträgt etwa 5 cm. Bei der Bemessung der Fundamentbreite für belastete Mittelwände muß berücksichtigt werden, daß die Mittelwand doppelt so viel Last durch die Decken und bei Pfettendächern fast drei Viertel der Dachlast zu übertragen hat. Der Überstand von 5 cm zum Mauerwerk reicht in diesen Fällen nicht mehr aus. Die Fundamentsohle soll mindestens 80 cm, in kälteren Gegenden sogar tiefer als 1 m unter dem Erdboden liegen. Das Wasser im Boden gefriert bei starkem Frost, dehnt sich aus und hebt dabei das ganze Mauerwerk. Die Folge sind Risse, die dem Bauherrn und dem Bauausführenden dauernden Ärger bereiten. Für Fundamente in unterkellerten Bauten gilt die Faustregel für mittelmäßigen bis guten Baugrund: Fundamentbreite = Fundamenthöhe

Zur Druckverteilung soll bei breiteren Fundamenten eine Abtreppung im Winkel von rund 60° vorgenommen werden.

Einzelfundamente werden bei Industriebauten zur Übertragung von Stützlasten eingeplant. Hierbei und bei Streifenfundamenten werden die Fundamente nur auf Druck beansprucht.

Eine Fundamentplatte muß dann vorgesehen werden, wenn die Fläche der Streifenfundamentsohle nicht groß genug ist, um entsprechend der Belastbarkeit des Baugrundes die auftretenden Lasten übertragen zu können. Da jetzt der Beton nicht nur auf Druck, sondern auch auf Biegung beansprucht wird, muß die gesamte Platte bewehrt werden. In jedem Fall ist eine statische Berechnung erforderlich.

Pfahlgründungen (Ortbeton- oder Rammpfähle) werden hergestellt, wenn erst in tieferen Schichten tragender Baugrund vorhanden ist.

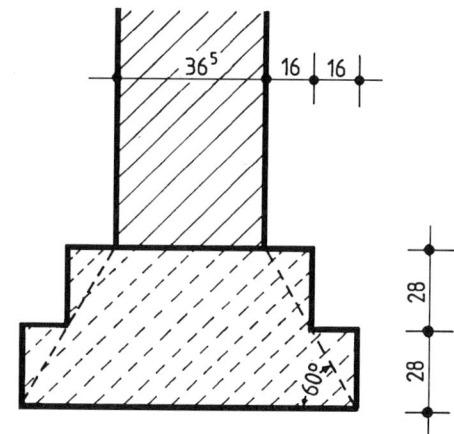

Bild 7.2 Fundament in frostsicherer Tiefe

Bild 7.3 Fundament mit Abtreppung

Bild 7.4 Bewehrung einer Fundamentplatte

7.2 Druck-, Zug- und Schubspannungen

Beton ist ein Baustoff mit großer Druckfestigkeit. In den Betongruppen B I und B II werden die Festigkeitsklassen B5 bis B25 und B35 bis B55 unterschieden. Der Zahlenwert nennt dabei die Größe der Mindesdruckfestigkeit in N/mm², die ein Probewürfel des entsprechenden Betons nach 28 Tagen hat.

Sobald mit Hilfe eines Betonbalkens eine Öffnung überdeckt werden soll, widersteht der Baustoff den Druckspannungen ohne Probleme, aber der Beton ist nicht in der Lage, die in der Zugzone des Balkens auftretenden Zugspannungen aufzunehmen. Der Beton wird mit Stahleinlagen bewehrt, die zur Aufnahme der Zugspannungen dienen (siehe Bild 7.5).

Neben den Druck- und Zugspannungen entstehen Schubspannungen (siehe Bilder 7.6 und 7.7). Sie haben ihre Ursache in der abscherenden Wirkung infolge vertikaler Querschub- und horizontaler Längsschubkräfte, die zusammen zwischen der oberen Druck- und der unteren Zugzone schräg verlaufende Schubspannungen im Bauteil bewirken. Diese werden durch aufgebogene Stäbe oder auch überwiegend durch entsprechend enger angeordnete Bügelbewehrungen so aufgenommen, daß Druck- und Zugzone unverschiebbar miteinander verbunden sind. Bei Stahlbetondecken ist eine Schubbewehrung nur in Grenzfällen erforderlich. Hier genügt die obere und untere Mattenbewehrung.

In Bild 7.8 sind mehrere statische Möglichkeiten zusammengefaßt, die in fast jedem Bauwerk auftreten. Die modellhafte Darstellung des Einschnittbalkens zeigt, wo Druck- und Zugzonen auftreten.

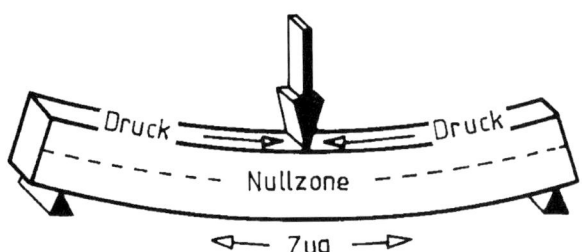

Bild 7.5 Druck und Zug

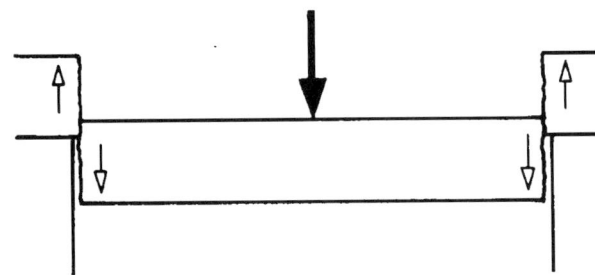

Bild 7.6 Schubspannung in der Querrichtung

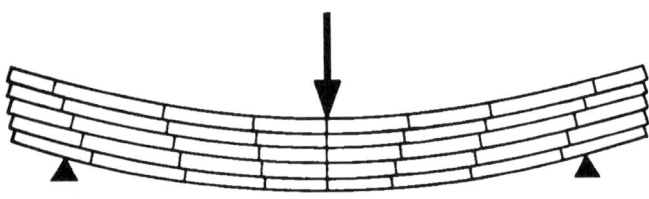

Bild 7.7 Schubspannung in der Längsrichtung

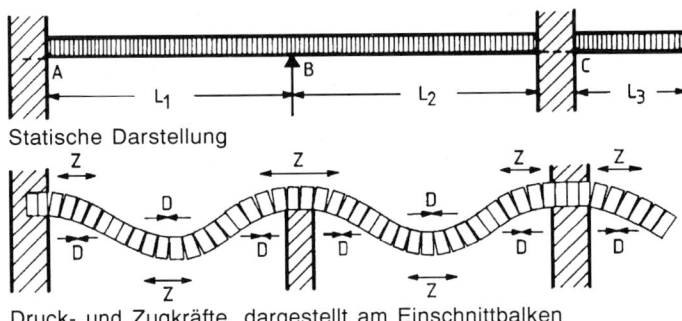

Statische Darstellung

Druck- und Zugkräfte, dargestellt am Einschnittbalken

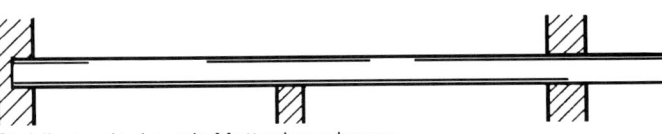

Stahlbetondecke mit Mattenbewehrung

Bild 7.8 Druck- und Zugspannung in einer Stahlbetonplatte

7.3 Stahlbetondecken nach DIN 1045, 1046, 4225 und 4227

Stahlbeton-Plattendecken können in einer Richtung oder kreuzweise bewehrt werden. Sie haben ein großes Eigengewicht, sind aber wenig trittschall- und wärmedämmend. Je nach Ausführung können sie auch unverputzt bleiben.

Stahlbeton-Rippendecken haben einen lichten Abstand der Rippen von < 70 cm. Sie werden für größere Deckenspannweiten verwendet. Durch das Anbringen einer zweiten Schale unter der Decke wird eine entschieden bessere Schalldämmung gegenüber der Plattendecke erreicht.

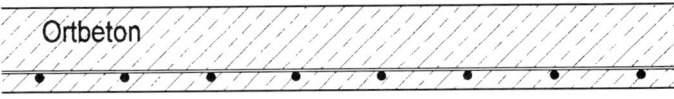

Bild 7.9 Stahlbeton-Plattendecke

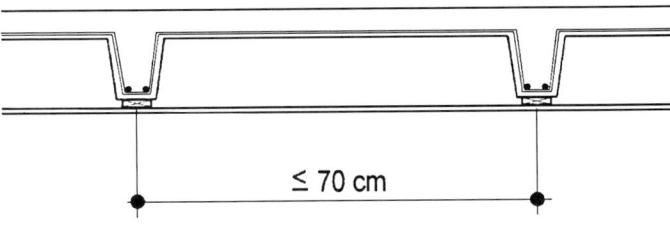

Bild 7.10 Stahlbeton-Rippendecke

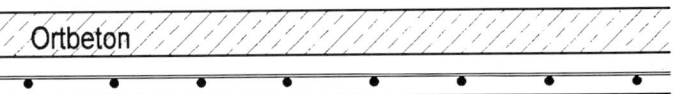

Bild 7.11 Fertigplatten mit statisch mitwirkender Ortbetonschicht

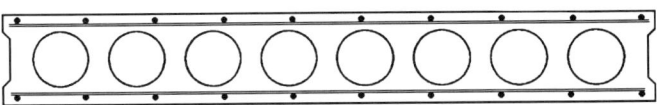

Bild 7.12 Spannbeton-Fertigteildeckenplatte

Fertigplatten mit statisch mitwirkender Ortbetonschicht können ohne unterseitige Schalung hergestellt werden, und ihr Einsatz verringert die Bauzeiten erheblich. Sie sind als vorgefertigte Elemente wirtschaftlicher als Ortbetonplatten und haben als industriell gefertigtes Produkt einen hohen Qualitätsstandard. Die Deckenuntersicht ist streich- und tapezierfähig.

Decken aus Spannbeton-Fertigbauteilen können als vorgefertigte Elemente paßgenau geliefert, mit dem Kran verlegt und sofort belastet werden. Bei Bauvorhaben mit besonderen Anforderungen (keine Stützschalung, kein bauseitiger Aufbeton, sofortige Belastbarkeit) können diese Elemente witterungsunabhängig und termingerecht eingesetzt werden. Die Deckenuntersicht ist streich- und tapezierfähig.

7.4 Ringanker nach DIN 1053

Der Ringanker verbindet die Außenwände mit den durchgehenden Querwänden. Er ist vorteilhaft
1. für Bauten mit mehr als zwei Vollgeschossen,
2. für Bauten, die länger als 18 m sind,
3. bei Wänden mit vielen und großen Öffnungen,
4. bei wenig tragfähigem Baugrund,
5. für Bauten mit Flachdächern.

Ringanker liegen in der Decke oder direkt darunter. Sie sollen etwa 15 cm hoch sein und mit zwei durchlaufenden Stäben von mindestens 12 mm Durchmesser bewehrt werden und können auch in Form von bewehrtem Mauerwerk ausgeführt werden.

8 Zeichnen von Abdichtungs- und Dämmkonstruktionen

8.1 Bauwerksabdichtungen nach DIN 18 195

8.1.1 Abdichten gegen Bodenfeuchtigkeit

In fast jedem Boden ist Feuchtigkeit vorhanden, die entweder aus dem Grundwasser emporsteigt oder durch Niederschlagsfeuchtigkeit entsteht.

Der Baugrund, der Druck des Grundwassers und weitere Beanspruchungen bestimmen die zweckmäßigste Abdichtungsart. In keinem Fall darf hier versucht werden, durch einfachere Konstruktionen Geld zu sparen. Ein möglicher Schaden ist dann nur mit einem großen Aufwand oder gar nicht zu beheben.

Um porige, saugfähige, senkrechte Bauwerksteile gegen teilweise oder dauernde Durchfeuchtung zu schützen, müssen sie durch kaltflüssige Bitumenvoranstrichmittel oder Deckaufstrichmittel abgedichtet werden. Heiß zu verarbeitende Deckaufstrichmittel werden aus Bitumen hergestellt.

Die Abdichtung kann weiterhin durch eine Lage Bitumendachbahn R 500 oder Kunststoff-Dichtungsbahn, durch Mörtel (Mörtelgruppe III plus Dichtungsmittel) oder durch Mauerwerk (KMz mit Mörtel der Gruppe III) hergestellt werden.

Bei nichtunterkellerten Gebäuden sind Außen- und Innenwände durch eine waagerechte Abdichtung gegen das Aufsteigen von Feuchtigkeit zu schützen. Bei Außenwänden soll die Abdichtung bis etwa 30 cm über das Gelände geführt werden, um Spritzwasser abzuhalten. Ferner sind alle vom Boden berührten äußeren Flächen der Umfassungswände gegen das Eindringen von Feuchtigkeit abzudichten. Die Abdichtung muß unten bis zum Fundamentabsatz und oben bis an die waagerechte Abdichtung reichen.

Bei unterkellerten Gebäuden sind in den Außenwänden mindestens zwei waagerechte Abdichtungen vorzunehmen. Die untere Abdichtung soll etwa 10 bis 15 cm über der Oberfläche des Kellerfußbodens und die obere etwa 30 cm über dem umgebenden Gelände angeordnet werden. Bei Innenwänden darf die obere Abdichtung entfallen (siehe Bild 8.1).

Bei Gebäuden auf Fundamentplatten ist der Kellerfußboden durch eine Abdichtung auf der gesamten Fundamentplatte zu schützen.

Es ist nicht möglich, hier alle Formen von Abdichtungen zu erläutern. Der Planende muß von Fall zu Fall die zweckmäßigste Form ermitteln, unter Umständen mit Hilfe genauerer Angaben aus DIN 18 195.

8.1.2 Abdichten gegen Druckwasser

Liegt der Grundwasserspiegel höher als die Kellersohle, so reichen die bisherigen Überlegungen für Abdichtungen nicht mehr aus.

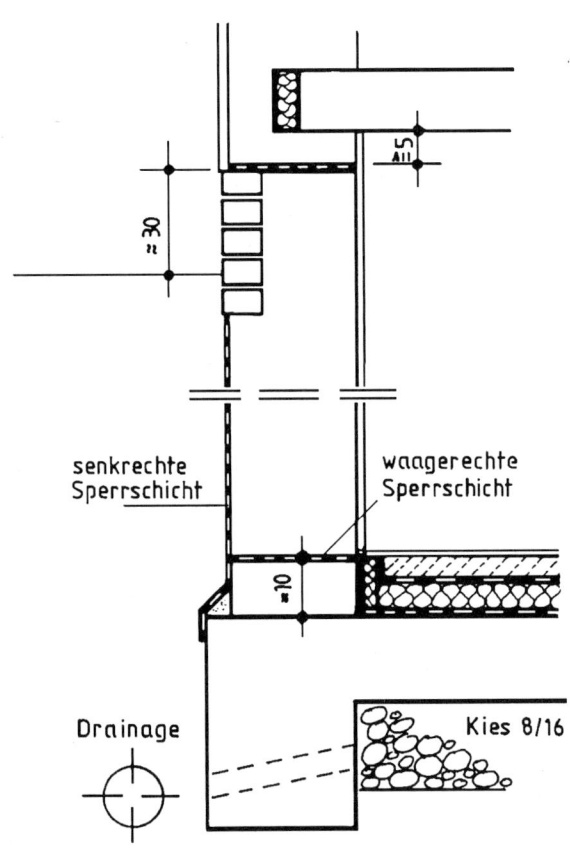

senkrechte Sperrschicht

waagerechte Sperrschicht

Drainage

Kies 8/16

Bild 8.1 Abdichten gegen Bodenfeuchtigkeit

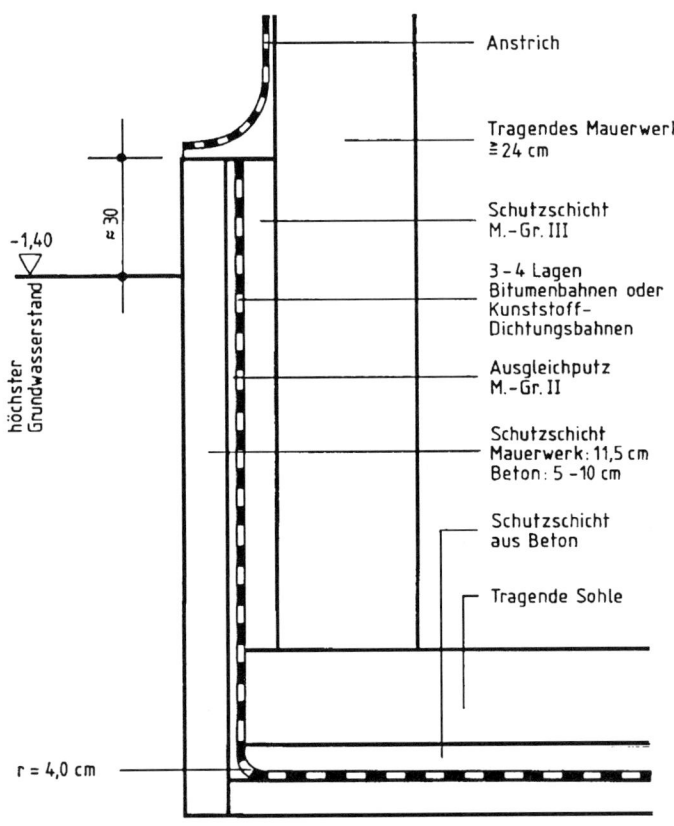

Anstrich

Tragendes Mauerwerk ≧ 24 cm

Schutzschicht M.-Gr. III

3 – 4 Lagen Bitumenbahnen oder Kunststoff-Dichtungsbahnen

Ausgleichputz M.-Gr. II

Schutzschicht Mauerwerk: 11,5 cm Beton: 5 –10 cm

Schutzschicht aus Beton

Tragende Sohle

höchster Grundwasserstand

−1,40

r = 4,0 cm

Bild 8.2 Abdichten gegen Druckwasser

Für diesen Fall ist es unbedingt erforderlich, das ganze Bauwerk in einen Trog oder eine Wanne hineinzustellen. Die aufwendige, gemauerte Ausführung zeigt Bild 8.2.

Üblich ist aber auch die Wannengründung. Hierbei werden Boden und Wände der Wanne aus wasserdichtem Stahlbeton hergestellt. Auf diese Weise kann man am sichersten dem Druck entgegenwirken, den das Grundwasser gegen die Abdichtungsschicht ausübt.

Beachten Sie, daß die Sperrschicht auf der dem Wasser zugewandten Seite liegen muß!

8.2 Wärmedämmschichten

8.2.1 Wärmeschutz im Hochbau

DIN 4108 - Wärmeschutz im Hochbau enthält Anforderungen an den Wärmeschutz, die erfüllt werden müssen, um ein hygienisch einwandfreies Innenraumklima zu gewährleisten und Bauschäden infolge Tauwasserbildung zu vermeiden.

Die bereits aufgetretenen Schwierigkeiten infolge des CO_2-Ausstoßes sowie der große Anteil, den der Heizenergieverbrauch im Hochbau am Gesamtenergieverbrauch besitzt, machen es zwingend erforderlich, den Heizwärmeverbrauch im Hochbau einzuschränken.

Das Bundesministerium für Raumordnung, Bauwesen und Städtebau hat einen weit über das bauaufsichtlich verbindliche Mindestwärmeschutzmaß hinausgehenden Wärmeschutz vorgeschrieben. Anzustreben ist eine Erhöhung des wärmetechnischen Komforts. Diese Erhöhung bezieht auch die Fenster mit ein; die Anforderungen an die Fenster sollen möglichst allgemeiner Art bezüglich Größe und Qualität (doppelte oder dreifache Mehrfachverglasung, Dichtigkeit) sein.

Kompakte Mehrgeschoßbauten haben gegenüber Bungalows und Einfamilienhäusern einen erheblich geringeren spezifischen Wärmeverlust, wenn man eine vergleichbare wärmeschutztechnische Ausbildung der gesamten Außenfläche des Gebäudes voraussetzt.

Die Kosten eines erhöhten Wärmeschutzes können vielfach durch einen Wandaufbau mit einem verringerten statisch erforderlichen Querschnitt aufgefangen werden. Die Einsparungen kommen einer zusätzlichen Dämmschicht, für die eine Vielzahl guter und bewährter Varianten existiert, zugute. Es gibt viele ein- und mehrschichtige Wandaufbauten mit leistungsfähigen, umweltverträglichen Dämmschichten auf dem Markt, die nur unwesentlich höher in den Kosten als vergleichbare einschalige, geputzte Wandaufbauten liegen. Zu berücksichtigen ist des weiteren, daß ein erhöhter Wärmeschutz zu einer sparsameren Heizungsanlage führt.

8.2.2 Temperaturabfall in mehrschichtigen Bauteilen

Aus Bild 8.3 ergeben sich mehrere bauwichtige Folgerungen. Durch Anordnung einer Wärmedämmschicht an den Außenseiten der Wand wird der Taupunktbereich erheblich weiter nach außen verlegt. Damit erreicht man gleichzeitig, daß ein großer Teil des Baukörpers trocken und damit entschieden wärmedämmender bleibt. Eine Wärmedämmschicht nach innen ist nur in den Fällen zu planen, wenn Räume, die nicht zum dauernden Aufenthalt von Menschen dienen, schnell aufgeheizt werden müssen.

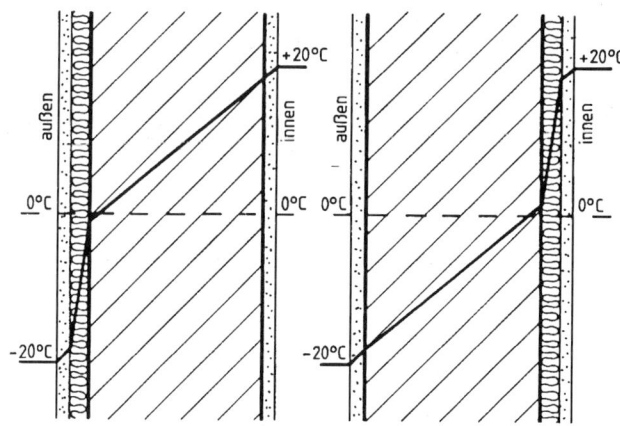

Bild 8.3 Temperaturabfall in mehrschichtigen Bauteilen

8.3 Schalldämmschichten

DIN 4109 - Schallschutz im Hochbau unterscheidet folgende Begriffe:

1. Luftschall	In der Luft sich ausbreitender Schall
2. Körperschall	In festen Stoffen sich ausbreitender Schall
3. Trittschall	Schall, der beim Begehen oder bei ähnlicher Anregung einer Decke als Körperschall entsteht und teilweise als Luftschall abgestrahlt wird
4. Schallschutz	Maßnahmen, die die Schallübertragung von einer Schallquelle zum Hörer vermindern. Sind Schallquelle und Hörer in verschiedenen Räumen, so geschieht dies hauptsächlich durch Schalldämmung, sind sie in demselben Raum, so geschieht dies durch Schallschluckung.

Bauliche Schallschutzmaßnahmen müssen schon im Entwurf vorgesehen werden, da sie nachträglich schwierig durchzuführen sind und sehr viel Geld kosten.

Regeln für den Schallschutz:

Luftschall wird um so wirksamer gedämmt, je schwerer eine einschalige Wand oder Decke ist.

Zweischalige Wände und Decken dämmen den Luftschall gut, wenn sich die Schalen nicht berühren.

Körperschall wird durch Schichten gedämmt, wenn sie den festen Körper, in dem der Körperschall entsteht, vom übrigen Bauwerk trennen.

Schallschluckung erreicht man besonders gut durch Flächen, die eine weiche, grobporige oder löchrige Oberfläche haben.

Im übrigen gibt DIN 4109 Auskunft über die Mindestanforderungen, die an den Luft- und Trittschallschutz von Decken und an den Luftschallschutz von Wänden gestellt werden.

Die für Wände, Decken, Schächte und Kanäle vorzulegenden Unterlagen bei den Bauaufsichtsämtern müssen die für die Beurteilung des Schallschutzes notwendigen Angaben enthalten, z. B. Art und Rohdichte der verwendeten Baustoffe (siehe Abschnitt 10.2, Anlagen zum Bauantrag) und Flächengewicht der Schalen bei ein- und mehrschaligen Decken und Wänden.

Denken Sie in Ausführungszeichnungen an die senkrechten und waagerechten Abdichtungen!
Bedenken Sie, daß die Abdichtung stets auf der dem Wasser zugewandten Seite liegen muß!
Beachten Sie bei der Bemessung von Bauteilen die Gesundheit der Bewohner unter Berücksichtigung der Wärme- und Schalldämmung!

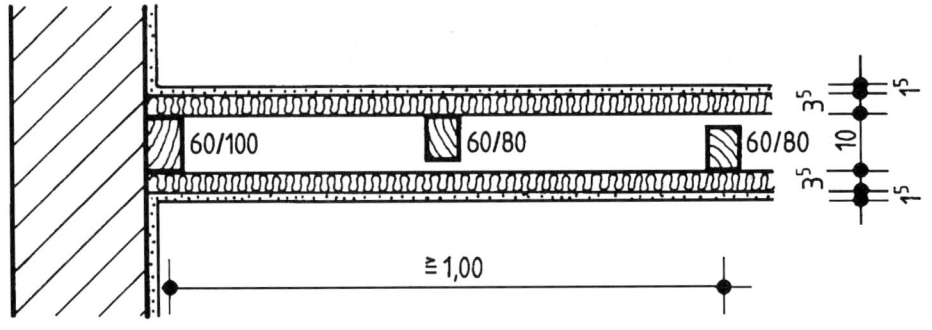

Bild 8.4 Doppelschalige Leichtwand mit zwei getrennten Holz-gerippen

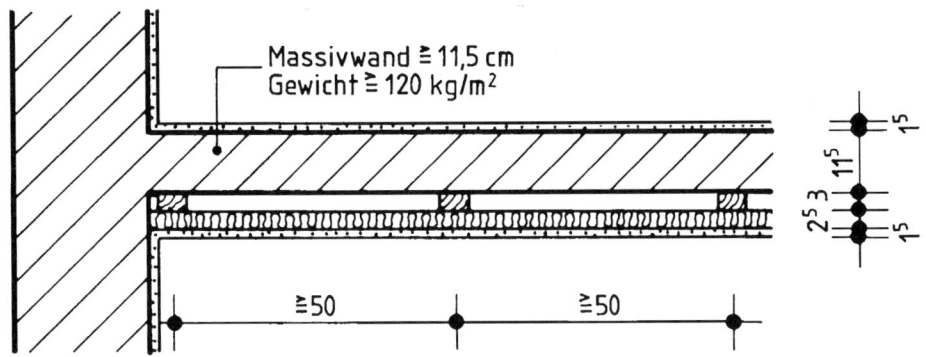

Bild 8.5 Einschalige Massivwand mit zusätzlicher Verkleidung als Schalldämmschicht

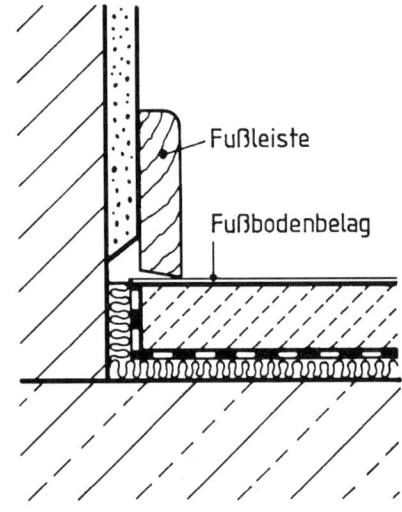

Bild 8.6 Schwimmender Estrich

9 Anfertigen von Zeichnungen für den Entwurf

9.1 Von der Idee bis zur Ausführung

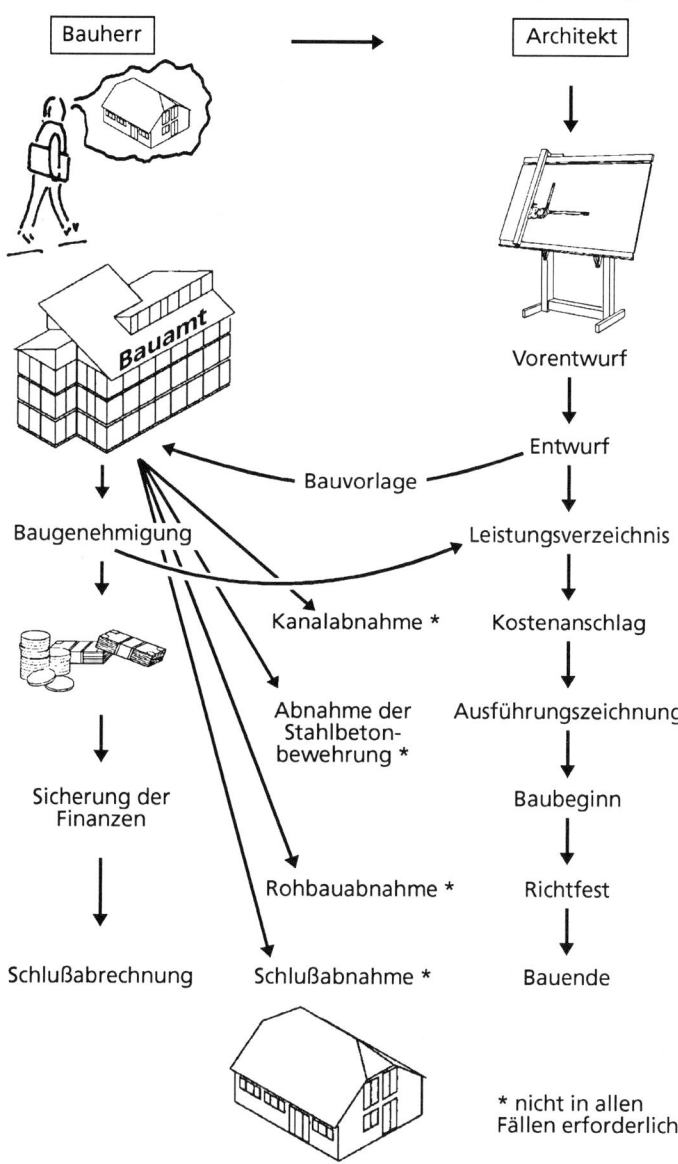

Bild 9.1 Von der Idee bis zur Ausführung

9.2 Übersichts- und Lageplan

Im Übersichtsplan soll die Lage des Gebäudes zur Umgebung, im Lageplan zu den Grenzen des Grundstücks dargestellt werden. Die folgenden Angaben beruhen auf der Musterbauordnung des Bundes.

Der Übersichtsplan ist im Maßstab 1 : 5000 auf der Grundlage einer amtlichen Katasterkarte herzustellen. Ein anderer Maßstab ist zulässig, wenn die amtliche Katasterkarte selbst nur in einem anderen Maßstab vorhanden ist. In dem Übersichtsplan sind die Größe des Grundstücks und die Lage der geplanten baulichen Anlagen darzustellen. Bei untergeordneten baulichen Anlagen

kann auf die Vorlage des Übersichtsplanes für die bauaufsichtliche Genehmigung verzichtet werden, wenn für die Beurteilung ein Lageplan ausreicht. Der Übersichtsplan ist nach Norden zu orientieren.

Der Lageplan ist im Maßstab nicht kleiner als 1 : 500 auf der Grundlage einer amtlichen Katasterkarte herzustellen. Die Bauaufsichtsbehörde kann einen größeren Maßstab fordern. Sie kann auch verlangen, daß der Lageplan und die Berechnung von einer zur Katastervermessung befugten Behörde oder einem öffentlich bestellten Vermessungsingenieur beglaubigt oder angefertigt werden. In der Praxis wird die Erstellung von Übersichtsplan und Lageplan bei einem Katasteramt oder einem Vermessungsbüro in Auftrag gegeben. Der Lageplan ist nach Norden auszurichten.

Der Lageplan muß insbesondere enthalten (wenn die Bauvorlagenverordnung des jeweiligen Bundeslandes nichts Abweichendes bestimmt):

1. seinen Maßstab und die Lage des Grundstücks zur Himmelsrichtung (Nordpfeil),

2. die Bezeichnung des Grundstücks und der benachbarten Grundstücke nach Straße, Hausnummer, Grundbuch und Liegenschaftskataster unter Angabe der Eigentümer,

3. die katastermäßigen Grenzen des Grundstücks, seine Maße, seinen Flächeninhalt und die Höhenlage über NN oder die Höhenlage zur Oberkante der Straßenmitte,

4. die Breite und die Höhenlage angrenzender öffentlicher Verkehrsflächen unter Angabe der Klassifizierung der Straßen,

5. die Festsetzungen im Bebauungsplan über die Art und das Maß der baulichen Nutzung sowie die Baulinien oder Baugrenzen,

6. die vorhandenen baulichen Anlagen auf dem Grundstück und auf den benachbarten Grundstücken mit Angabe ihrer Nutzung, Geschoßzahl, Dachform und der Bedachung,

7. Wald- und Wasserflächen, Kulturdenkmale, Naturdenkmale sowie geschützte Baum- und Knickbestände auf dem Baugrundstück und auf Nachbargrundstücken,

8. die geplanten baulichen Anlagen unter Angabe der Außenmaße, der Dachform, der Geschoßzahl, der Höhenlage des Erdgeschoßfußbodens zur Oberkante der Straßenmitte, der Breite der Bauwiche und der Grenzabstände, der Tiefe und Breite der Abstandsflächen, der Abstände zu anderen baulichen Anlagen auf dem Grundstück und den benachbarten Grundstücken sowie die Lage und Breite der Zu- und Abfahrten, der befestigten Hofplätze und der Lagerplätze,

9. die Abstände der geplanten baulichen Anlage zu öffentlichen Verkehrs- und Grünflächen, zu Wasserflächen, Wäldern, Mooren und Heiden und zur Landesgrenze,

10. die Aufteilung der nicht mit oberirdischen baulichen Anlagen überbauten Flächen unter Angabe der Lage, Anzahl und Größe der Stellplätze, der Zufahrten und der Auffahr- und Bewegungsflächen für die Feuerwehr, der Kinderspielplätze und der Plätze für Abfallbehälter sowie der Flächen, die gärtnerisch angelegt werden,

11. Flächen, die von Baulasten betroffen sind,

12. Brunnen, Abfallgruben, Dungstätten, Hochspannungsleitungen und unterirdisch geführte Leitungen für das Fernmeldewesen und für die Versorgung mit Elektrizität, Gas, Wärme und Wasser,

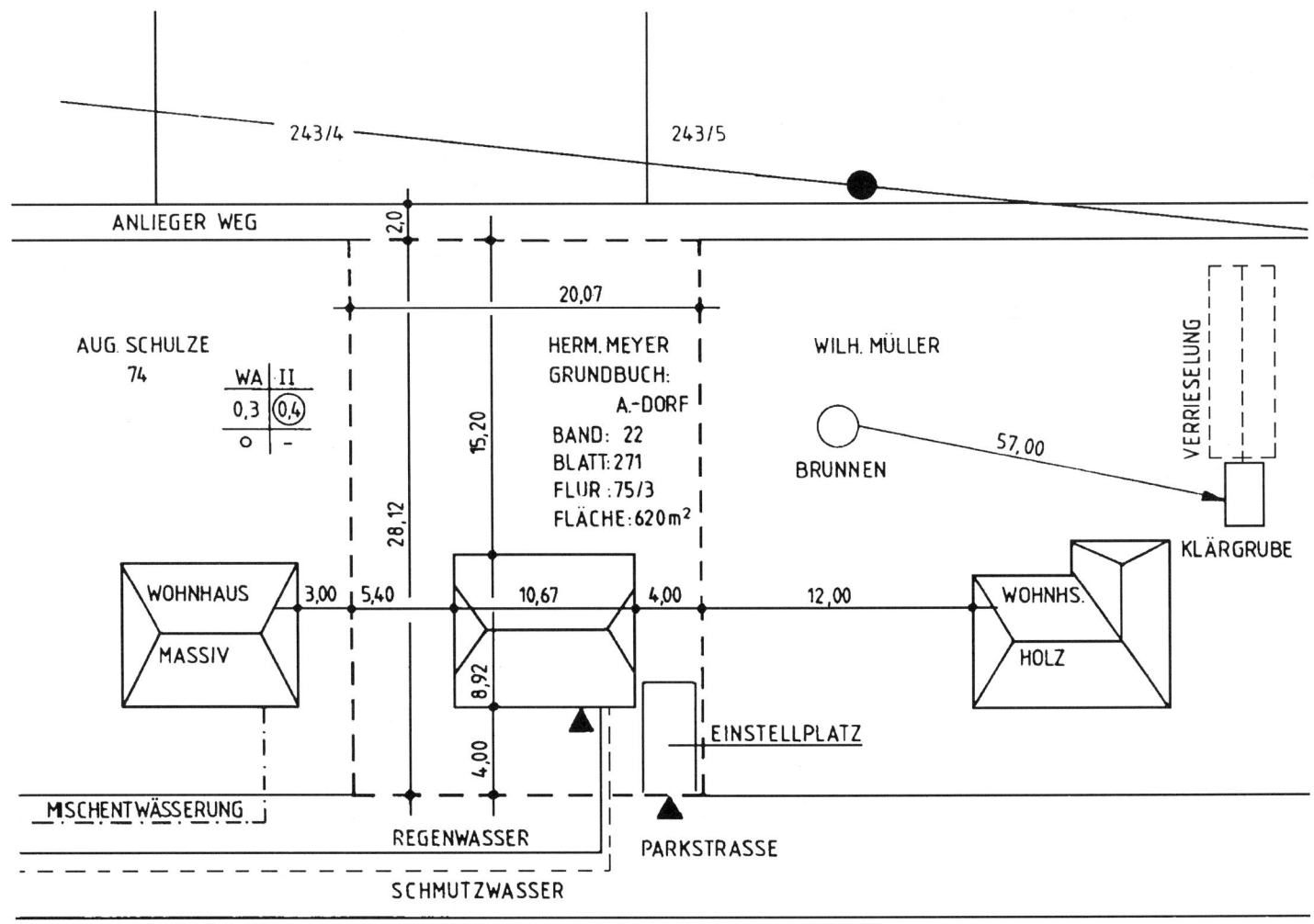

Bild 9.2 Lageplan M 1 : 500 – m

13. ortsfeste Behälter im Freien für Gase, Öl und schädliche oder brennbare Flüssigkeiten sowie deren Abstände zu der geplanten baulichen Anlage und

14. Hydranten und andere Wasserentnahmestellen für Feuerlöschzwecke.

Für vorhandene und geplante bauliche Anlagen auf dem Baugrundstück ist eine prüffähige Berechnung aufzustellen über

1. die vorhandene und die geplante Grundfläche,

2. die vorhandene und die geplante Geschoßfläche und, soweit erforderlich, die Baumasse,

3. die vorhandene und die geplante Grundflächenzahl, Geschoßflächenzahl und, soweit erforderlich, die Baumassenzahl,

4. die erforderliche und geplante Größe der Kleinkinderspielplätze und

5. die erforderliche und geplante Anzahl der Stellplätze.

Hinsichtlich der Verwendung von Farben in Lageplänen enthalten die Bauvorlagenverordnungen der einzelnen Bundesländer recht unterschiedliche Bestimmungen.
Gebräuchlich sind:

vorhandene öffentliche Verkehrsflächen	licht ocker
vorhandene bauliche Anlagen	grau
geplante bauliche Anlagen	rot
zu beseitigende bauliche Anlagen	gelb
öffentliche Grünflächen	grün

Für das farbige Anlegen von Grundstücksgrenzen und anderen Einzelheiten sind die Angaben der jeweiligen Bauvorlagenverordnungen zu berücksichtigen.

9.3 Vorentwurfszeichnung

9.3.1 Aufgabe der Vorentwurfszeichnung

Die Vorentwurfszeichnung dient in erster Linie als Grundlage für die Verhandlungen zwischen dem Bauherrn und dem Architekten. Daneben kann sie auch Grundlage zur Beurteilung der baurechtlichen Genehmigungsfähigkeit sein.

Diesen Zwecken ist auch der Inhalt dieser Zeichnungsart angepaßt. In übersichtlicher Form soll dem Bauherrn die ideelle Lösung gezeigt werden, wobei auf die Genauigkeit der Abmessungen noch kein großer Wert gelegt wird.

Die Vorentwurfszeichnung kann auch Grundlage für die Kostenschätzung sein. Gleichzeitig soll sie das Einfügen in die nähere Umgebung darstellen.

Aus diesen Gründen ist ein Maßstab von 1 : 500 oder 1 : 200 je nach Größe des Bauvorhabens angemessen.

9.3.2 Einzelheiten der Darstellung

In der Vorentwurfszeichnung soll die Lage des Gebäudes auf dem Grundstück durch Einzeichnen des Nordpfeils (Information aus dem amtlichen Lageplan) und die Erschließung durch Darstellung der Zufahrt deutlich werden. Besondere topografische Bedingungen sind darzustellen und zu beachten.

Weitere zu zeichnende Einzelheiten:

In den Grundrissen
1. Zuordnung der Räume zueinander,
2. Lage besonderer haustechnischer Anlagen (z. B. Schornsteine),
3. Treppen,
4. angenäherte Raumgrößen,
5. angenäherte Gebäudeabmessungen.

In den Schnitten
1. Dachkonstruktionen im Prinzip,
2. Decken, Wände, Gründungen,
3. Treppen,
4. Geschoßhöhen.

In den Ansichten
1. Gebäudeform,
2. Dachform,
3. Öffnungen und Zugänge.

In einfachen Umrissen: vorhandener oder geplanter Baumbewuchs.

9.4 Entwurfszeichnung

9.4.1 Aufgabe der Entwurfszeichnung

Die Entwurfszeichnung zeigt weitere, über den Inhalt der Vorentwurfszeichnung hinausgehende Einzelheiten. Der Bauherr kann jetzt nach vergrößertem Maßstab beurteilen, ob seine Wünsche und Vorstellungen erfüllt sind.

Außerdem ist die Entwurfszeichnung Grundlage für die Genehmigungsplanung.

9.4.2 Einzelheiten der Darstellung

Entwurfszeichnungen müssen folgende Angaben in Grundrissen (Bilder 9.4 bis 9.6) enthalten:
1. Längen und Breiten des Bauwerks,
2. Längen und Breiten der Räume,
3. Wanddicken,
4. Schornsteine und Installationsschächte,
5. Tür- und Fensteröffnungen,
6. Bewegungsrichtung der Türen,
7. heiztechnische Angaben,
8. geplante Feuerstätten,
9. Treppen, Lauflinie, Anzahl der Steigungen, Steigungsverhältnis,
10. sanitäre Installationen,
11. Zweckbestimmung der Räume, Raumnummern,
12. Raumflächen in m²,
13. Kennzeichnung besonderer Baustoffe,
14. Lage der senkrechten Schnittebenen,
15. bei baulichen Änderungen die alten, neuen und abzubrechenden Bauteile,
16. geplante Gestaltung der Verkehrs- und Grünflächen, Nordpfeil,
17. Höhenlagen über NN.

Zusätzlich zu den Anforderungen an Grundrisse werden in den Schnitten folgende Angaben gefordert:
1. Geschoßhöhen, lichte Höhen,
2. Höhe des Bauwerks über dem Erdboden,
3. Gesamthöhe des Daches,
4. Höhe des Schornsteinkopfes über dem First,
5. Dachkonstruktion mit Querschnittsangaben,
6. Höhenangaben in den einzelnen Geschossen,
7. Höhenangaben über NN,
8. Schornsteinverlauf,
9. Treppen,
10. geplanter Geländeverlauf.

In Ansichten:
1. sichtbare Außenkanten des Gebäudes,
2. Kanten aller Öffnungen,
3. Teilung der Fenster und Türen,
4. Dachausbauten,
5. Schornsteinköpfe,
6. Dachüberstände,
7. Dachrinnen und Falleitungen,
8. geplanter Geländeverlauf,
9. Höhenangaben über NN, Erdgeschoßfußboden (OKFF), Traufe und OK Schornstein.

Maßstäbe sind je nach Art und Umfang der Bauaufgabe zu wählen, in der Regel 1 : 100 oder 1 : 200. Das nachfolgend dargestellte Einfamilienhaus zeigt Beispiele für Zeichnungsarten, ohne den Anspruch auf Vollständigkeit zu erheben (Bilder 9.4 bis 9.6).

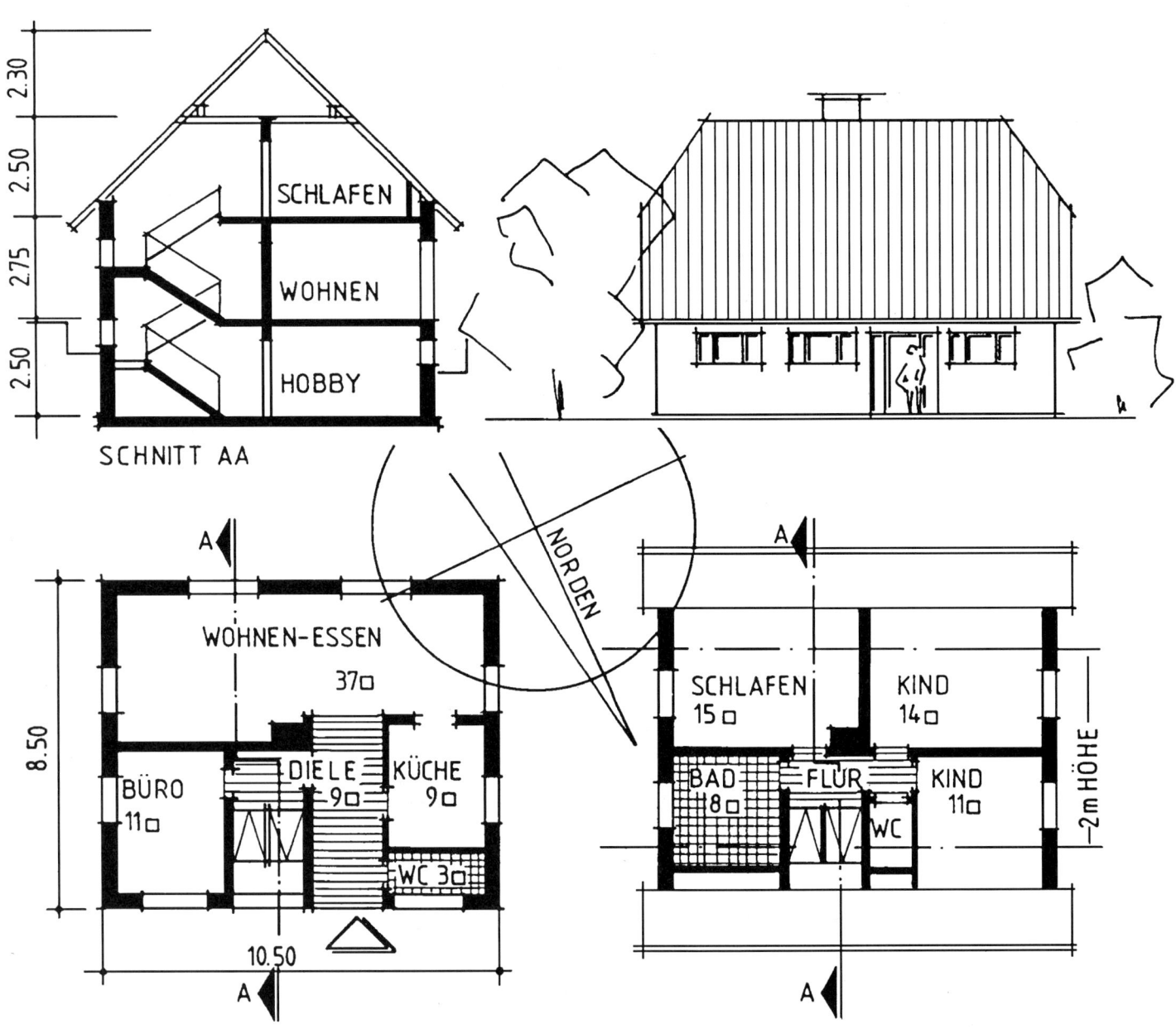

Bild 9.3 Grundrisse, Schnitt und Ansicht.
Vorentwurfszeichnung M 1 : 200 – m, cm

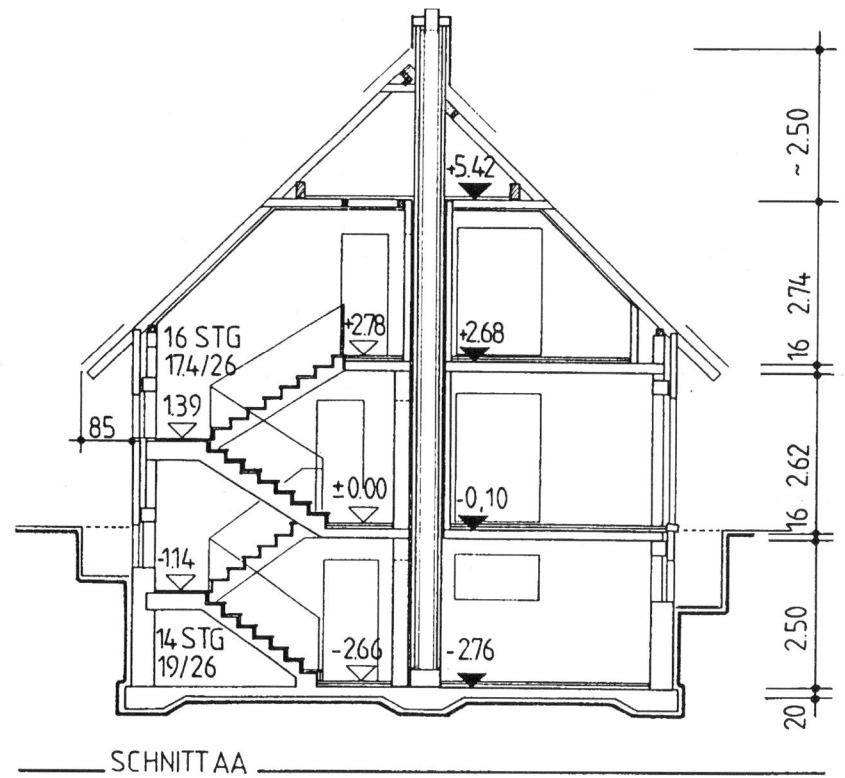

SCHNITT AA

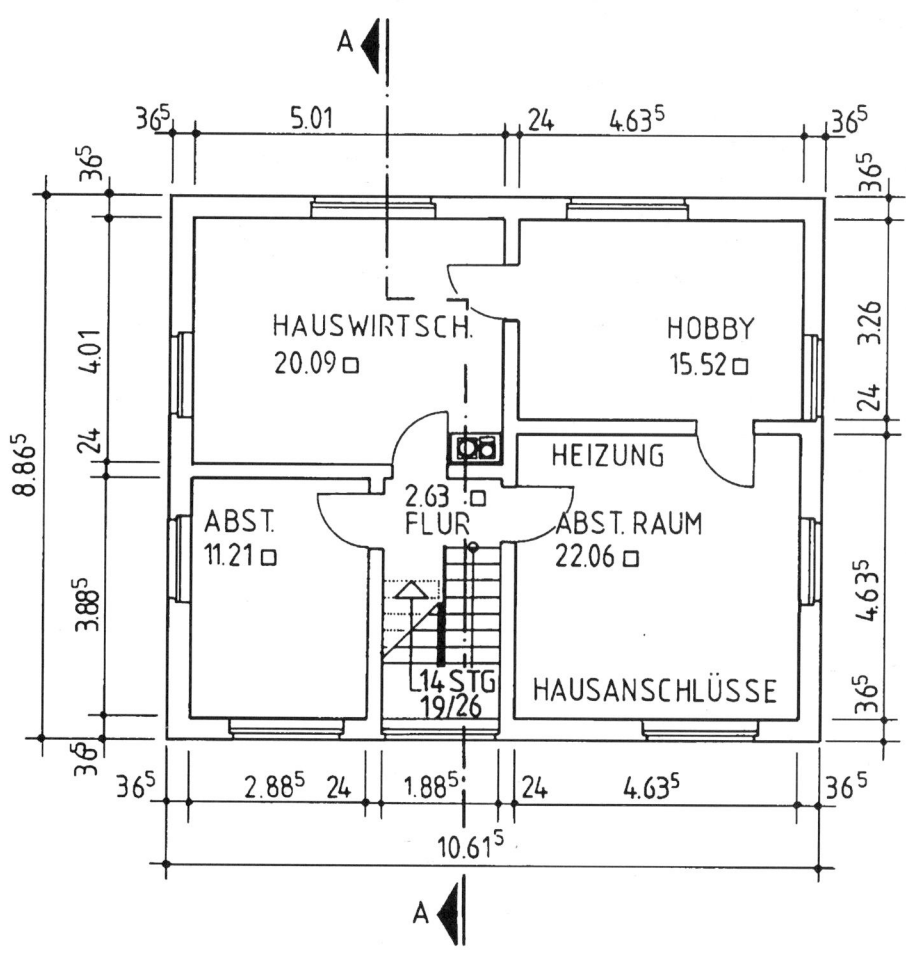

Bild 9.4 Grundriß Kellergeschoß und Schnitt A – A
Entwurfszeichnung M 1 : 100 – m, cm

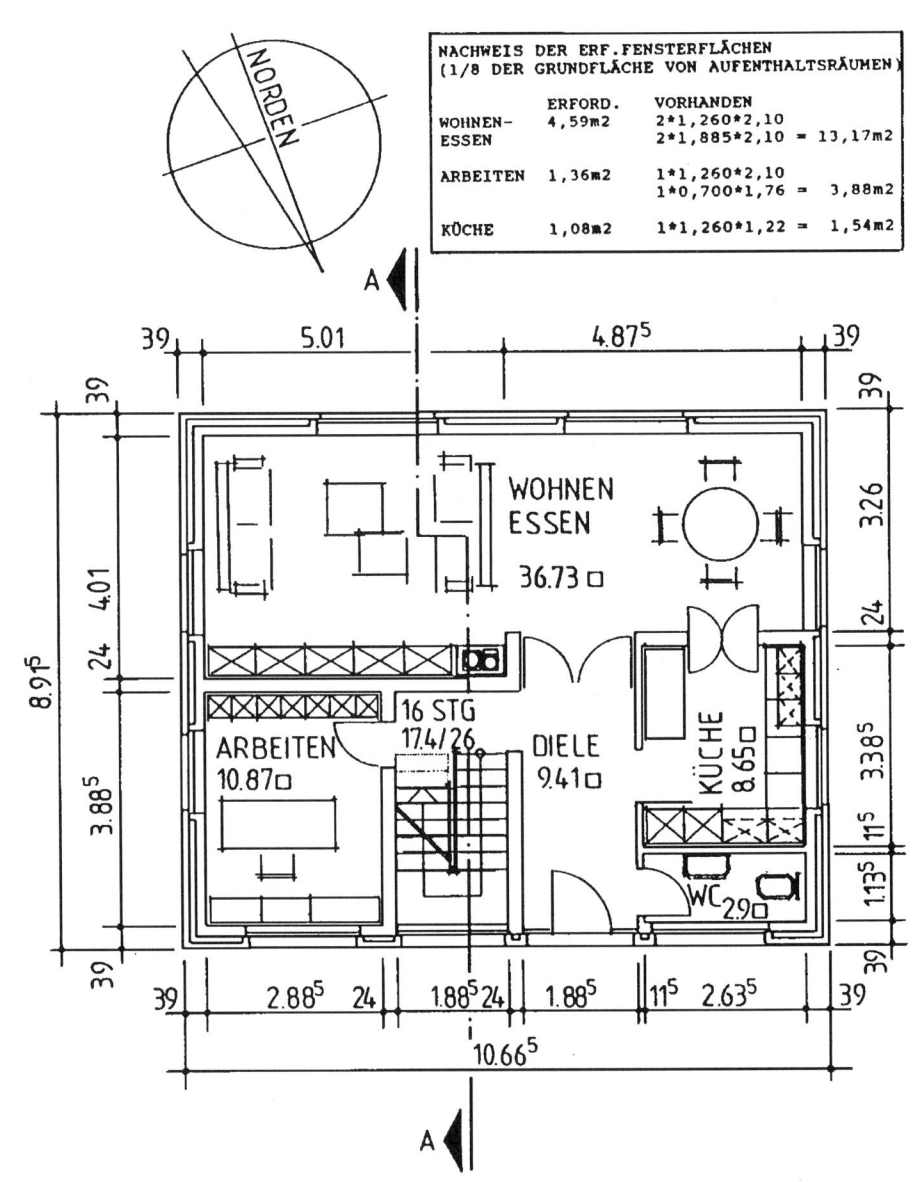

NACHWEIS DER ERF. FENSTERFLÄCHEN (1/8 DER GRUNDFLÄCHE VON AUFENTHALTSRÄUMEN)		
	ERFORD.	VORHANDEN
WOHNEN-ESSEN	4,59m2	2*1,260*2,10
		2*1,885*2,10 = 13,17m2
ARBEITEN	1,36m2	1*1,260*2,10
		1*0,700*1,76 = 3,88m2
KÜCHE	1,08m2	1*1,260*1,22 = 1,54m2

Bild 9.5 Grundriß Erdgeschoß und Ansicht Nord
Entwurfszeichnung M 1 : 100 – m, cm

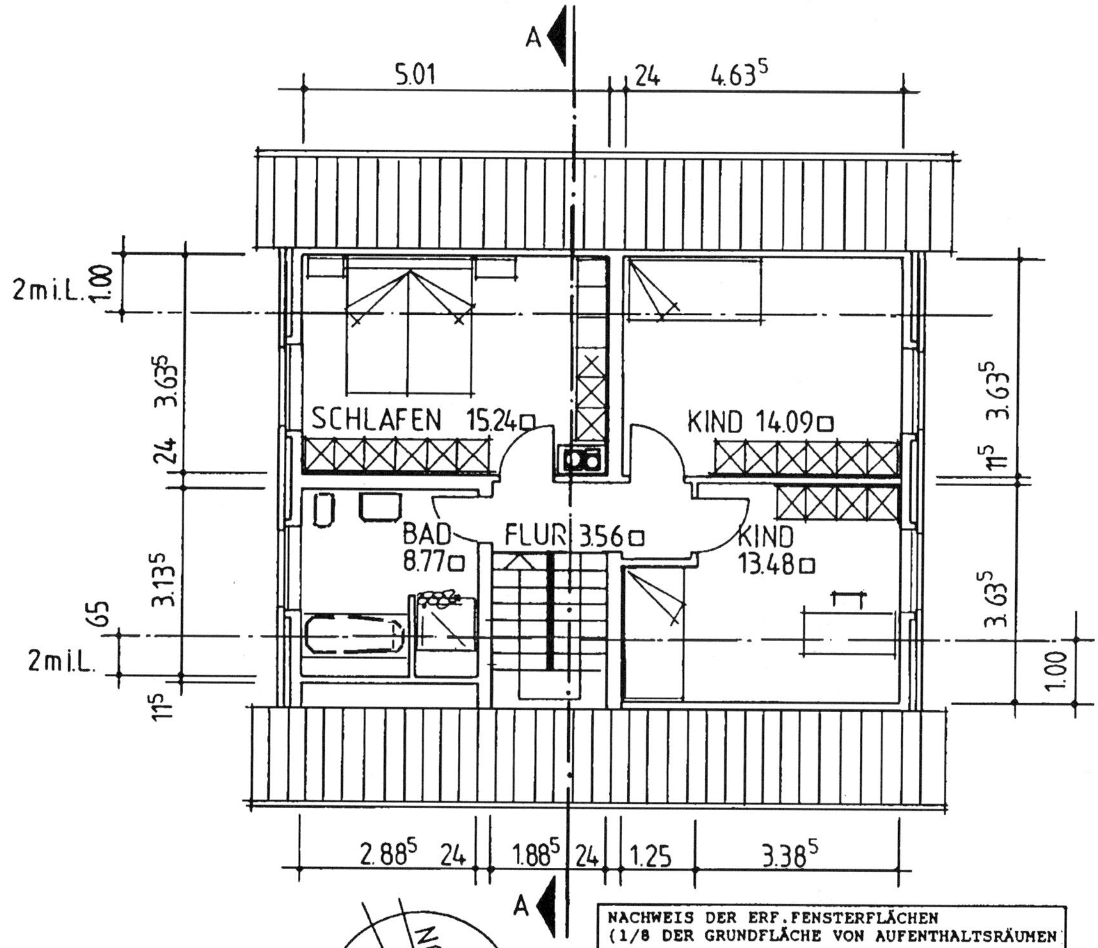

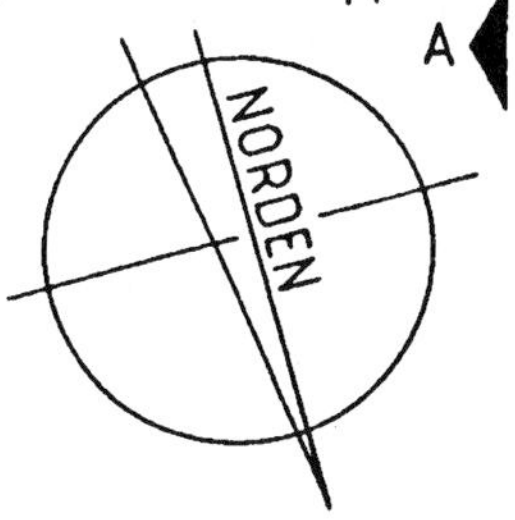

5.01   24   4.63⁵

2 mi.L.   1.00

24   3.63⁵

SCHLAFEN 15.24☐

KIND 14.09☐

BAD
8.77☐   FLUR 3.56☐   KIND
13.48☐

3.13⁵

65

2 mi.L.

11⁵

11⁵   3.63⁵

3.63⁵

1.00

2.88⁵   24   1.88⁵   24   1.25   3.38⁵

NORDEN

A

A

NACHWEIS DER ERF.FENSTERFLÄCHEN (1/8 DER GRUNDFLÄCHE VON AUFENTHALTSRÄUMEN		
	ERFORD.	VORHANDEN
SCHLAFEN	1,90m2	1*1,260*2,10 = 2,65m2
KIND	1,76m2	1*1,260*2,10 = 2,65m2
KIND	1,68m2	1*1,260*2,10 = 2,65m2

Bild 9.6 Grundriß Dachgeschoß und Ansicht West
Entwurfszeichnung M 1 : 100 – m, cm

9.4.3 Addieren von Maßketten in Bauzeichnungen

Nachdem im Abschnitt 3.3 auf DIN 4172 - Maßordnung im Hochbau hingewiesen wurde, soll jetzt an dem Beispiel des Einfamilienhauses die Anwendung der Maßordnung für den Zeichner gezeigt werden. Der Zeichner beginnt im Normalfall mit der Bearbeitung des Erdgeschoßgrundrisses. Aus dem Vorentwurf werden die Außenmaße des Gebäudes entnommen und als Baurichtmaße gezeichnet, z. B. 11,50 oder 9,25 m. In der gleichen Art wird mit den Innenwänden verfahren. Dabei ist immer darauf zu achten, daß möglichst ganze, in Ausnahmefällen halbe Achtelmeter angenommen werden. Erst ganz zum Schluß werden die Maße eingetragen. Dazu werden alle Abmessungen mit Hilfe des Zeichenmaßstabes so genau wie möglich abgelesen und die Nennmaße (siehe Abschnitt 3.3.4) in die Zeichnung eingetragen.

Auf der Baustelle verursacht es viel Ärger, wenn die Summe der Einzelmaße nicht mit der Gesamtlänge des Gebäudes übereinstimmt. Daher sollen alle Maßeintragungen kontrolliert werden, indem man z. B. alle Zahlen der Einzelmaße untereinander schreibt und addiert. Dieses Verfahren erfordert viel Zeit und führt leicht zu Rechenfehlern. Vorteilhafter ist das Addieren der Einzelmaße in Achtelmetern. Dazu muß der Zeichner mit der Achtelmeterreihe vertraut sein. Es werden nur die Zentimeter in Achtelmeter umgerechnet und im Kopf addiert, die Meter bleiben unberücksichtigt.

Beispiel (siehe Bild 9.7):

$$3 + 3 + 1 + 2 + 1 + 4 + 1 + 2 + 3 = 20 \text{ am}$$

Weil als höchstes Einzelmaß nur 7 vorkommen kann (8 am entsprechen 1 m und fallen für die weitere Berechnung aus), geht das Addieren im Kopf sehr schnell. Die Zahl 20 am wird durch 8 am/m geteilt. Es ergeben sich 2 m (= 16 am) und ein Rest von 4 am. Dieser Rest wird in Zentimeter umgerechnet:

$$4 \cdot 12,5 \text{ cm} = 50 \text{ cm};$$
minus 1 cm als Nennmaß für Wandlängen = 49 cm

Diese Zahl muß mit den Zentimetern des Gesamtmaßes übereinstimmen. Geht die Rechnung nicht auf, müssen die Einzelmaße auf ihre Genauigkeit noch einmal überprüft werden.

Zu einer etwas anderen Rechnung führen die Wanddicken, die nicht dem vollen Achtelmetermaß entsprechen, nämlich die 17,5 und 30 cm oder 1,5 und 2,5 am dicken Wände. Das genaue Maß müßte eigentlich 17,75 cm und 30,25 cm lauten. Darum entsteht bei jeder Wanddicke für das Raum- oder Längenmaß die Differenz von 0,25 cm. Bei zwei 30 cm dicken Wänden verringert sich das Nennmaß der Außenlänge um insgesamt 0,5 cm. Die Innenmaße entsprechen genau dem Nennmaß.

Bei einer 17,5 cm dicken Innenwand wird für das Außenmaß das Nennmaß angewandt. Der halbe Achtelmeter wird einem Raummaß hinzugerechnet.

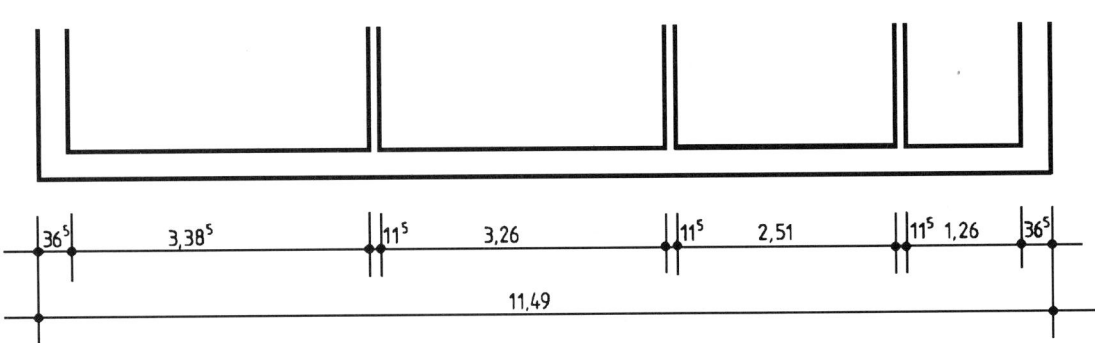

Bild 9.7 Addieren von Maßketten

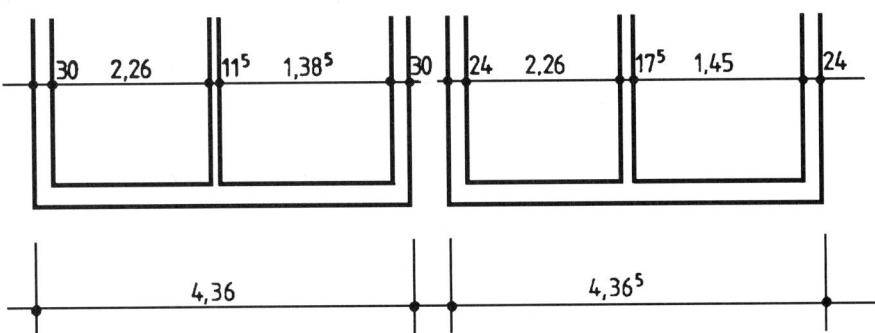

Bild 9.8 Innen- und Außenmaße bei 17,5 und 30 cm dicken Wänden

10 Anlagen für den Bauantrag

10.1 Inhalt des Bauantrags

Jeder Neubau, Umbau oder Abbruch muß im voraus vom Bauaufsichtsamt genehmigt werden. Der Bauantrag mit seinen Anlagen dient für dieses Verfahren als Vorlage. Die Angaben hierfür sind in den einzelnen Bundesländern unterschiedlich. Im allgemeinen gehören dazu folgende Punkte:
1. Antragsteller
2. Entwurfsverfasser
3. Baumaßnahme
4. Grundbuchangaben
5. Eigentümer des Grundstücks
6. Baulasten

10.2 Anlagen zum Bauantrag

Als Anlagen sind diesem Bauantrag je nach Einzelfall folgende Unterlagen beizufügen (zwei- oder dreifach):
1. Übersichtsplan
2. amtlicher Lageplan mit allen Eintragungen nach der entsprechenden Bauvorlagenverordnung

3. Bauzeichnungen
   (Grundrisse, Ansichten, Schnitte im M 1 : 100)
4. Baubeschreibung
5. Berechnung des Rauminhaltes (DIN 277) und des Rohbauwertes
6. Berechnung der Grund- und Geschoßflächen
7. Nachweis der Vollgeschosse
8. Nachweis der Einstellplätze
9. Standsicherheitsnachweis
10. Nachweis des Wärmeschutzes
11. Nachweis des Schallschutzes
12. Unterlagen über Feuerstätten
    (soweit genehmigungspflichtig)
13. Unterlagen über die Brennstofflagerung
    (soweit genehmigungspflichtig)
14. Erhebungsbogen für Baustatistik

10.3 Baubeschreibung

Baubeschreibungen können durch Ausfüllen entsprechender Formblätter oder auch formlos erstellt werden.

Beispiel für die Baubeschreibung

Baubeschreibung zum Neubau Einfamilienhaus H. Meyer in A-Dorf

Gründung:	Stahlbetonsohlplatte nach Vorgabe der Statik
Wände:	KG: 36,5 cm Kalksandstein EG + DG: 1,5 cm Kalkgipsputz 17,5 cm porosierter Ziegel 6,0 cm Fassadendämmplatten 4,0 cm Luftschicht 1,5 cm Ziegelverblendmauerwerk
Decken:	KG + EG: 16 cm Stahlbetonplatten nach Vorgabe der Statik DG: Doppelzangen der Dachkonstruktion unterseitig mit Gipskartonverkleidung auf Unterkonstruktion, Dämmstofffüllung, oberseitig Hobeldielenbelag
Dach:	Pfettendach mit Doppelzangenebene nach Vorgabe der Statik Aufbau von innen nach außen: Gipskarton auf Unterkonstruktion, Dampfsperre, 160 mm Kerndämmung, Unterdach, Lattung, Konterlattung, Ziegeldeckung

Fußböden:	KG: Schwimmender Estrich mit Bodenfliesen EG: Schwimmender Estrich mit Bodenfliesen bzw. Textilbelag DG: Schwimmender Estrich mit Textilbelag Im WC sowie im Bad Bodenfliesen Bad/WC: Bodenfliesen und Wandfliesen (türhoch) Küche: Bodenfliesen und Fliesenspiegel
Fenster:	überwiegend als zweiflügelige Fenstertüren aus Nadelholz – isolierverglast weitere Fenster mit Dreh-Kipp-Beschlag und Festverglasungen
Haustüranlage:	Zierfalzhaustür – Nadelholz – isolierverglast mit festverglasten Seitenelementen
Innentüren:	Nadelholz – Füllungstüren – naturbelassen
Treppen:	Stahlbetonlaufplatten und Podeste nach Vorgabe der Statik Fliesenbelag
Heizung:	Zentralheizung – Brennstoff Gas

10.4 Bauvorlagezeichnung

Die Bauvorlagenverordnungen der einzelnen Bundesländer schreiben vor, welche Anforderungen in bezug auf Mindestinhalte, Maßstäbe und Kennzeichnung der verschiedenen Baustoffe gestellt werden.

Bei Änderungen baulicher Art kann unter Umständen auf die farbige Darstellung verzichtet werden, wenn die Bauteile und Bauarten auch ohne farbige Darstellung zweifelsfrei erkennbar sind.

Für Bauvorlagezeichnungen ist normalerweise der Maßstab 1 : 100 zu verwenden. Die Bauaufsichtsbehörde kann einen größeren oder kleineren Maßstab verlangen oder zulassen, wenn dies zur Beurteilung der Eintragungen notwendig oder ausreichend ist.

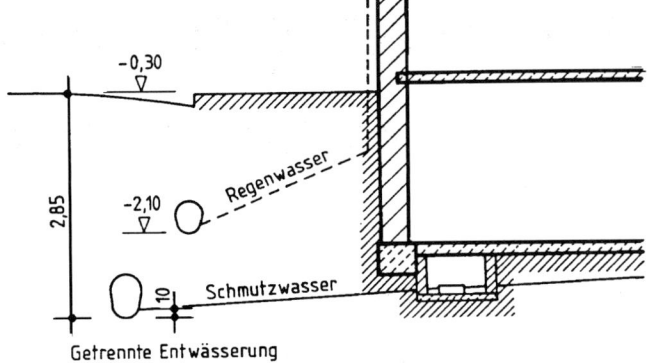

Getrennte Entwässerung

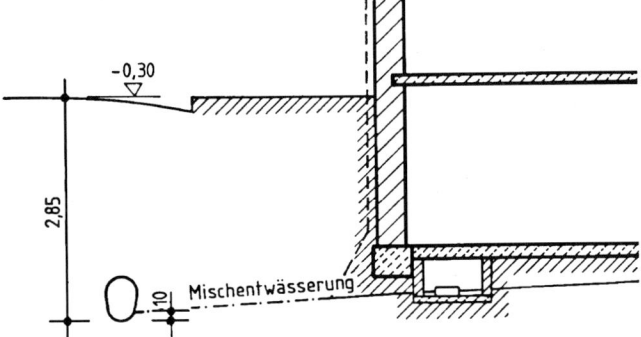

Bild 10.1 Anschluß an den Straßenkanal

11 Anfertigen von Zeichnungen für die Ausführung

11.1 Aufgabe der Ausführungszeichnung

Nachdem das Bauaufsichtsamt die Bauvorlagezeichnung genehmigt hat, stellt der Zeichner die Ausführungszeichnung her. Häufig geschieht diese Arbeit auch in dem Zeitraum des Genehmigungsverfahrens, um Zeit zu sparen. Allerdings ist dies mit dem Risiko verbunden, bei irgendwelchen Auflagen oder Fehlern notwendige Änderungen in Kauf zu nehmen.

Weil die Ausführungszeichnung den Bauausführenden und Beteiligten als Arbeitsgrundlage dienen soll, müssen auch alle entsprechenden Einzelangaben in dieser Zeichnungsart enthalten sein.

11.2 Werkzeichnung (Werkplan)

Werkzeichnungen können folgende Angaben enthalten, die über die im Abschnitt 9.4 genannten Einzelheiten hinausgehen:

Grundrisse

1. Schornsteine mit Querschnittsangaben, evtl. Art der Formsteine
2. Türart, Bewegungsrichtung
3. sanitäre Einrichtungen wie Badewanne, Dusche, Toilettenbecken, Bidet, Spüle, Handwaschbecken, Waschmaschine
4. Aussparungen
5. Hinweise auf weitere Zeichnungen
6. Fugen
7. Abdichtungen, Lage und Verlauf
8. Schränke, fest eingebaut
9. Kücheneinrichtungen
10. Überdeckungen, evtl. bogenförmig
11. Raumbezeichnungen, Fußbodenart, Höhendifferenzangaben
12. Grundleitungen, Verlauf
13. Dränung
14. Abstände der Türöffnungen und Wandvorsprünge von den Innenwänden
15. Außenwandöffnungen, Pfeilermaße, Brüstungshöhen
16. Maße aller Bauteile
17. lichte Rohbaumaße der Räume
18. grafischer Maßstab

In den einzelnen Geschossen können zusätzlich folgende Angaben gemacht werden:

Kellergeschoßgrundriß

1. Kelleraußentreppe, Wangenmauerwerk
2. Kellertüren, mit oder ohne Schwelle
3. Heizungsraum, Be- und Entlüftungen
4. feuerhemmende (T30, T60) oder feuerbeständige (T90) Türen, Schwellen
5. Heizkessel, Lage und Schornsteinanschluß
6. Heizöltank, innen oder außen
7. Kellerlichtschächte
8. Zählerraum
9. Revisionsschacht
10. Einlaßöffnungen, Lage der Durchlässe für Gas, Wasser, Strom und Telefon
11. Bodenabläufe mit Gefällelinien
12. Schornsteine, Reinigungsöffnungen

Erdgeschoßgrundriß

1. Eingangstreppe, Richtpfeil und Maße
2. Kelleraußentreppe, Draufsicht auf die Treppe und die Abdeckungen des Wangenmauerwerks

Dachgeschoßgrundriß

1. Balkon, Draufsicht auf die Kanten
2. Dachfläche, Draufsicht auf den unteren Teil mit darunterliegenden Wänden
3. Bodeneinschubtreppe
4. leichte Trennwände, ihre Lage oberhalb der Dachschrägen
5. Dachkonstruktion, evtl. Stiele und Streben

Schnitte

Es wird noch einmal auf die Möglichkeit aufmerksam gemacht, den senkrechten Schnittverlauf in jedem Geschoß zu versetzen oder zu schwenken.

Folgende Teile sollten dargestellt werden:
1. Dach, Konstruktion, Holzabmessungen
2. Dachausbau, Konstruktion, Abmessungen
3. Innentreppe, Konstruktion und Lage
4. Einbautreppe
5. Fenster, Ausbildung, Brüstung, Wärmedämmschichten, Überdeckung
6. Zimmertüren, Höhenlage
7. Außentür, Art und Anschluß an das Podest, evtl. Treppenstufen
8. Höhenlagen, Fertig- und Rohbaukonstruktionen
9. Schornsteine, Aussetzen oberhalb der Dachhaut
10. Kellerlichtschächte, Art und Material
11. Einlaßöffnungen, Maßangaben für Gas, Wasser, Strom, Telefon
12. Abdichtungen, Lage und Verlauf
13. Aussparungen
14. Dränungen

Ansichten

1. Schornsteine, Abdeckung
2. Dachausbauten
3. Balkone, Gitterumrandung
4. Falleitungen, Standrohr
5. Wände und Decken hinter der Fassade als verdeckte Kanten
6. Sockel
7. Kelleraußentreppe, Geländer und Draufsicht auf den Sockel

Außer Höhenlagenangaben sind alle erforderlichen Maße in den Grundrissen und Schnitten anzugeben und werden nur dann in die Ansichtszeichnung eingetragen, wenn in den anderen Darstellungen dazu keine Gelegenheit war (z. B. Putzfasche).

Auf das Darstellen der Dachziegeln oder des genauen Verblendverbandes kann wegen des zu großen Zeitaufwandes verzichtet werden. Soll nur ein Teil der Wandflächen als Sichtmauerwerk hergestellt werden, ist dies auch wegen des gewünschten Gesamteindrucks darzustellen. Es wird noch einmal darauf hingewiesen, daß Figuren wie Bäume, Tiere oder Menschen (siehe Bild 4.15) in der Ausführungszeichnung, die ja für den Bauausführenden bestimmt ist, überflüssig sind.

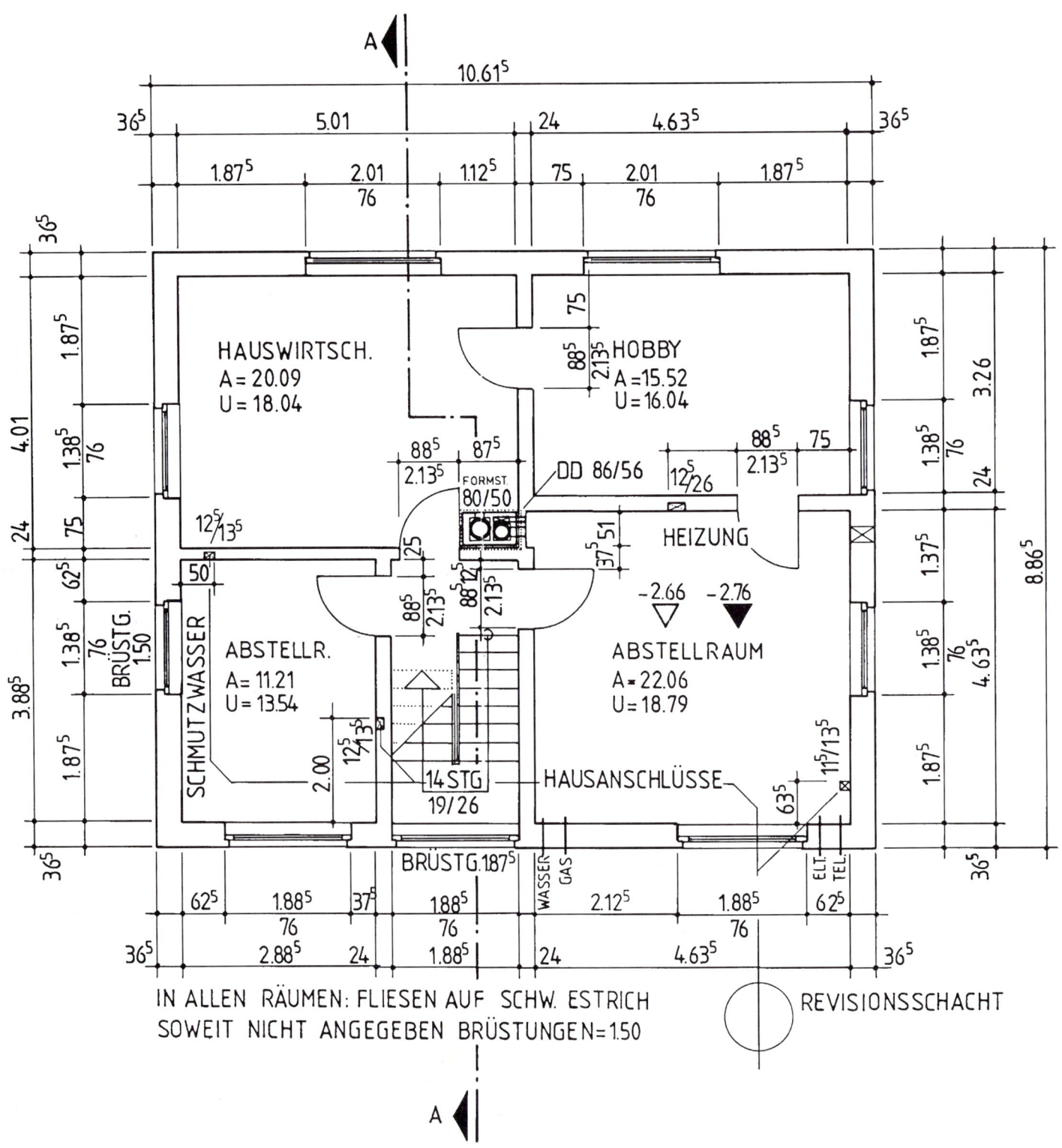

Bild 11.1 Grundriß Kellergeschoß, Werkzeichnung M 1 : 50 – m, cm

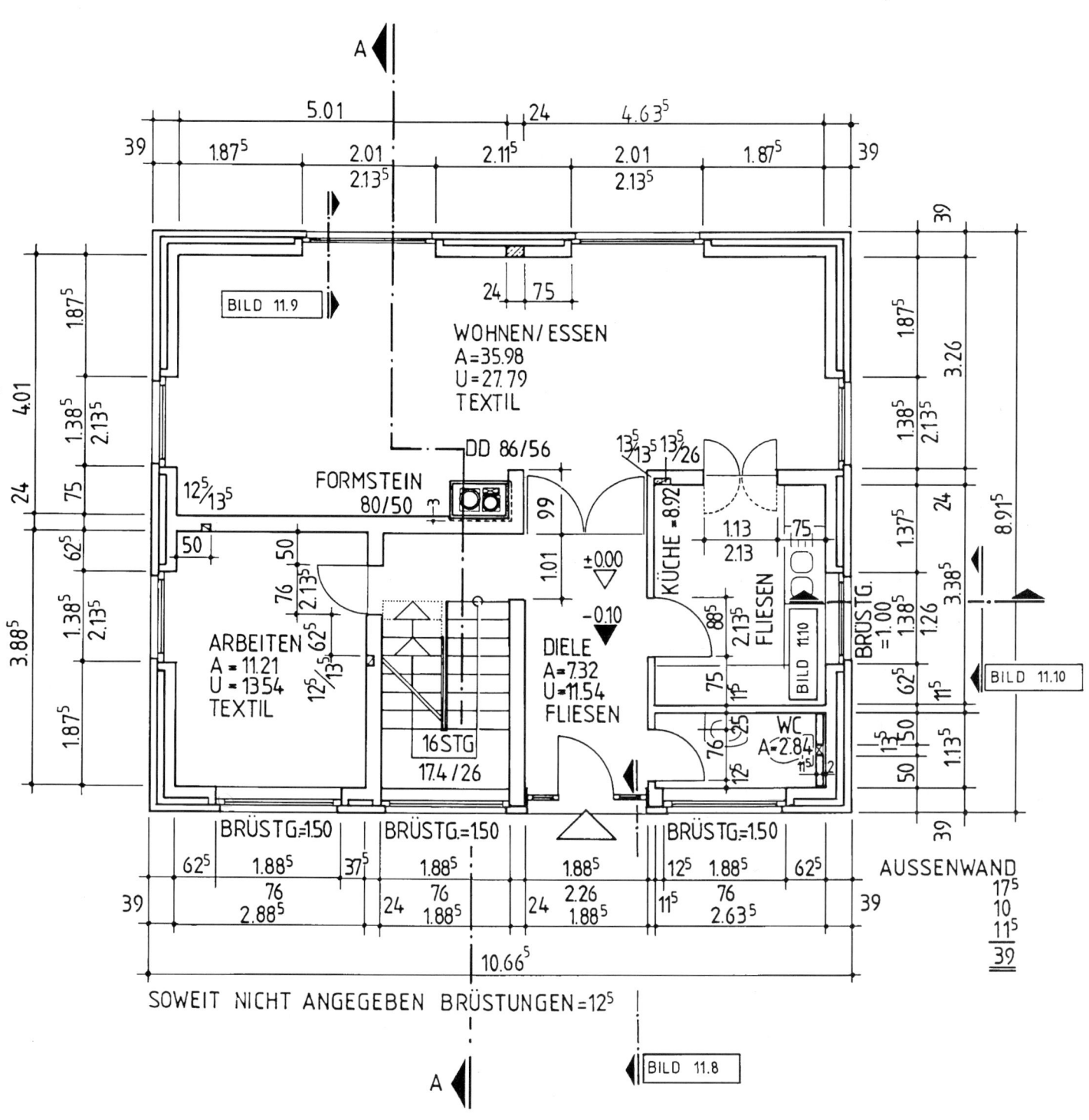

Bild 11.2 Grundriß Erdgeschoß, Werkzeichnung M 1 : 50 – m, cm

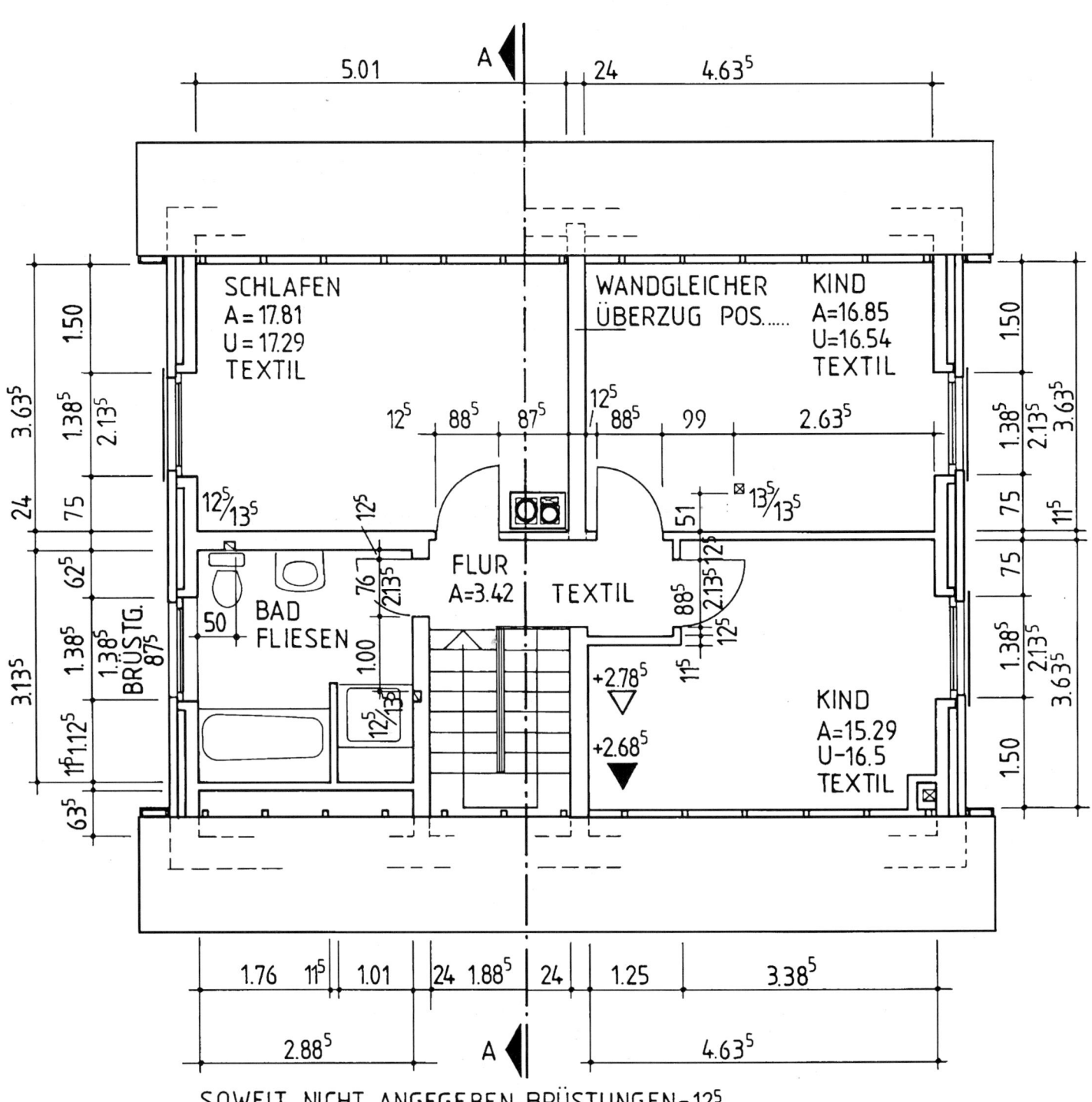

SOWEIT NICHT ANGEGEBEN BRÜSTUNGEN=12⁵

Bild 11.3 Grundriß Dachgeschoß, Werkzeichnung M 1 : 50 – m, cm

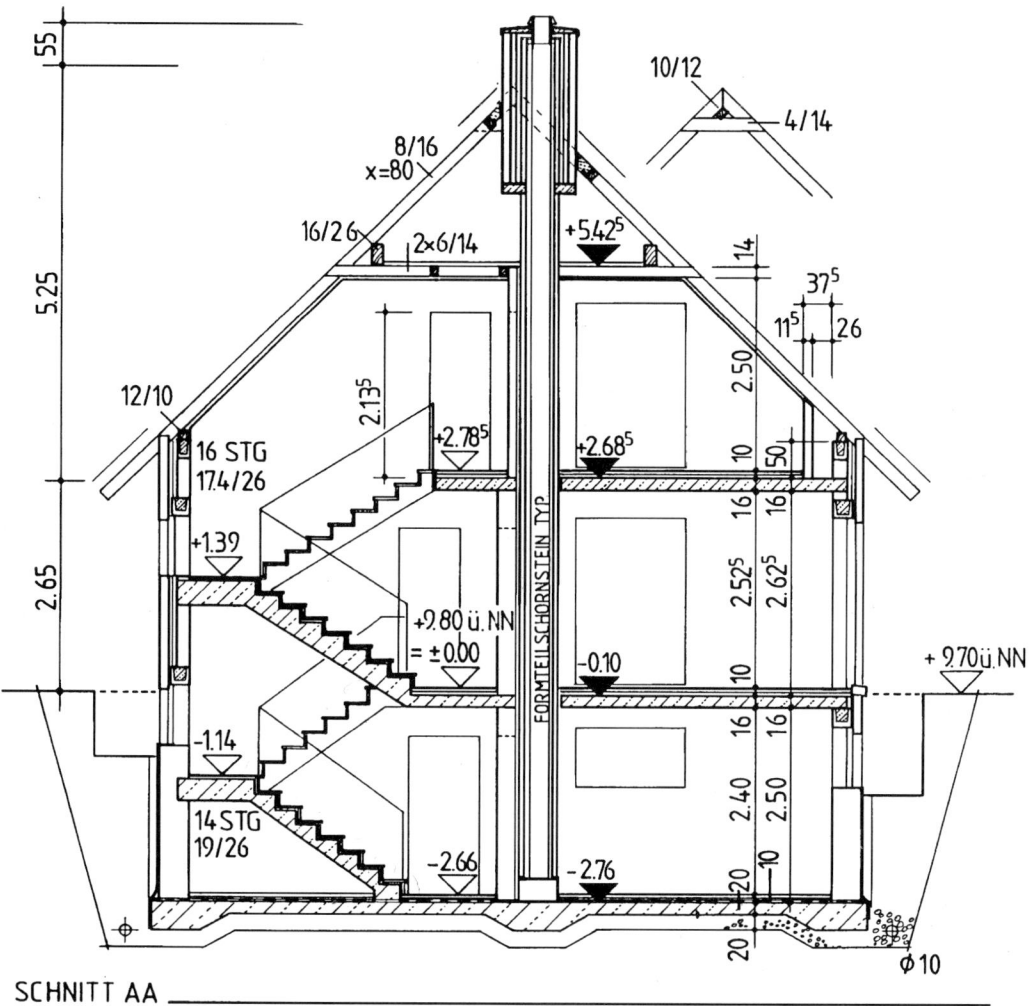

SCHNITT AA

Bild 11.4 Schnitt A – A, Werkzeichnung M 1 : 50 – m, cm

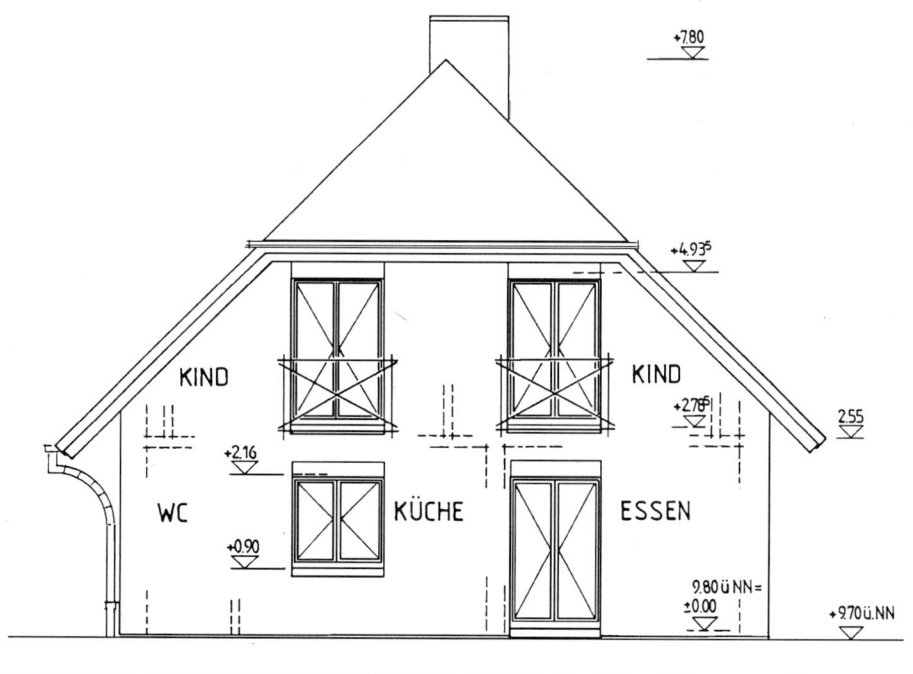

Bild 11.5 Ansicht von Westen, Werkzeichnung M 1 : 50 – m, cm

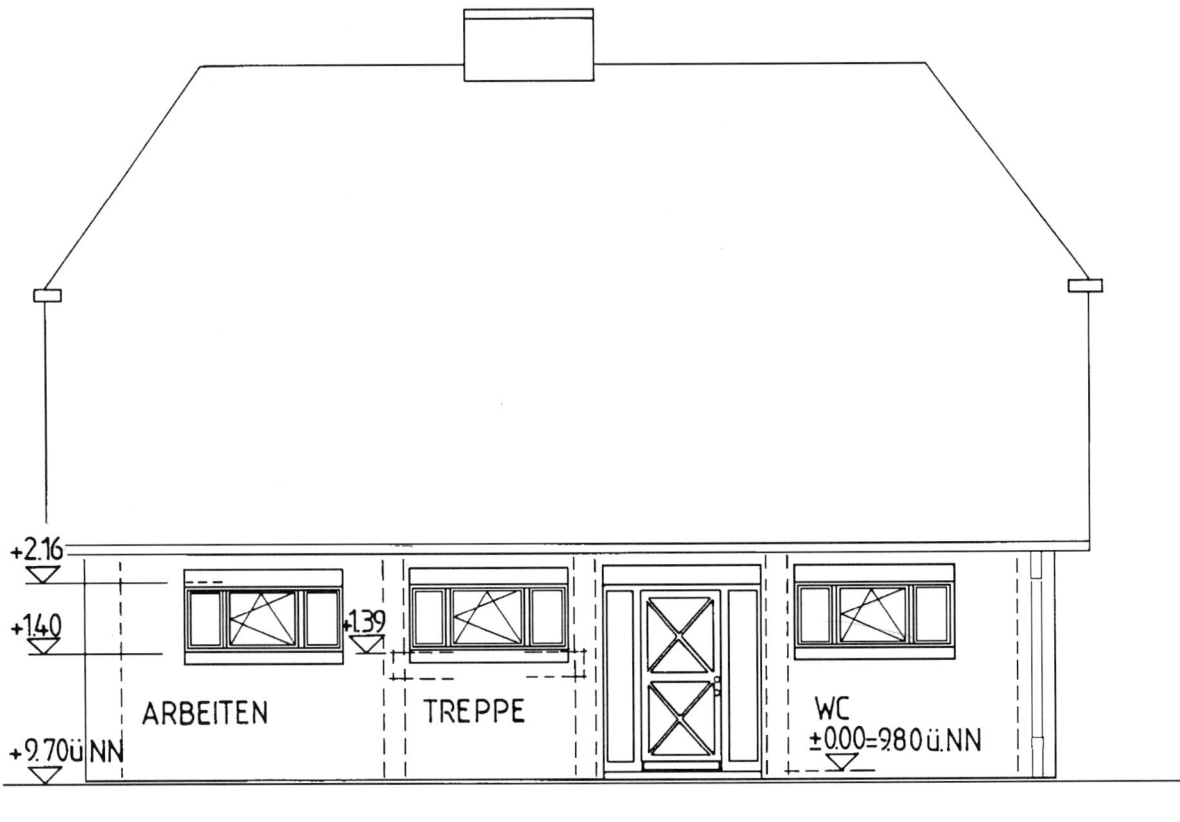

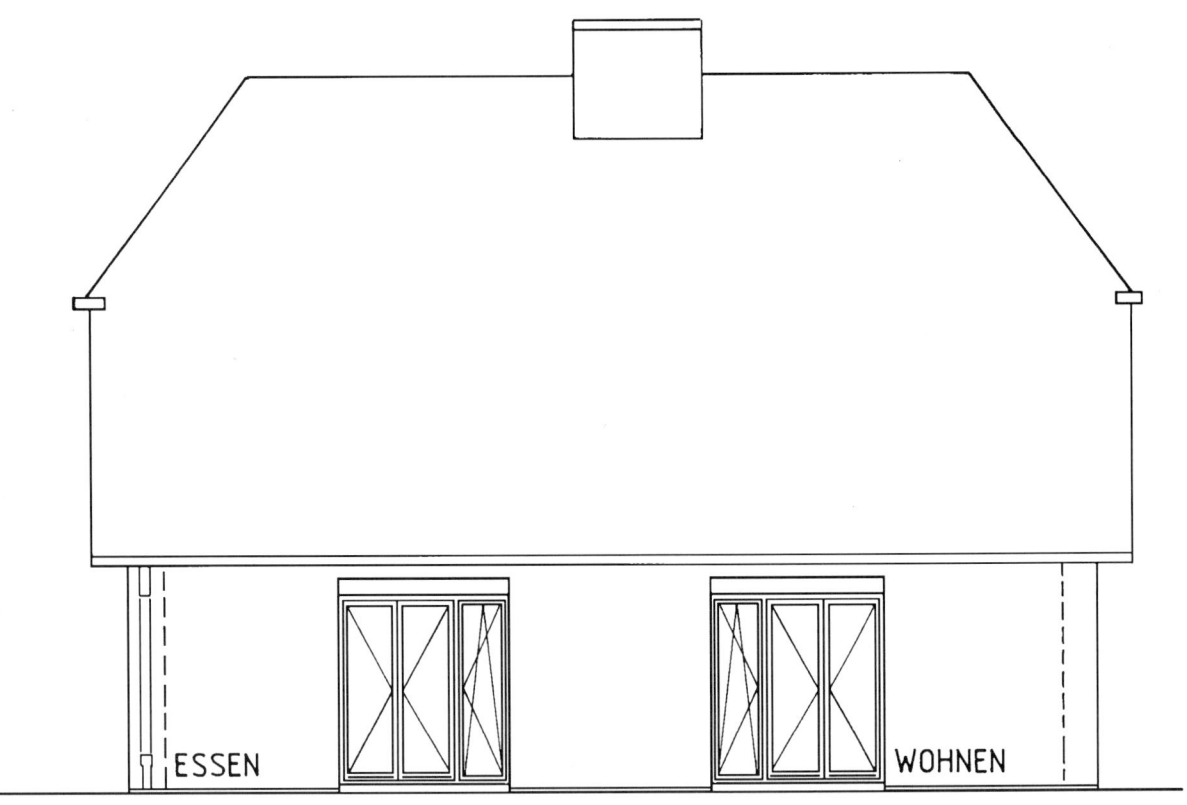

Bild 11.6 Ansicht von Norden (oben) und von Süden (unten)
Werkzeichnung M 1 : 50 – m, cm

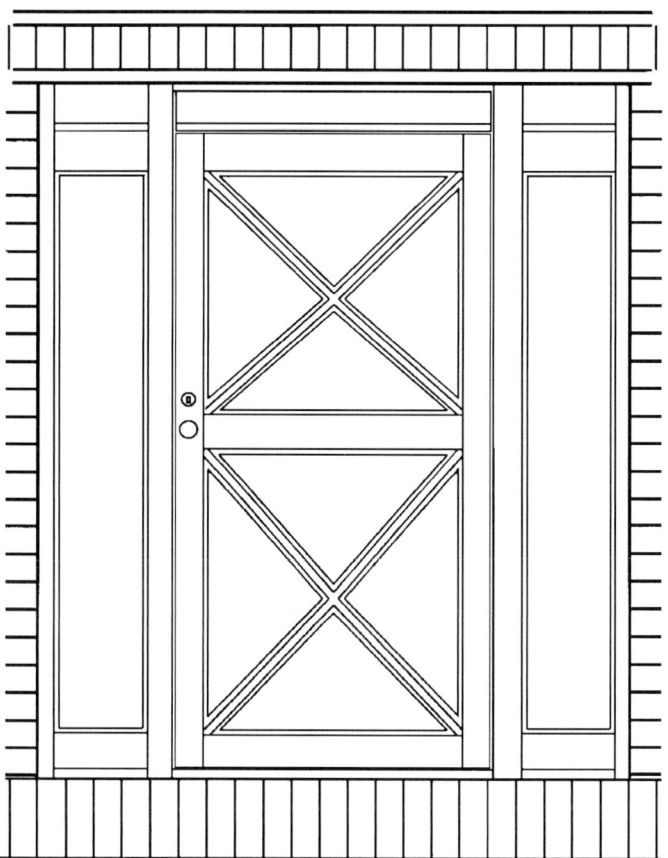

Bild 11.7 Ansicht einer Haustür, M 1 : 10

11.3 Teilzeichnung

Teilzeichnungen, auch Detailzeichnungen genannt, dienen als Ergänzung der Werkzeichnungen und zeigen dem Bauausführenden bestimmte Ausschnitte des Bauvorhabens.

Um diese zusätzlichen Angaben deutlicher und übersichtlicher darstellen zu können, kann der Zeichner zwischen den Maßstäben 1 : 20, 1 : 10, 1 : 5 und 1 : 1 wählen.

Die Lesbarkeit dieser Zeichnungen wird erheblich verbessert, wenn die einzelnen Baustoffe entsprechend Abschnitt 12.7 gekennzeichnet werden.

Um Kältebrücken und Fugenundichtigkeiten im Wandanschlußbereich von Türen und Fensterelementen zu vermeiden, ist es möglich, eine Mauerzarge bereits während der Rohbauphase einzubauen.

Wie der Horizontal- und der Vertikalschnitt zeigen (Bild 11.11), kann durch Wegfall der seitlichen Abmauerungen die Dämmschicht des Wandaufbaus in voller Stärke bis an das Fenster herangeführt werden, und für den fugendichten Einbau der Elemente ergeben sich gleichzeitig die besten Voraussetzungen.

Die Mauerzarge dient ebenso als Mauer- und Putzlehre. Mit einer hinter den Putzleisten eingespannten Baufolie wird der Rohbau zugfrei gemacht. Malerarbeiten und Fensterbankeinbau entfallen bei der Montage einer abschließend eingeschobenen Bekleidungszarge.

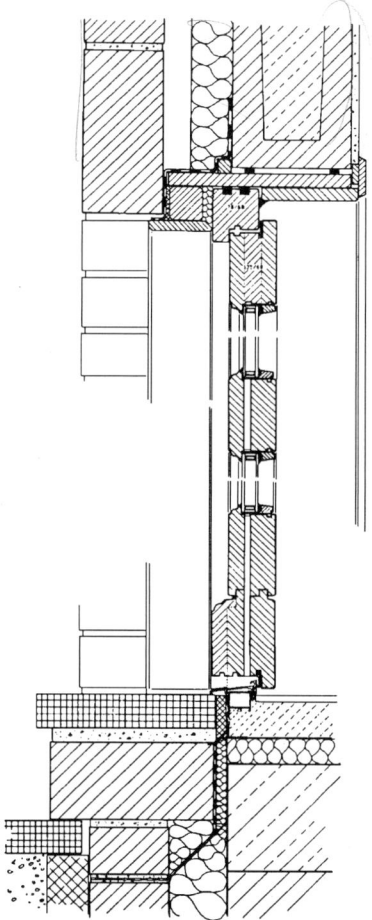

Bild 11.8 Schnitt durch eine Haustür, M 1 : 5

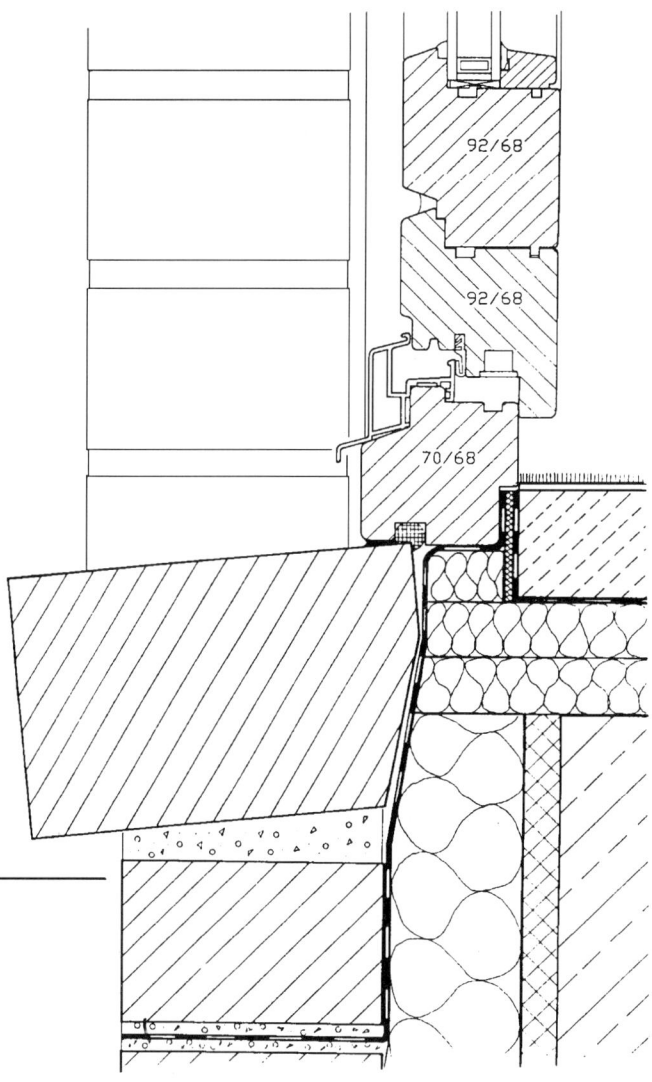

Bild 11.9 Schnitt durch eine Fenstertür, Teilzeichnung M 1 : 1

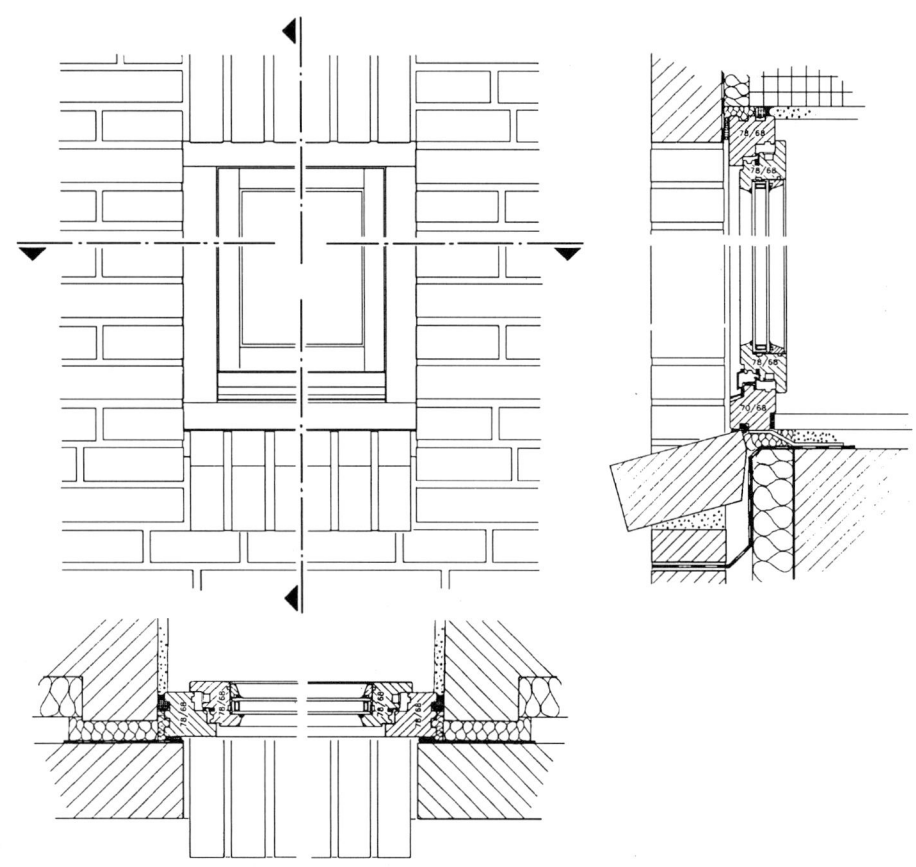

*Bild 11.10 Schnitte und Ansicht eines Fensters,
Teilzeichnung M 1 : 10*

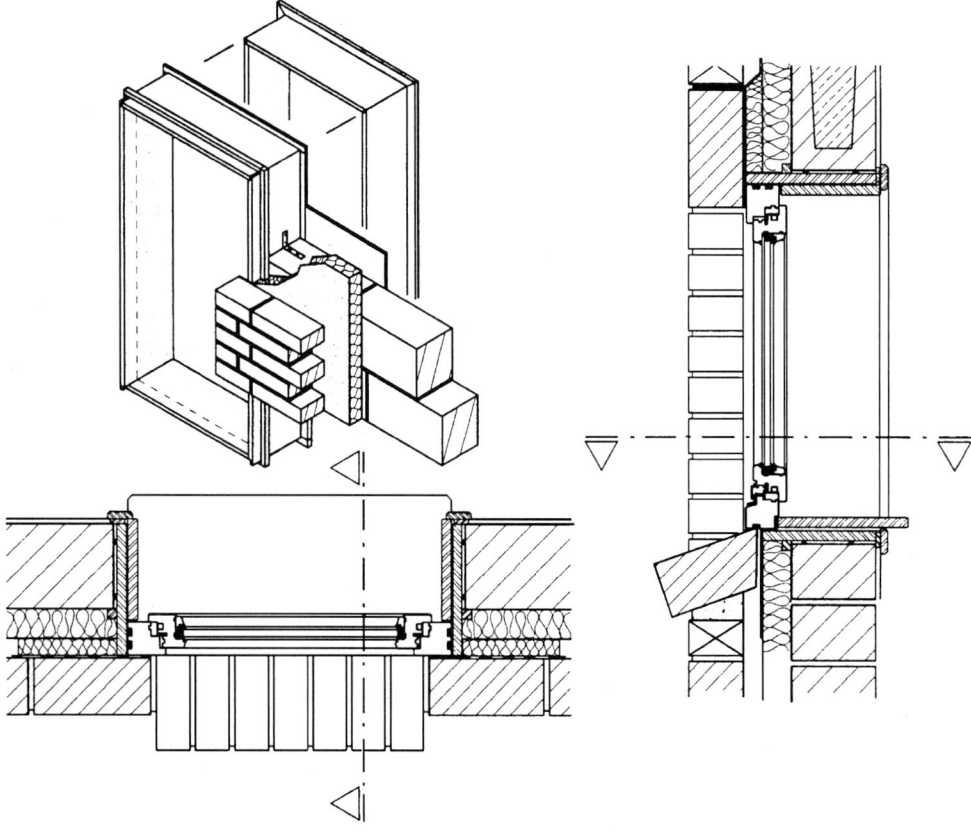

*Bild 11.11 Alternative Ausführung der Fensteranschläge mit
Mauerzarge (Fram)*

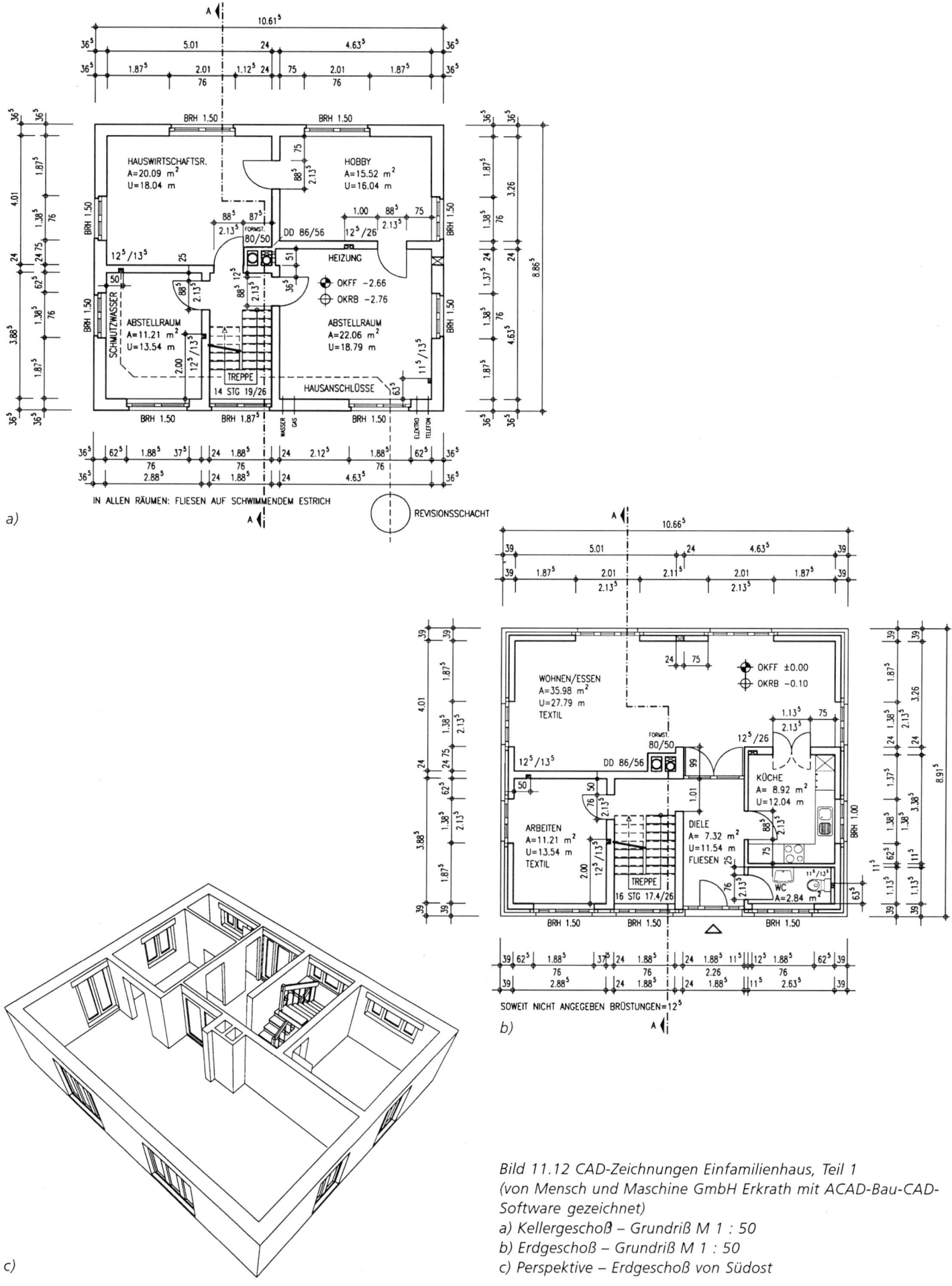

Bild 11.12 CAD-Zeichnungen Einfamilienhaus, Teil 1
(von Mensch und Maschine GmbH Erkrath mit ACAD-Bau-CAD-
Software gezeichnet)
a) Kellergeschoß – Grundriß M 1 : 50
b) Erdgeschoß – Grundriß M 1 : 50
c) Perspektive – Erdgeschoß von Südost

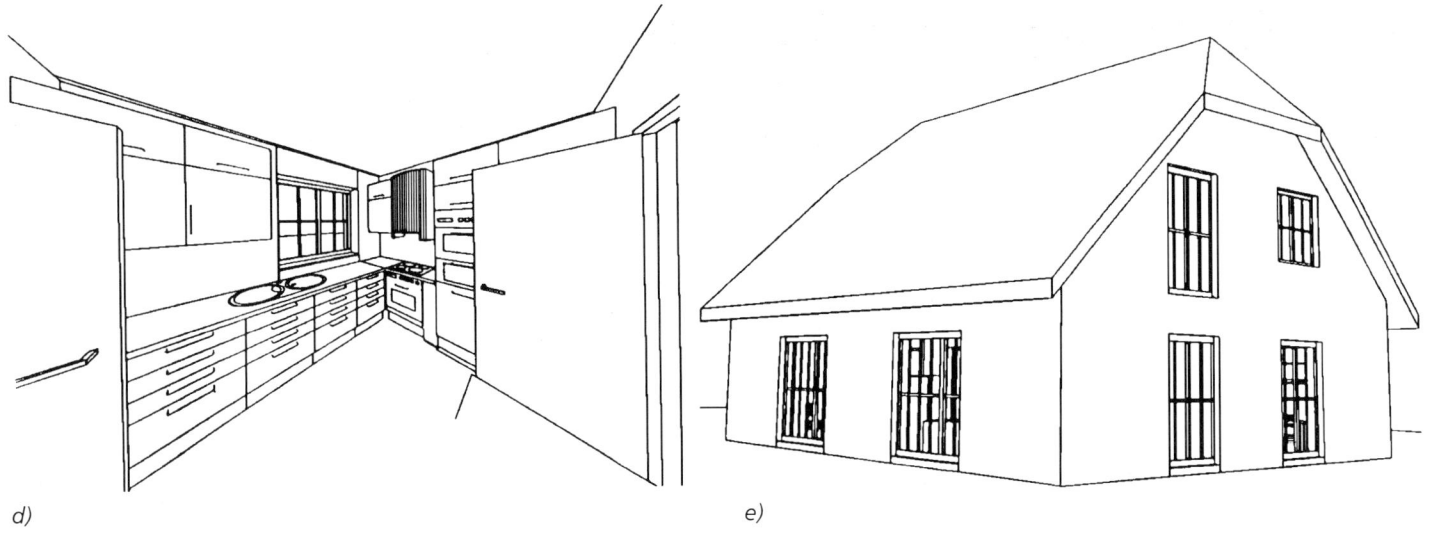

d)

e)

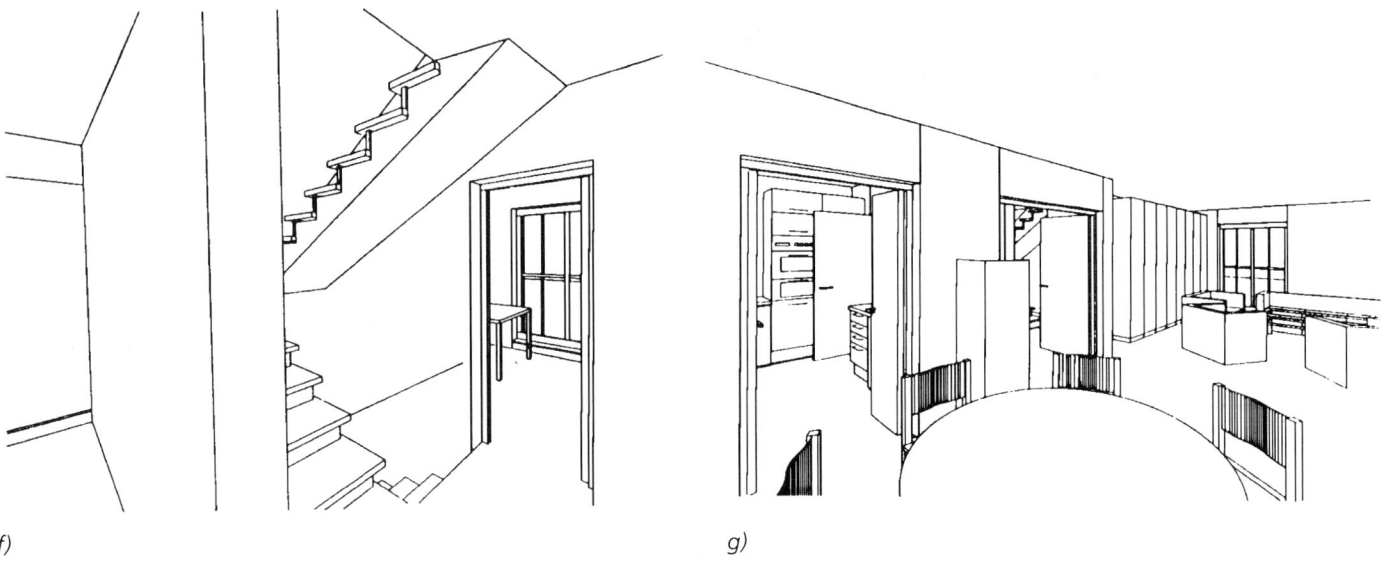

f)

g)

Bild 11.12 CAD-Zeichnungen Einfamilienhaus, Teil 2
(gezeichnet mit acadGraph-CAD-Software)
d) Perspektive EG - Kücheneinrichtung
e) Südost-Perspektive
f) Perspektive EG - Diele, Treppenraum, Arbeitszimmer
g) Perspektive EG - Wohnen, Essen, Küche, Diele

Die in den Bildern 11.12 wiedergegebenen CAD-Zeichnungen zeigen exemplarisch einige Anwendungen des computergestützten Zeichnens. Ein Vorteil liegt insbesondere in der dreidimensionalen Darstellung. Wie in Abschnitt 2.4 beschrieben, kann der Planer dem Bauherren schon zum Zeitpunkt der Entwurfsplanung Innenraumansichten oder auch Außenperspektiven des geplantes Objektes zeigen. Auf die in vielen Fällen fehlende räumliche Vorstellungskraft kann dabei verzichtet werden. Da Standpunkt, Augenhöhe und Blickwinkel vorzubestimmen sind, entstehen echte räumliche Bilder, die die Qualität von konventionell erstellten Perspektiven mit zwei Fluchtpunkten übertreffen.

12 Besonderheiten in der Ausführungs- oder Teilzeichnung

12.1 Hausanschlußraum

Im Hausanschlußraum werden die erforderlichen Aussparungen für Kabel und die Ver- und Entsorgungsleitungen des Gebäudes vorgesehen. Dieser Raum muß allgemein zugänglich sein.

In diesem Zusammenhang wird besonders auf bewährte Konstruktionen von Fachfirmen für Rohrdurchführungen hingewiesen, die bei der Durchdringung von Rohren durch Wände, Decken oder Sohlen Bewegungen des Gebäudes (Setzungen), Wärmeausdehnungen, Schalldämmungen und Brandabschottungen berücksichtigen. Das Angebotsspektrum reicht von der Ausstattung für Einfamilienhäuser bis hin zu den besonderen Anforderungen von Laboratorien, Krankenhäusern und Kraftwerksbauten (siehe Bild 12.3).

Eine Absprache über die Lage der Anschlußleitungen ist in jedem Fall mit den beteiligten Unternehmen erforderlich.

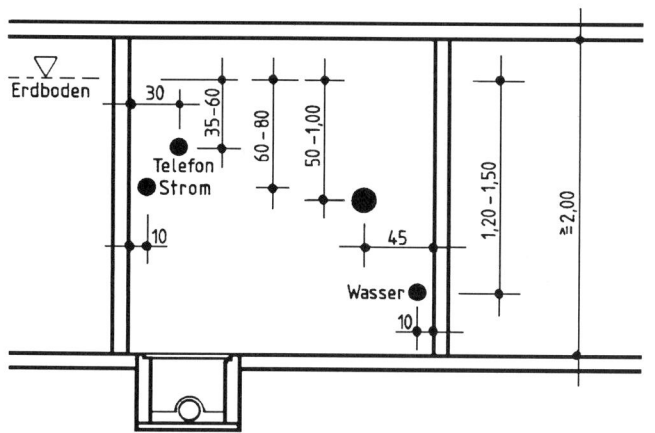

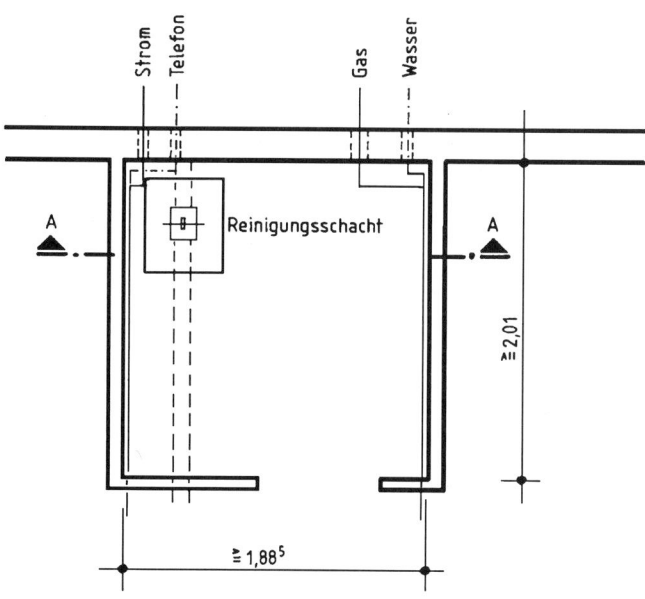

Bild 12.1 Hausanschlußraum

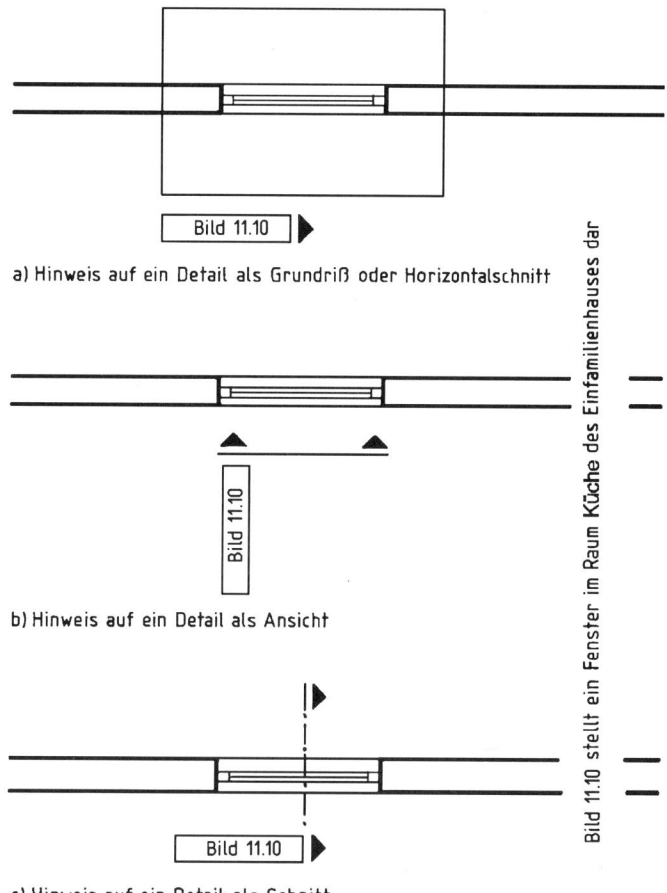

a) Hinweis auf ein Detail als Grundriß oder Horizontalschnitt

b) Hinweis auf ein Detail als Ansicht

c) Hinweis auf ein Detail als Schnitt

Bild 12.2 Hinweise auf weitere Zeichnungen

12.2 Hinweise auf weitere Zeichnungen

Um dem Bauhandwerker Klarheit über Einzelheiten der Ausführung geben zu können, die z. B. aus einer Werkzeichnung wegen des zu kleinen Maßstabes nicht zu ersehen sind, werden Detaildarstellungen erforderlich sein.

Auf diese Details[1] muß aber schon in der Werkzeichnung hingewiesen werden, damit die Orientierung beim Lesen der Zeichnung erleichtert wird.

Aus dem Hinweis auf das Detail soll durch die Angabe der Blickrichtung erkennbar sein, ob das Detail als Grundriß, Schnitt oder Ansicht dargestellt ist.

---

[1] Bonai/Fries, Forschungsauftrag des Bundesministeriums für Raumordnung, Bauwesen und Städtebau: „Empfehlungen zur Standardisierung von Bauzeichnungen", 1983.

12.3 Aussparungen

Aussparungen sind Wand- oder Deckenöffnungen, die während des Rohbaus vorzusehen sind, z. B. für Türanker, Installationen usw. Nach der Fertigstellung des Ausbaus werden sie entweder verschlossen oder offengelassen.

Aussparungen werden unterschieden in
– Durchlässe, deren Tiefe der Bauteiltiefe entspricht (erkennbar an der gekreuzten Diagonalen), und
– Schlitze, deren Tiefe geringer ist als die Bauteiltiefe (erkennbar an der Diagonalen in Leserichtung der Beschriftung).
   Die Bezeichnung der Aussparung richtet sich jeweils nach dem Bauteil, in dem die Aussparung vorgesehen ist. Für die Bezeichnung sind folgende Abkürzungen zu verwenden[1]:

WS	- Wandschlitz	WD	- Wanddurchlaß
BS	- Bodenschlitz	BD	- Bodendurchlaß
DS	- Deckenschlitz	DD	- Deckendurchlaß
FS	- Fundamentschlitz	FD	- Fundamentdurchlaß

Die Abmessungen der Aussparungen sollten neben der Bezeichnung der Aussparung in der Reihenfolge Breite/Tiefe/Höhe (z. B. WS 26/24/100) angegeben werden. Sind die Breite oder die Tiefe der Aussparung im Grundriß bemaßt, so können die entsprechenden Angaben neben der Aussparungsbezeichnung entfallen. Wenn nötig, ist auch die Höhenlage der Aussparung zur Oberfläche der Rohbaudecke anzugeben (siehe Bilder 12.4 und 12.5).

12.4 Ausschnittdarstellung

Der Begriff Ausschnitt ist dann anzuwenden, wenn ein Gebäude oder Bauteil unvollständig, d. h. abgebrochen oder ausschnittweise dargestellt wird. Ein langgestreckter Bauteil, z. B. eine Tür, deren Form und Abmessungen sich in dem ausgesparten Bereich nicht ändern, kann auf diese Weise aus Gründen der Zeitersparnis gezeichnet werden. Das gleiche gilt auch für die Hälfte von symmetrischen Bauteilen.[1]

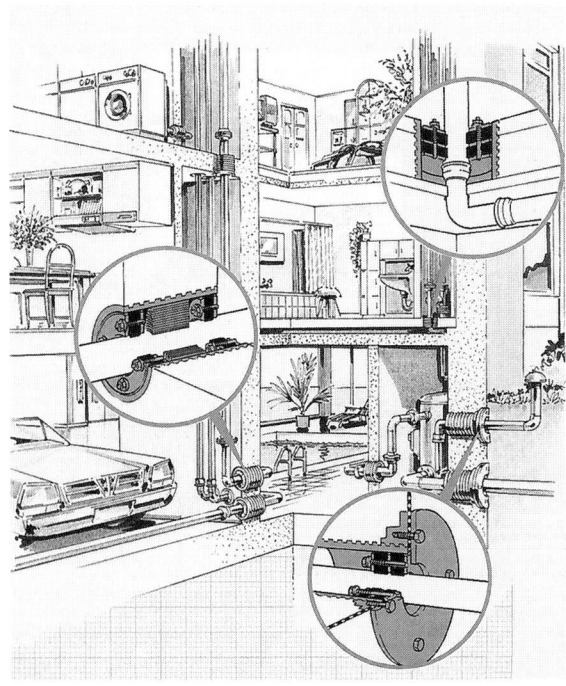

Bild 12.3 Rohrdurchführungen (Doyma)

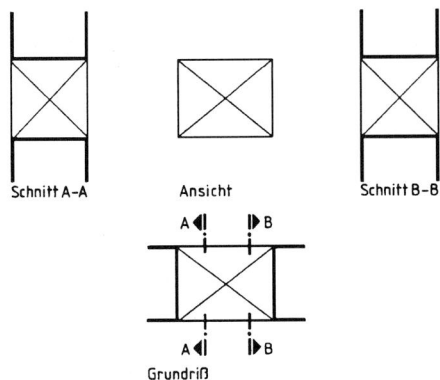

Bild 12.4 Aussparungen (Durchlässe)

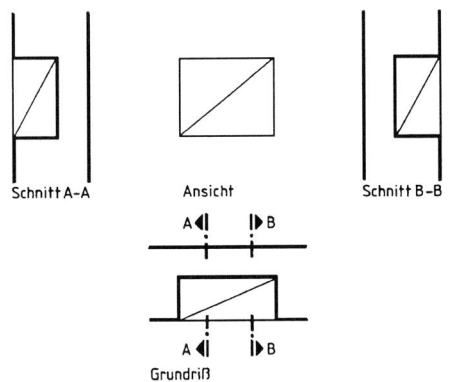

Bild 12.5 Aussparungen (Schlitze)

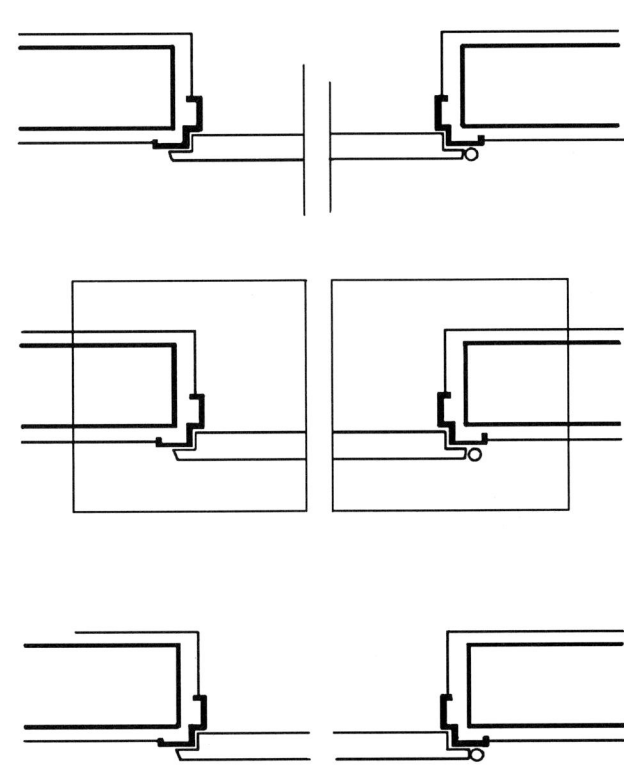

Bild 12.6 Ausschnittdarstellungen einer Türöffnung

---

[1] Bonai/Fries, Forschungsauftrag des Bundesministeriums für Raumordnung, Bauwesen und Städtebau: „Empfehlungen zur Standardisierung von Bauzeichnungen", 1983.

Ausschnittdarstellungen sind mit einer feinen Vollinie abzugrenzen oder einzurahmen. Auf eine Begrenzung kann auch verzichtet werden. Zum besseren Verständnis ist die Lage des Ausschnittes in der und zu der Gesamtzeichnung deutlich festzulegen (siehe Bild 12.6).

12.5 Verdeutlichung der Bauart

Um geschnittene Bauteile aus verschiedenen Baustoffen in der Darstellung klar zu trennen, sollten Bauteile aus gleichen Materialien zusammenhängend, d. h. mit einer durchgehenden Begrenzungslinie, dargestellt werden.[1] Angrenzende Bauteile aus anderen Baustoffen sind davon abzusetzen.

Das ist aus Bild 12.7 ersichtlich. Neben einem gemauerten Schornstein ist ein Schornstein aus Fertigteilen, neben gemauerten Wänden aus gleichem Material sind Wände aus unterschiedlichen Materialien dargestellt.

12.6 Konstruktive Fugen

Die Darstellung konstruktiver Fugen in den Grundrissen der Entwurfszeichnungen sollte auf Dehn- und Setzfugen beschränkt bleiben, wobei für beide Arten eine einheitliche Grafik empfohlen wird.[1] Bei geradlinig durch ein Gebäude verlaufenden Fugen reicht die Kennzeichnung an den Gebäudeaußenkanten aus. Bei verspringenden Fugen sollte der Verlauf durch eine Strichlinie gezeigt werden. Zur Verdeutlichung, daß es sich bei der Strichlinie um eine Fuge und nicht um eine verdeckte Bauteilkante handelt, sollten an den Endpunkten der Linie außerhalb der eigentlichen Grundrißdarstellung Symbole entsprechend Bild 12.8 verwendet werden, da Beschriftungen, die häufig wegen Platzmangels abgekürzt werden, zu Verwechslungen führen können (siehe z. B. Bild 11.1).

12.7 Darstellung geschnittener Baustoffe

In der neuen DIN 1356 - Bauzeichnungen sind Schnitte von Bauteilen erheblich vereinfacht worden. In Ausführungs- oder Teilzeichnungen ist es aber doch manchmal notwendig, Baustoffe durch eine unterschiedliche zeichnerische Darstellung entsprechend Bild 12.9 deutlicher zu unterscheiden.

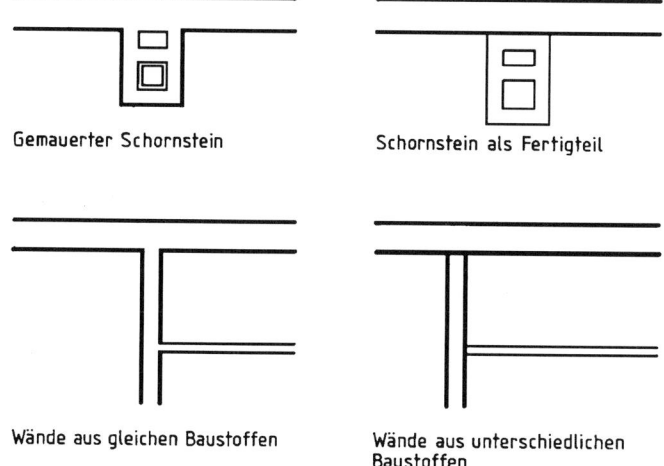

Bild 12.7 Verdeutlichung der Bauart

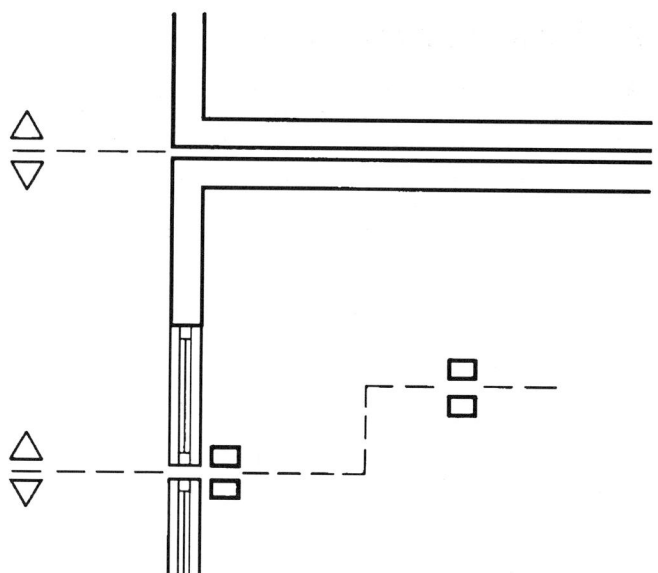

Bild 12.8 Konstruktive Fugen

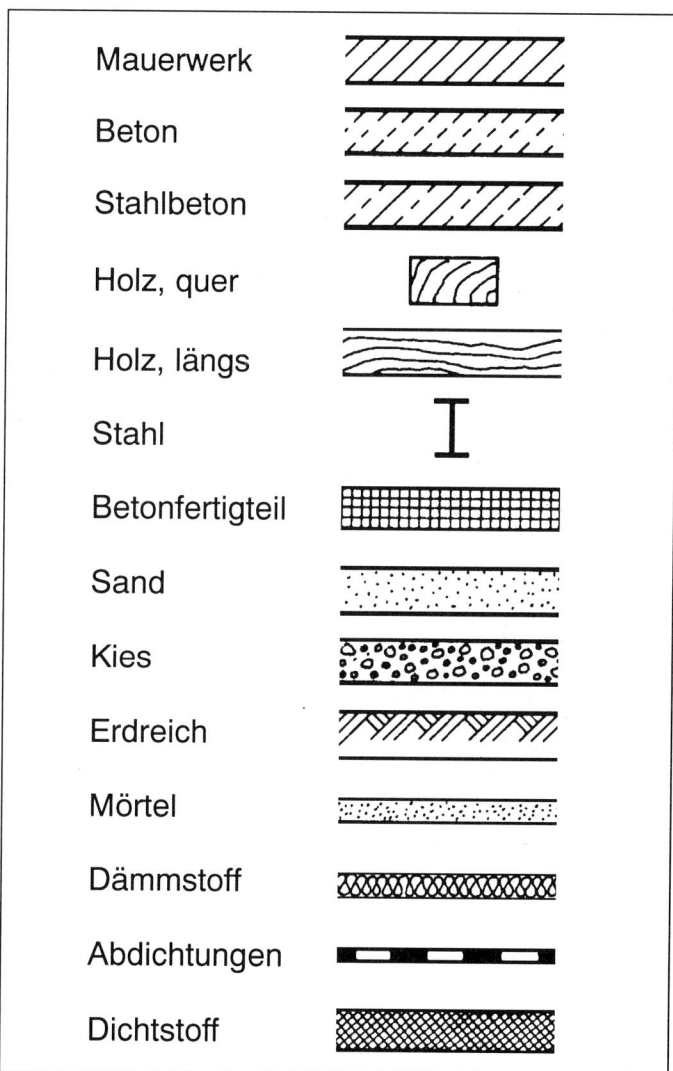

Bild 12.9 Darstellung geschnittener Baustoffe

---

[1] Bonai/Fries, Forschungsauftrag des Bundesministeriums für Raumordnung, Bauwesen und Städtebau: „Empfehlungen zur Standardisierung von Bauzeichnungen", 1983.

12.8 Umbauzeichnung

Nicht alle Bauten sind Neubauten, die nach Zeichnungen in der bisher beschriebenen Form erstellt werden. Es gibt auch vorhandene Gebäude, die umgebaut werden sollen. In einer einzigen Zeichnung kann das für die Genehmigungsbehörde oder den Bauausführenden nur dann einwandfrei erkannt werden, wenn alte und neue Bauteile entsprechend Bild 12.10 unterschieden werden.

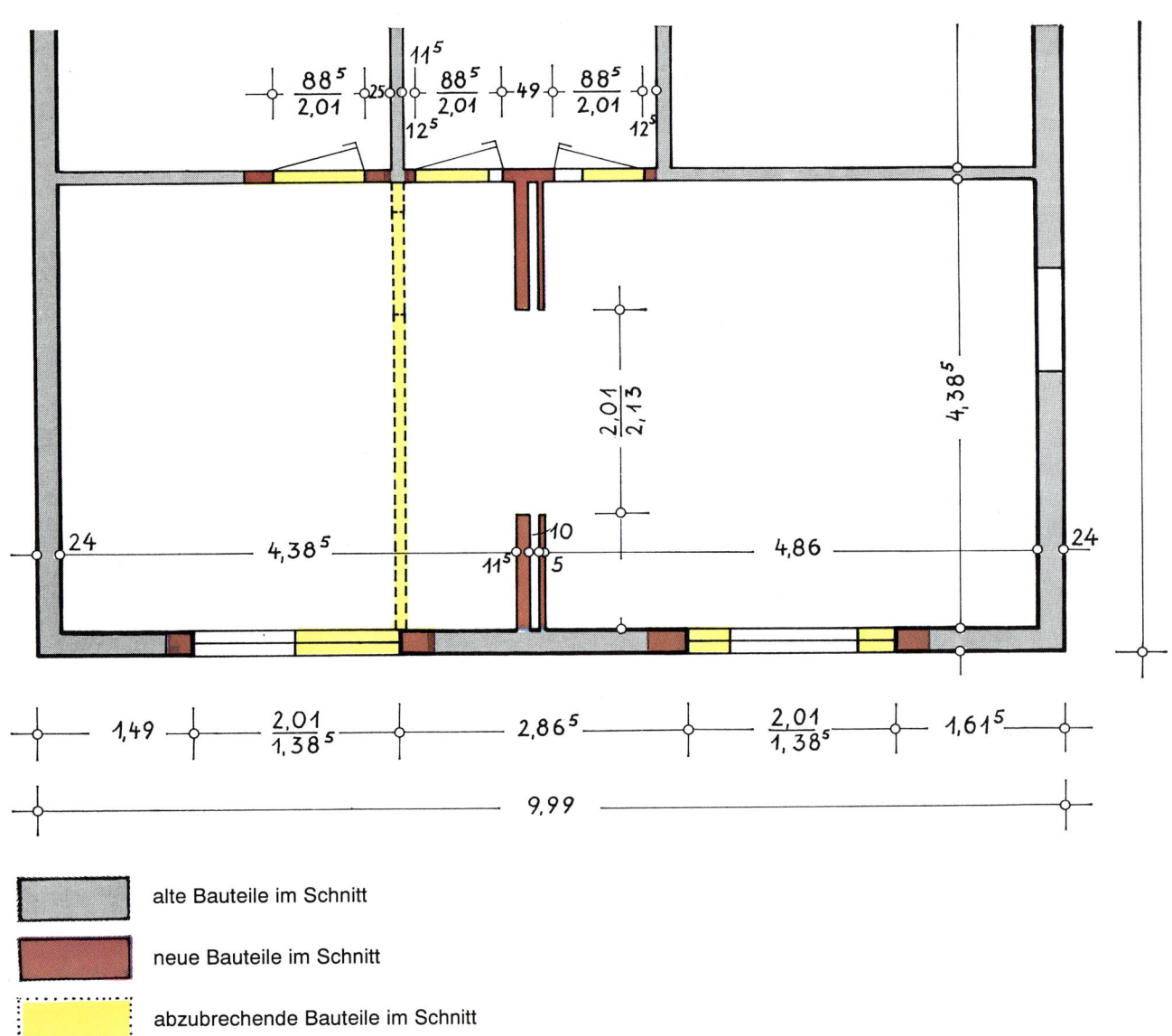

▨	alte Bauteile im Schnitt
▨	neue Bauteile im Schnitt
▨	abzubrechende Bauteile im Schnitt

Bild 12.10 Umbauzeichnung M 1 : 50 (verkleinerte Wiedergabe)

Anhang

A 1 Fragen und Zeichenaufgaben zur Wiederholung

Die hinter den Fragen angegebenen Zahlen beziehen sich auf die entsprechenden Kapitel.

1. Wiederholen Sie die Aufgaben der Bauzeichnung. (1.1)
2. Unterscheiden Sie verschiedene Bauzeichnungsarten nach ihrem Zweck. (1.2.2)
3. Erläutern Sie den Begriff "DIN" und die Bedeutung der Normung als formales Ordnungsprinzip. (1.3)
4. Begründen Sie die Notwendigkeit von DIN-Zeichnungsnormen. (1.3)
5. Zählen Sie die Arbeitsmittel des Zeichners auf und geben Sie Hinweise, die beim Kauf zu beachten sind. (2.1)
6. Erläutern Sie den Einfluß von unterschiedlichen Härtegraden der Bleistiftminen auf die Deutlichkeit und Genauigkeit von Bauzeichnungen. (2.1)
7. Unterscheiden Sie Klar- bzw. Zeichenpapiere hinsichtlich ihrer Oberfläche und der daraus resultierenden Verwendbarkeit. (2.2)
8. Beschreiben Sie notwendige Verfahren, Zeichnungen auf Klarpapier bzw. kopierte Zeichnungen aufbewahren bzw. ablegen zu können. (2.3)
9. Erläutern Sie die Bedeutung des Schriftfeldes. (2.3)
10. Nennen Sie gebräuchliche Maßstäbe für Verkleinerungen und ihre Zuordnung zu den Zeichnungsarten. (1.2 und 3.1)
11. Unterscheiden Sie Linienarten, deren Breiten und ihre Anwendung in Grundrissen, Schnitten und Ansichten. (3.2)
12. Begründen Sie das Verhältnis der Linienbreiten zueinander. (3.2.2)
13. Erläutern Sie die Notwendigkeit für das Unterscheiden von Bauricht- und Nennmaßen. (3.3.3 und 3.3.4)
14. Wiederholen Sie die wichtigsten Regeln für die Bemaßung einer Zeichnung im Hinblick auf Maßbegrenzung, Maßzahlen, Maßeinheiten, Maßanordnungen und Maßketten. (3.3.5 bis 3.3.10)
15. Weisen Sie die Bedeutung der Höhenmaße als notwendige Ergänzung der Grundrißmaße nach. (3.3.13)
16. Zeichnen Sie Innenraumperspektiven mit einem bzw. zwei Fluchtpunkten von Ihrem Büroraum. (4.2)
17. Erklären Sie das Entstehen von waagerechten Schnittebenen. (4.3)
18. Begründen Sie die Notwendigkeit für das Anlegen von senkrechten Schnittzeichnungen und das Kennzeichnen des Schnittverlaufs in der Grundrißzeichnung. (4.3)
19. Erläutern Sie die möglichen Arbeitserleichterungen, die durch das planvolle Anordnen von mehreren Darstellungen auf einem Zeichenblatt entstehen. (4.4)
20. Unterscheiden Sie Mörtelgruppen nach Festigkeitsanforderungen und den sich daraus ergebenden Anwendungsmöglichkeiten. (5.1)
21. Zeichnen Sie noch andere als in diesem Buch dargestellte Mauerwerksverbände, die Sie in der Praxis gesehen haben. (5.2)
22. Leiten Sie auf Grund der Bezeichnungen und Kurzzeichen für Wandbausteine die Eigenschaften der Wandbausteine und ihre Verwendbarkeit her. (5.2)
23. Unterscheiden Sie Wandbausteine nach ihren Formaten. (5.2)
24. Begründen Sie die Notwendigkeit für die Abstimmung von Steinhöhen bei unterschiedlichen Steinformaten. (5.2)
25. Erläutern Sie den Einfluß der Wärmedämmgebiete auf die Bemessung von Bauwerkteilen. (5.4)
26. Ein Schornstein zieht schlecht. Zählen Sie Fehler in Planung und Ausführung auf, die dazu beigetragen haben können. (5.5)
27. Nennen Sie Vorschriften, die beim Bau von Schornsteinen und Heizräumen beachtet werden müssen. (5.5.7)
28. Finden Sie Möglichkeiten heraus, durch Verwendung von Fertigbauteilen zur Rationalisierung im Bauwesen beitragen zu können. (5.5.7 u. a.)
29. Zeichnen Sie einen Korbbogen mit fünf Einsetzpunkten im M 1 : 20 (Spannweite = 3,20 m, Stichhöhe = 1,30 m). (5.6)
30. In der Praxis sieht man häufig Risse zwischen Kellermauerwerk und Kellerlichtschacht und damit Durchfeuchtungsstellen. Weisen Sie nach, in welcher Form man solche Schäden vermeiden kann. (5.7)
31. Leiten Sie aus den klimatischen Einflüssen den zweckmäßigen Aufbau von ein- oder mehrschaligem Außenmauerwerk her. (5.9)
32. Unterscheiden Sie Dächer nach ihrer Form und ihrer Konstruktion. (6.2.1 und 6.2.2)
33. Skizzieren Sie die Lastverhältnisse bei unterschiedlichen Dachkonstruktionen. (6.2.2)
34. An Flachdächer werden besondere Anforderungen hinsichtlich der Wärme- und Diffusionseinflüsse gestellt. Vergleichen Sie den notwendigen Aufbau eines Kalt- bzw. Warmdaches. (6.2.2)
35. Skizzieren Sie das Darstellen der Beweglichkeit von Fenstern in Ansichten. (6.3.3)
36. Erläutern Sie an Hand von Bauzeichnungen die Begriffe First, Traufe, Ortgang, Walm, Grat, Anfallpunkt und Kehle. (6.2.1)
37. Leiten Sie aus den Eigenschaften der Deckbaustoffe die mögliche Verwendung her. (6.2.2)
38. Skizzieren Sie das Darstellen von Fenstern in Grundrissen, Schnitten und Ansichten bei verschiedenen Zeichnungsarten. (6.3.4)
39. Erklären Sie die Bedeutung von Links- und Rechtsbezeichnungen nach DIN 107. (6.4.2)
40. Skizzieren Sie das Darstellen der Beweglichkeit von Türen in Grundrissen. (6.4.1)
41. Skizzieren Sie das Darstellen von Türen in Grundrissen, Schnitten und Ansichten bei verschiedenen Zeichnungsarten. (6.4.1 und 6.4.3)
42. Nennen Sie eine Reihe von Begriffen aus der DIN 18 064 Treppen. (6.5.1)
43. Nennen Sie Vorschriften aus der DIN 18 065 Wohnhaustreppen. (6.5.5)
44. Ermitteln Sie den geringsten Raumbedarf für eine im An- und Austritt gleichsinnig viertelgewendelte Treppe in einem Mehrfamilienhaus bei einer Treppenraumbreite von 2,76 m. (6.5.7)
45. Bei einer einläufigen, im Antritt viertelgewendelten Treppe in einem Einfamilienhaus von 16 × 17,2/29 sollen die Stufen 2 bis 8 verzogen werden. Ermitteln Sie die Auftrittsmaße an der Innenwange rechnerisch, und zeichnen Sie die Treppe im M 1 : 10. (6.5.8)
46. Skizzieren Sie das Darstellen von Treppen in Grundrissen bei verschiedenen Zeichnungsarten. (6.5.9)
47. Unterscheiden Sie Stahlbetondecken nach ihrer Konstruktion. (7.3)

48. Zeichnen Sie den Querschnitt einer Stahlbeton-Rippendecke mit Wandanschluß unter Berücksichtigung des Wärme- und Schallschutzes. (7.3 und 8.3)

49. Begründen Sie die Notwendigkeit einer frostfreien Gründung eines Gebäudes. (7.1)

50. Leiten Sie die verschiedenen Fundamentarten her aus der Belastbarkeit des Baugrundes. (7.1.2)

51. Weisen Sie am Beispiel einer Wohnhausdecke mit Balkon die auftretenden Spannungen nach. (7.2)

52. Begründen Sie die Notwendigkeit für das Anordnen eines Stahlbeton-Ringankers. (7.4)

53. Skizzieren Sie für ein unterkellertes Gebäude die notwendigen vertikalen und horizontalen Abdichtungen unter Angabe der erforderlichen Materialien. (8.1.1 und 8.1.2)

54. Begründen Sie das Anordnen einer Wärmedämmschicht auf der Außen- bzw. Innenseite einer Wand eines Gebäudes. (8.2.2)

55. Unterscheiden Sie verschiedene Schallarten und leiten Sie daraus für den Schallschutz entsprechende Regeln ab. (8.3)

56. Begründen Sie die Notwendigkeit für das Erstellen eines Lageplanes. (9.2)

57. Nennen Sie wesentliche Inhalte des Lageplanes. (9.2)

58. Beschreiben Sie das Verfahren eines Bauvorhabens von der Idee bis zur Ausführung. (9.1)

59. Erläutern Sie die Begriffe Bebauungsplan, Bauordnung, Grundbuch. (9.2)

60. Beschreiben Sie das Verfahren für die Beschaffung eines Lageplanes bzw. Katasterauszuges. (9.2)

61. Vergleichen Sie die Vorentwurfs- und Entwurfszeichnungen hinsichtlich ihres Zwecks und den davon abhängigen Inhalten. (9.3 und 9.4)

62. Ordnen Sie den Baustoffen bzw. Bauteilen die entsprechenden Sinnbilder zu: aufgefüllter Boden, Mauerwerk aus künstlichen Steinen, bewehrter Beton, unbewehrter Beton, Betonfertigteile, abzubrechende Bauteile im Schnitt. (12.7)

63. Üben Sie am Erdgeschoßgrundriß, Bild 9.5 und 11.1, das Addieren von Maßketten mit Achtelmetern. (9.4)

A 2 Aufgaben für bautechnisches Zeichnen

Geometrische Grundkonstruktionen

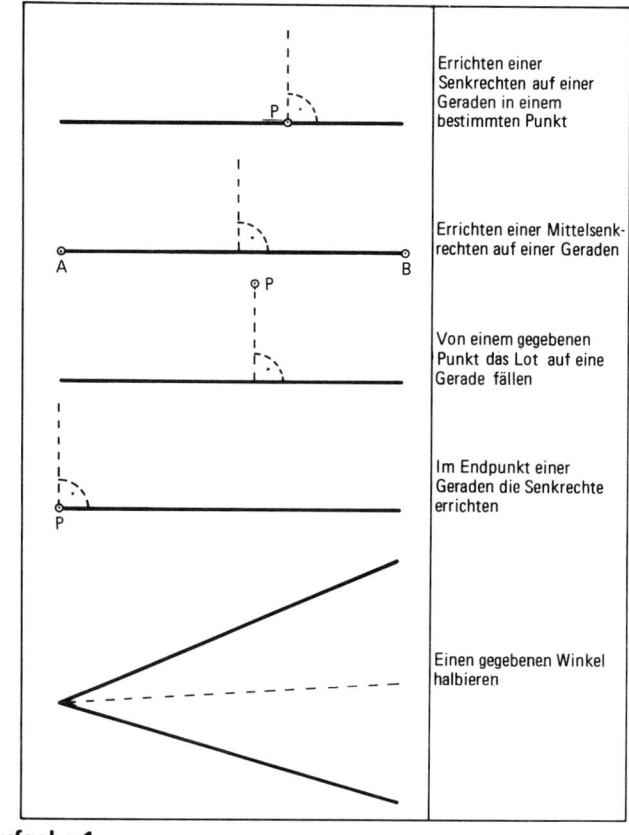

Errichten einer Senkrechten auf einer Geraden in einem bestimmten Punkt

Errichten einer Mittelsenkrechten auf einer Geraden

Von einem gegebenen Punkt das Lot auf eine Gerade fällen

Im Endpunkt einer Geraden die Senkrechte errichten

Einen gegebenen Winkel halbieren

Aufgabe 1

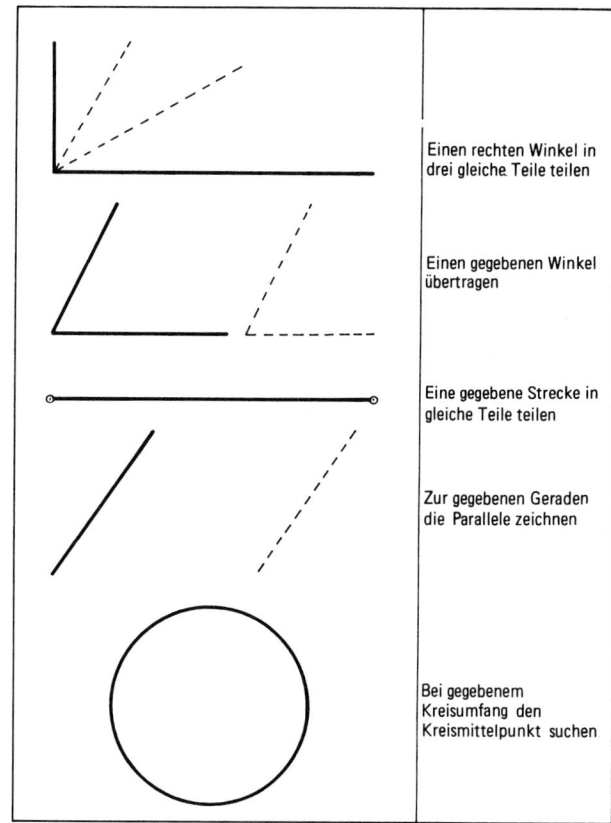

Einen rechten Winkel in drei gleiche Teile teilen

Einen gegebenen Winkel übertragen

Eine gegebene Strecke in gleiche Teile teilen

Zur gegebenen Geraden die Parallele zeichnen

Bei gegebenem Kreisumfang den Kreismittelpunkt suchen

Aufgabe 2

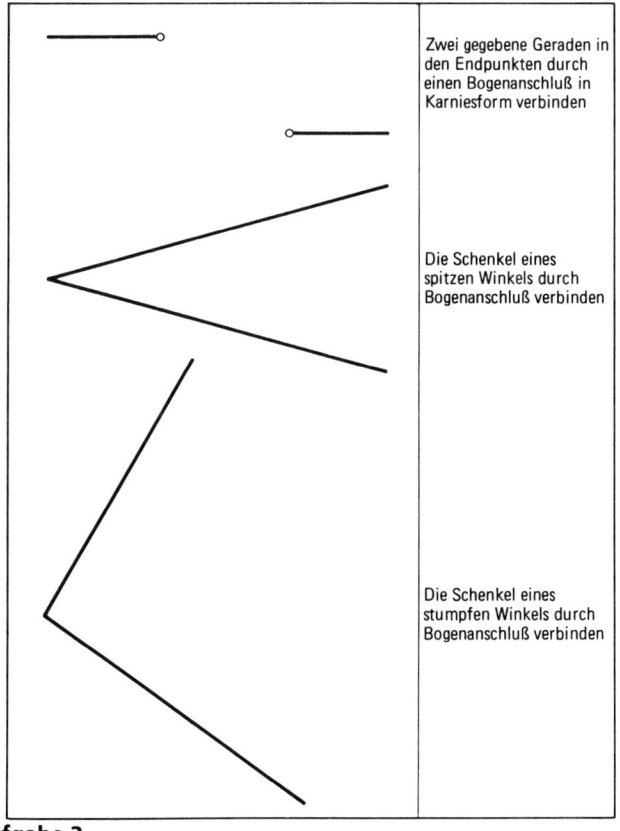

Zwei gegebene Geraden in den Endpunkten durch einen Bogenanschluß in Karniesform verbinden

Die Schenkel eines spitzen Winkels durch Bogenanschluß verbinden

Die Schenkel eines stumpfen Winkels durch Bogenanschluß verbinden

Aufgabe 3

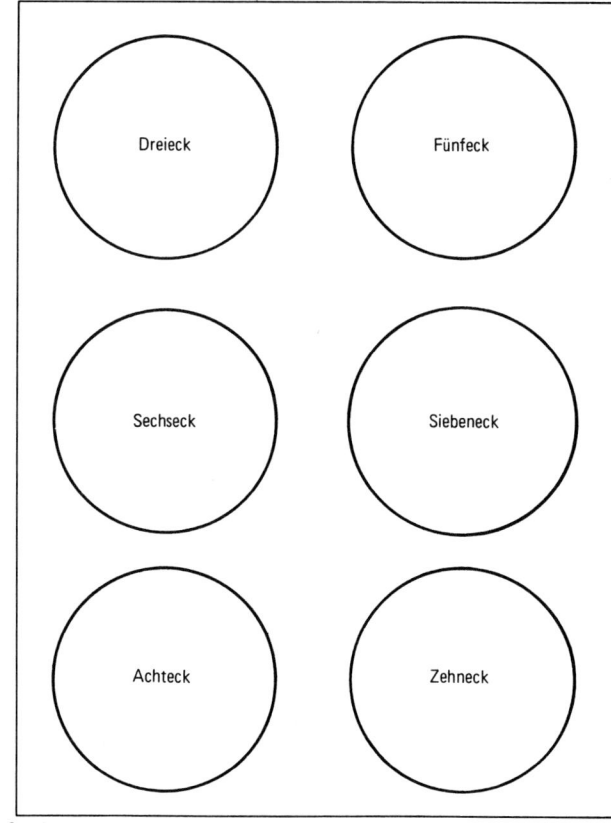

Dreieck

Fünfeck

Sechseck

Siebeneck

Achteck

Zehneck

Aufgabe 4

Aufgaben 1–3: Zeichnen Sie die geometrischen Grundkonstruktionen.
Aufgabe 4: Zeichnen Sie die entsprechenden Vielecke in einen gegebenen Kreis.

Zu Kapitel 3.3: Bemaßen von Zeichnungen

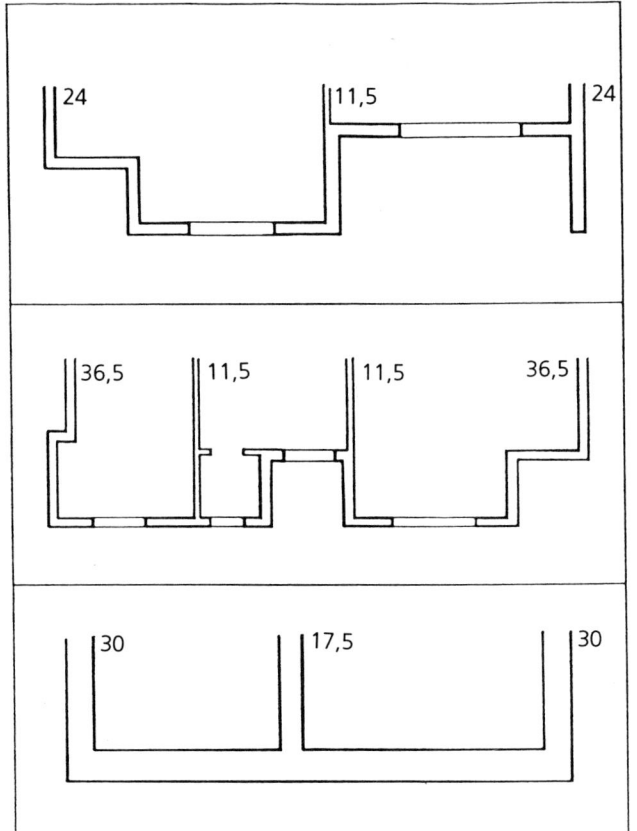

Aufgabe 5 a

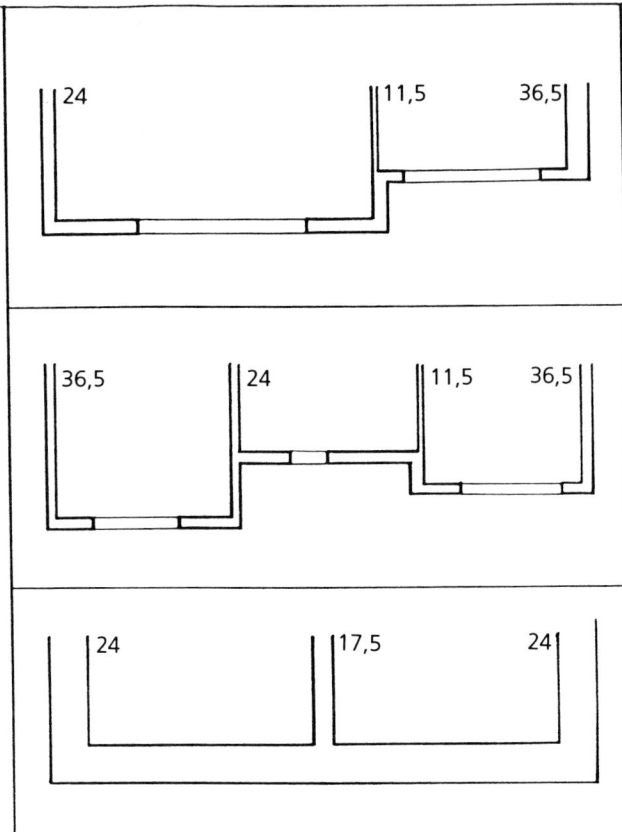

Aufgabe 5 b

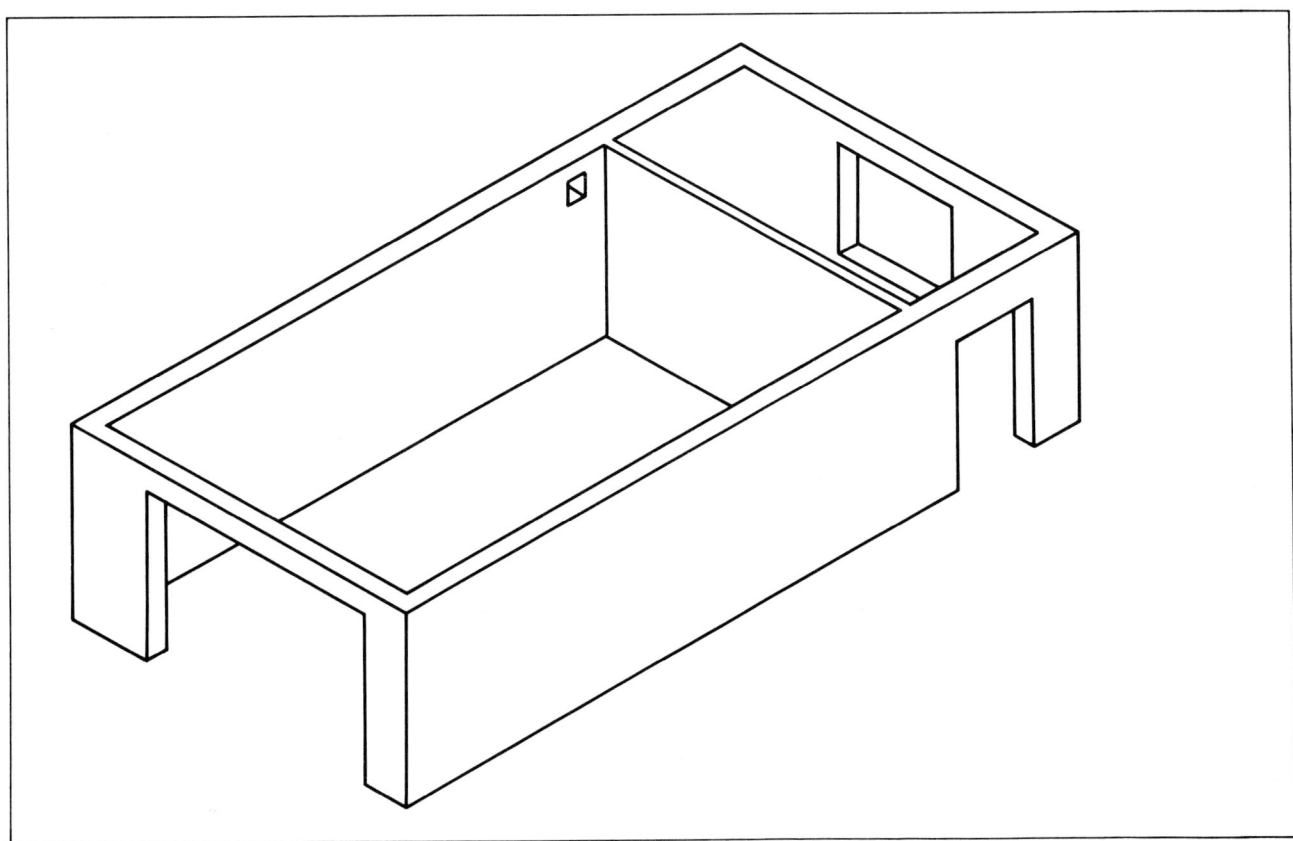

Aufgabe 6

Aufgabe 5: Bemaßen Sie die Räume, Wanddicken und Öffnungen entsprechend einer Ausführungszeichnung.
Aufgabe 6: Bemaßen Sie die Garage mit Abstellraum in der Größe von ca. 8,00 × 3,75 m entsprechend einer Ausführungszeichnung.

Zu Kapitel 4: Darstellen von Körpern

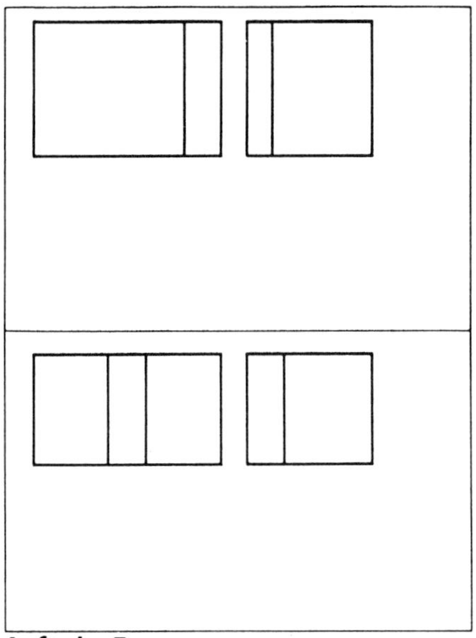

Aufgabe 7

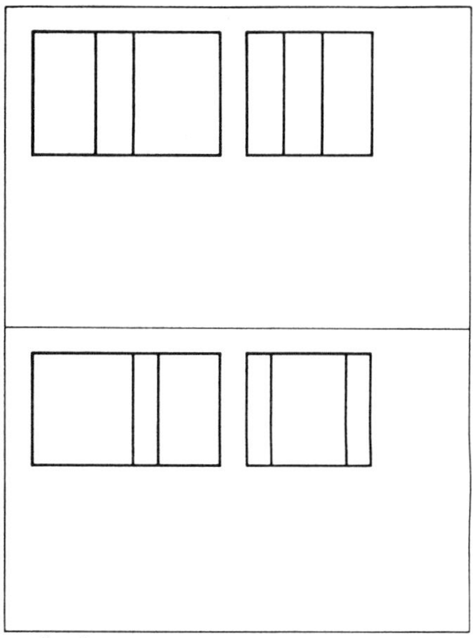

Aufgabe 8

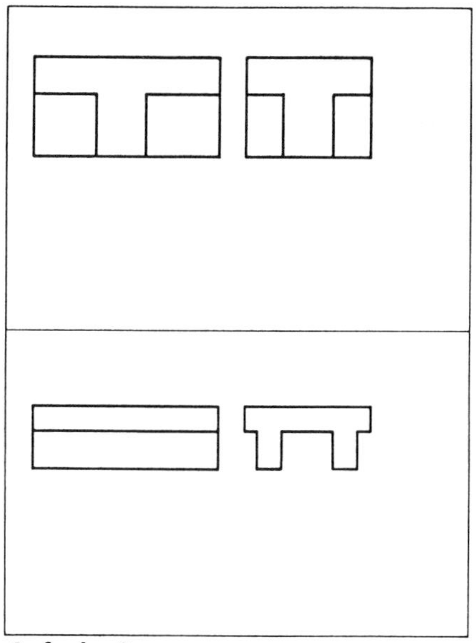

Aufgabe 9

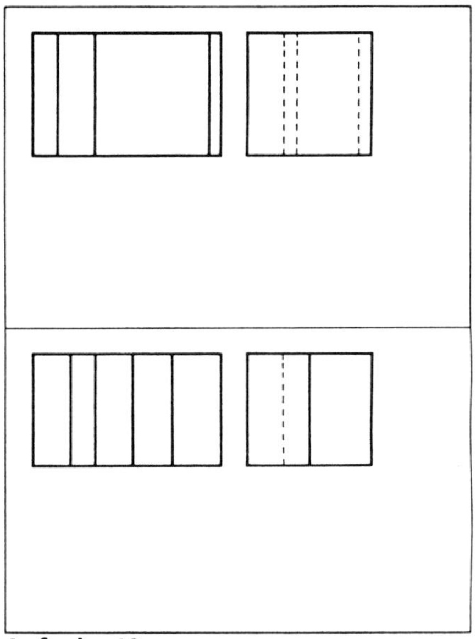

Aufgabe 10

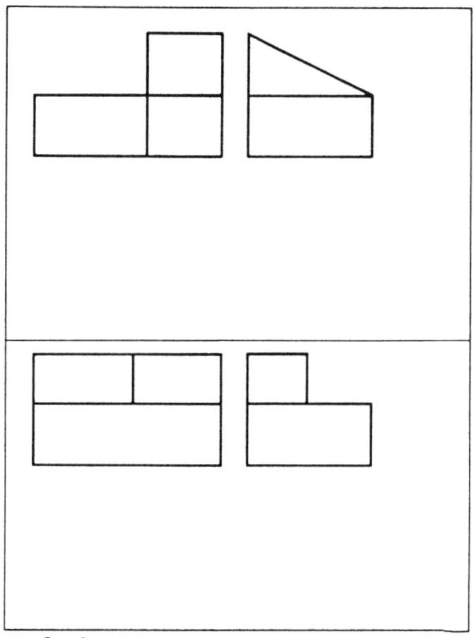

Aufgabe 11

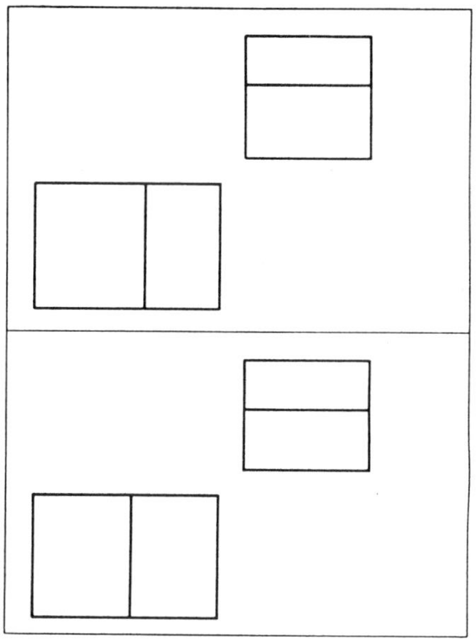

Aufgabe 12

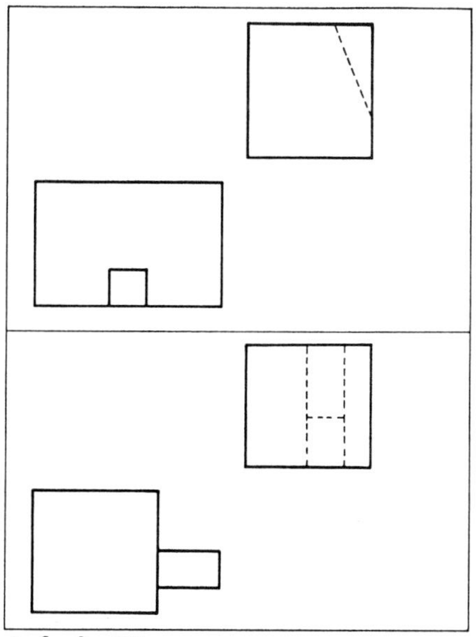

Aufgabe 13

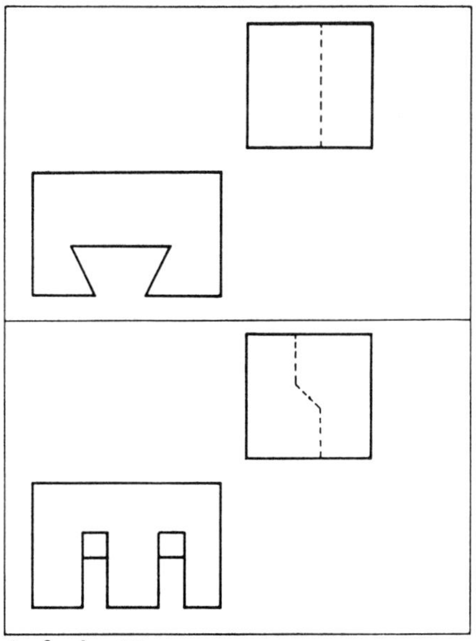

Aufgabe 14

Aufgabe 15

Aufgabe: Zeichnen Sie verschiedene Baukörper in drei Ansichten.

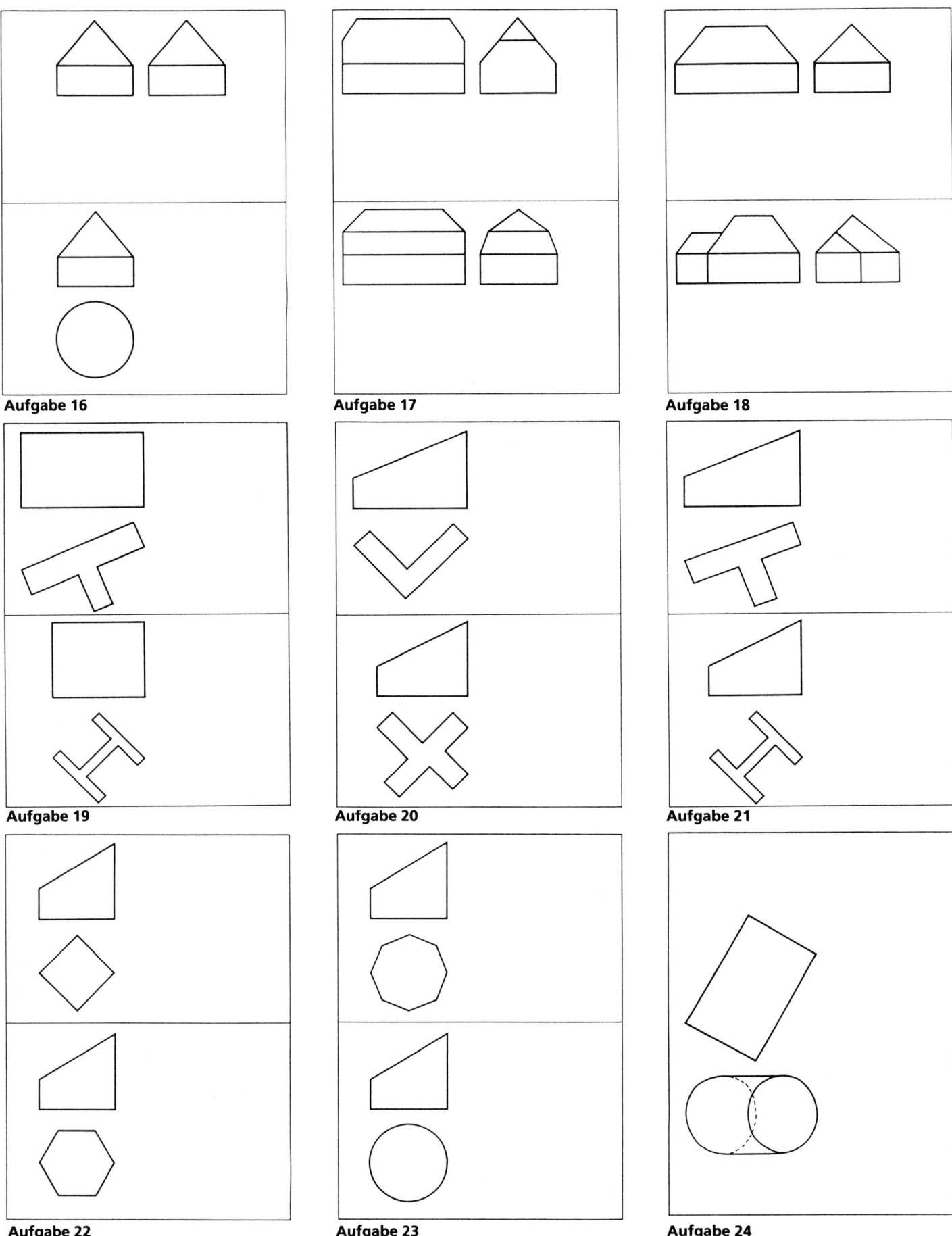

Aufgabe 16

Aufgabe 17

Aufgabe 18

Aufgabe 19

Aufgabe 20

Aufgabe 21

Aufgabe 22

Aufgabe 23

Aufgabe 24

Aufgabe: Zeichnen Sie verschiedene Baukörper wie Dächer, Mauerwerksteile, Breitflanschträger und Säulen in drei Ansichten.

Zu Kapitel 4: Darstellen von Körpern, Teste für Ergänzungszeichnungen

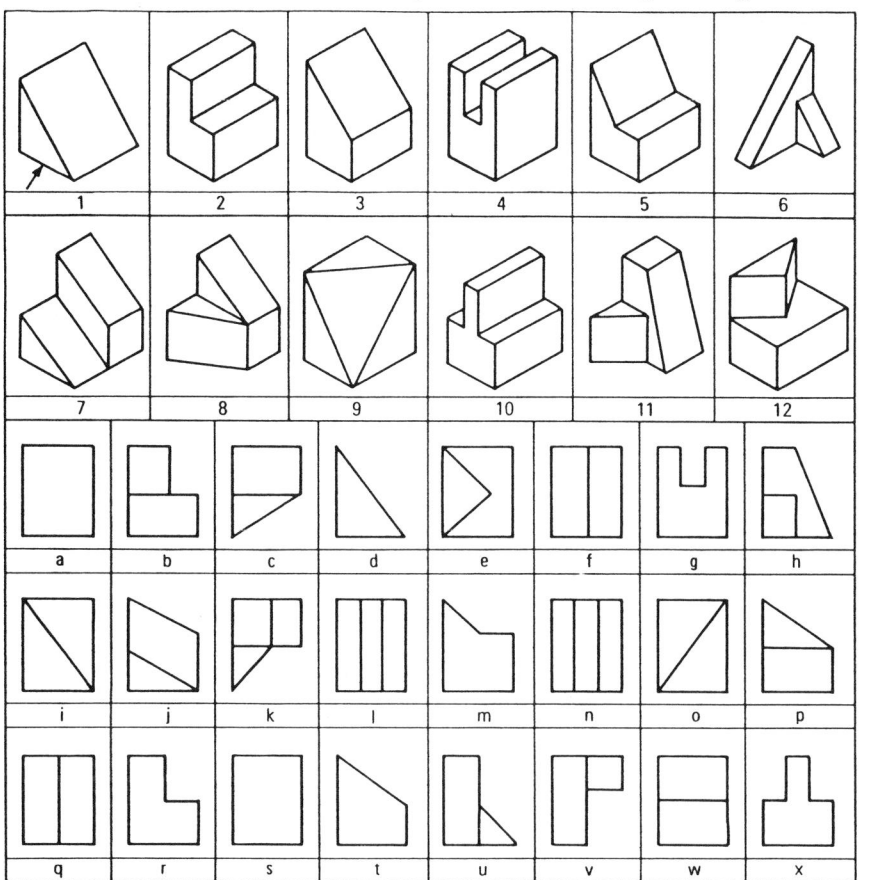

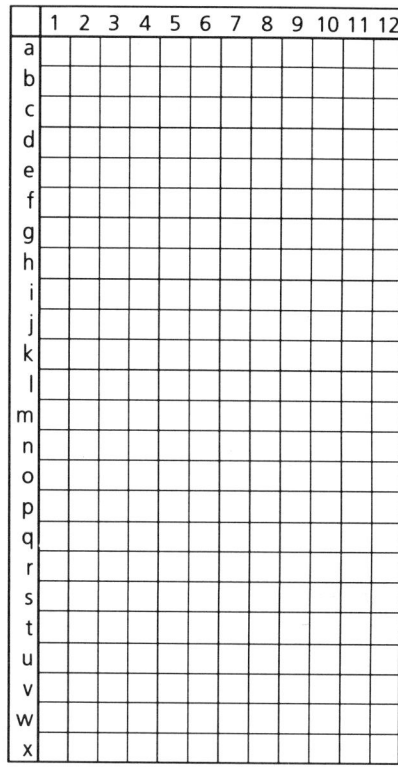

Aufgabe 25

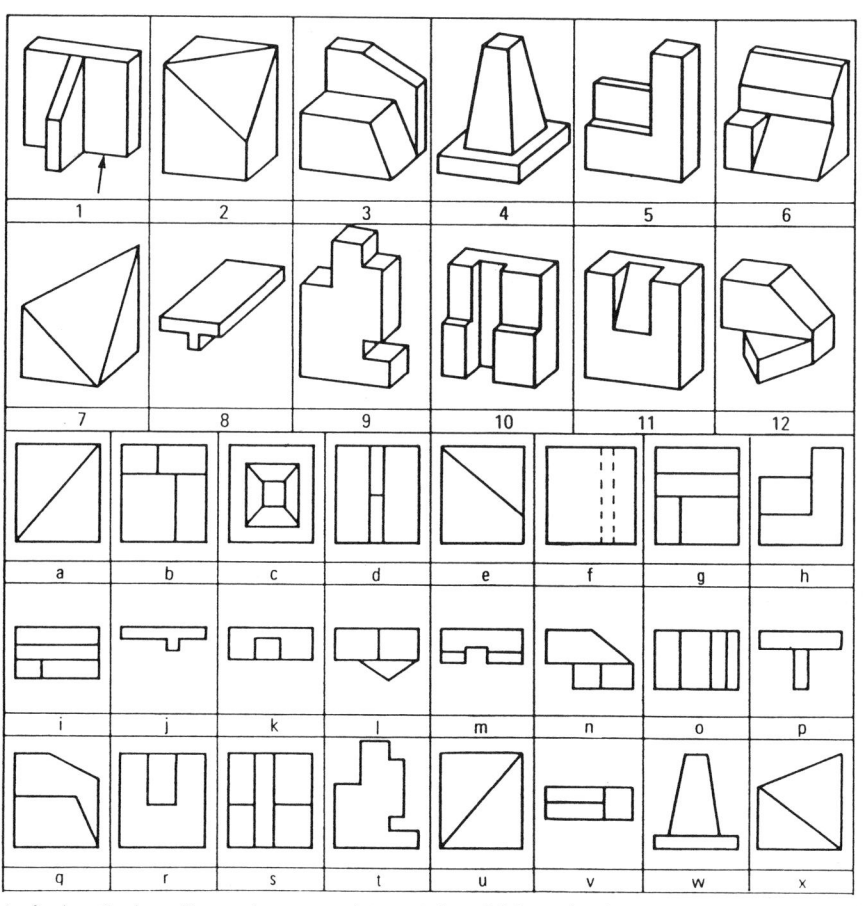

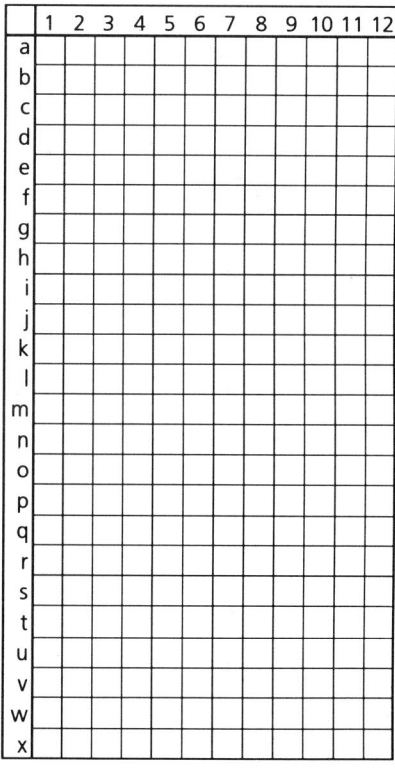

Aufgabe 26

Aufgabe: Suchen Sie zu den numerierten Schrägbildern die dazugehörigen Vorderansichten und Draufsichten und tragen Sie die entsprechenden Buchstaben in die Tabelle ein.

Zu Kapitel 4.2: Darstellen von Körpern als Schrägbilder

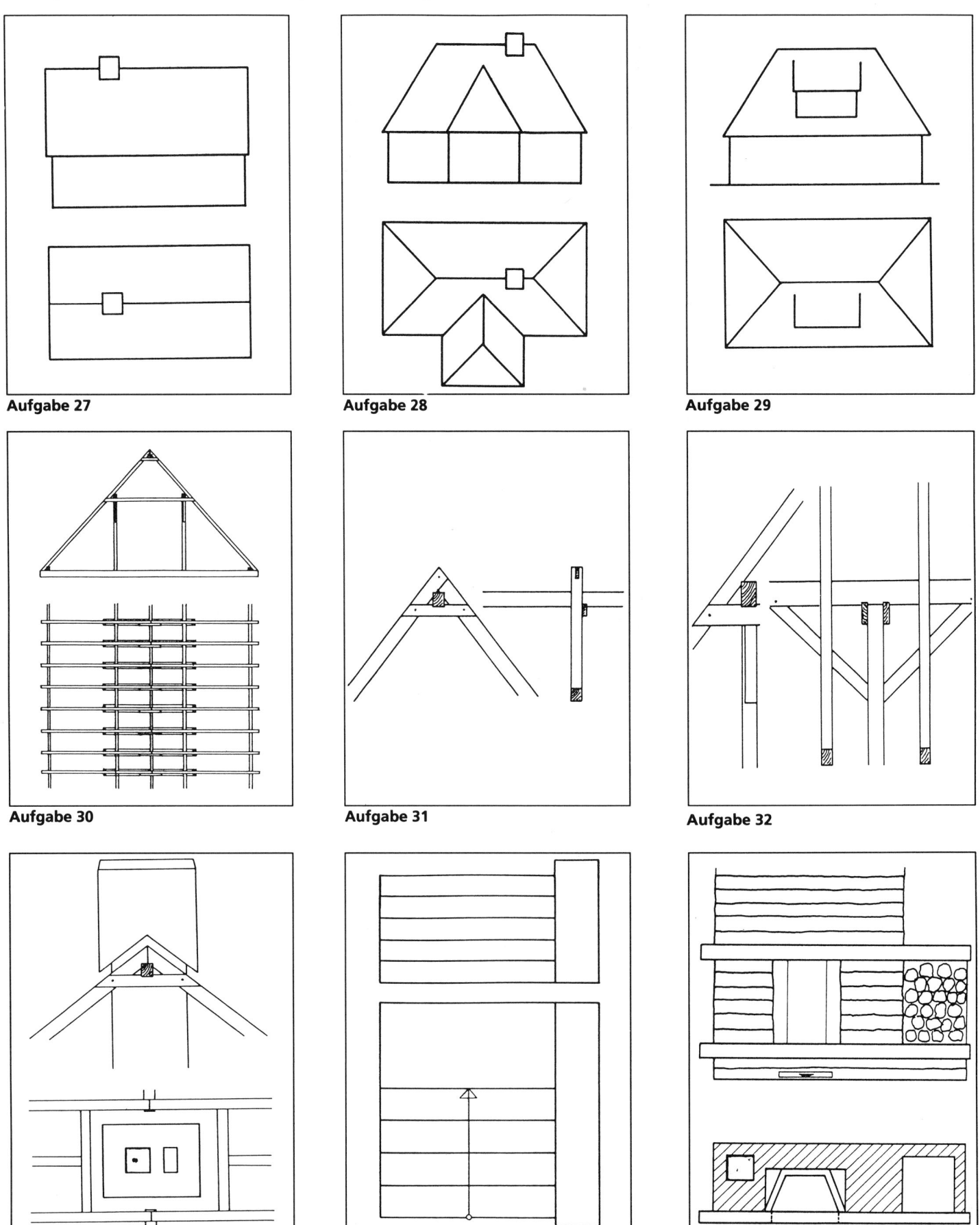

Aufgabe 27

Aufgabe 28

Aufgabe 29

Aufgabe 30

Aufgabe 31

Aufgabe 32

Aufgabe 33

Aufgabe 34

Aufgabe 35

Aufgabe: Ergänzen Sie die Vorder- bzw. Seitenansichten und Draufsichten der Baukörper oder Bauwerksteile durch Parallelperspektiven.

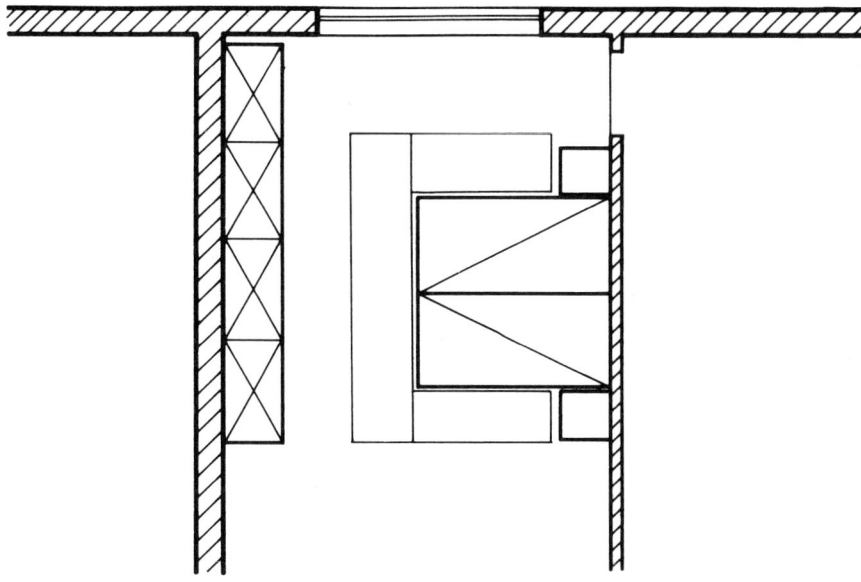

Standpunkt
⊙

Aufgabe 36

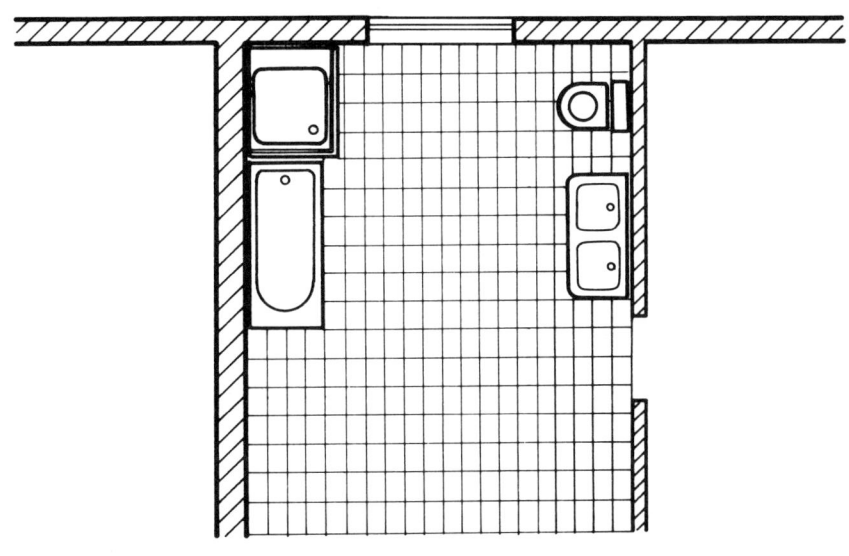

Standpunkt
⊙

Aufgabe 37

Aufgabe: Zeichnen Sie das Schlafzimmer und das Bad mit allen Einrichtungen als Frontalperspektive mit Fluchtpunkt in Augenhöhe.

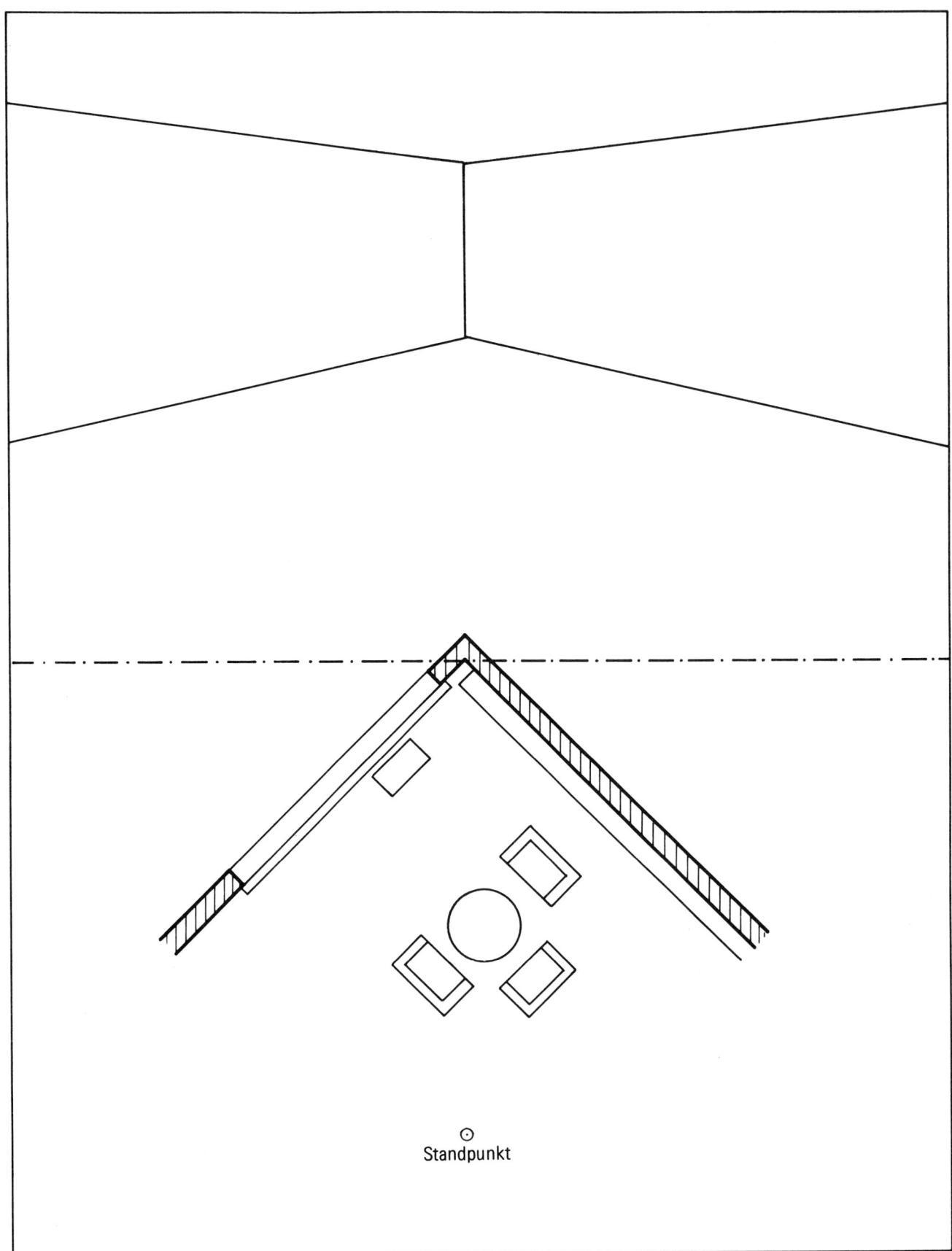

Standpunkt

Aufgabe 38

Aufgabe: Zeichnen Sie die Wohnzimmerecke mit Regalwand, Sitzgruppe, Fernseher und Fenster als Übereckperspektive mit Fluchtpunkt in Augenhöhe.

Ermitteln von wahren Größen

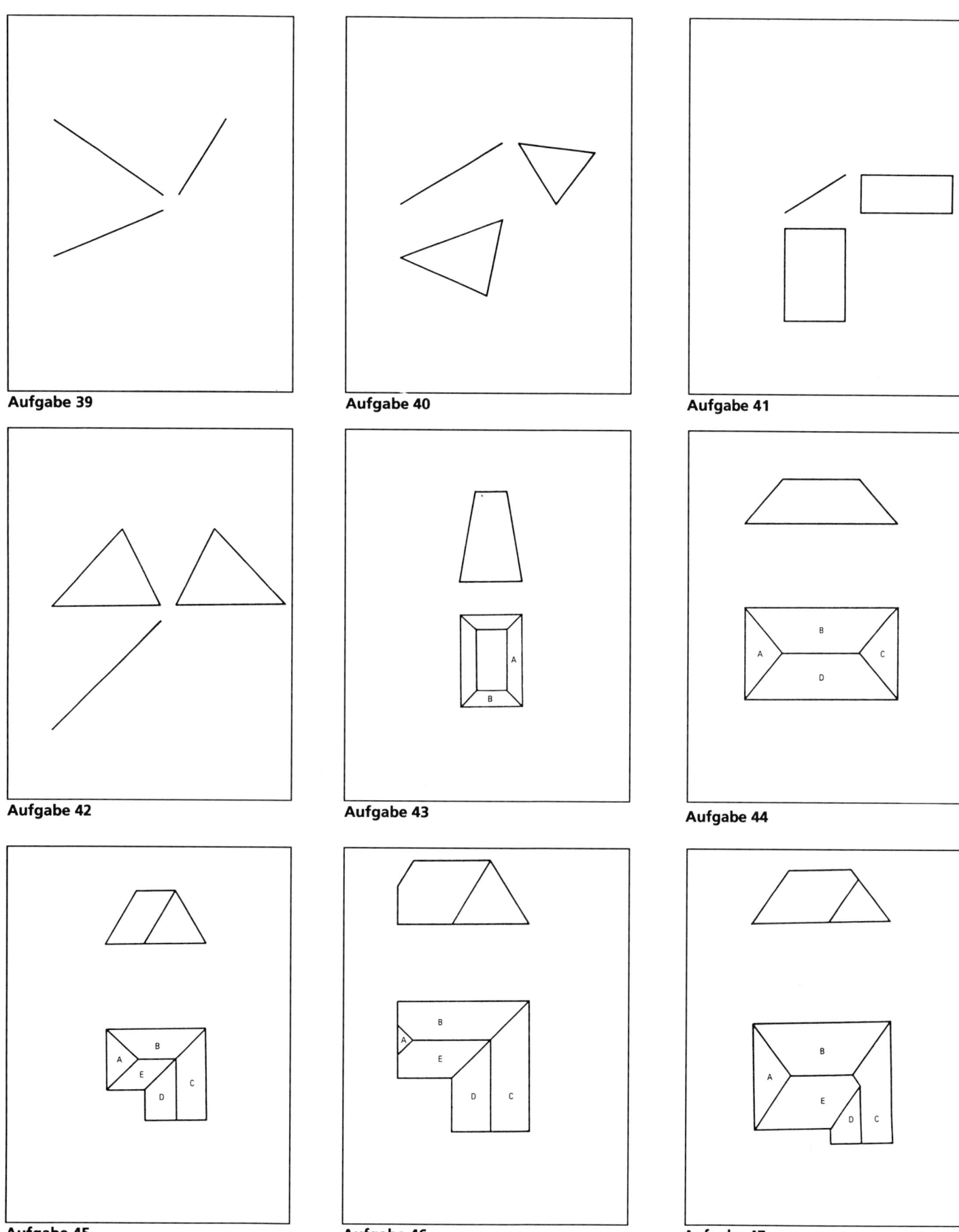

Aufgabe 39

Aufgabe 40

Aufgabe 41

Aufgabe 42

Aufgabe 43

Aufgabe 44

Aufgabe 45

Aufgabe 46

Aufgabe 47

Aufgabe: Ermitteln Sie die wahre Größe der Geraden, des Dreiecks, des Rechtecks, des Betonsockels und der Dachflächen.

Zu Kapitel 5.6: Mauerbogen

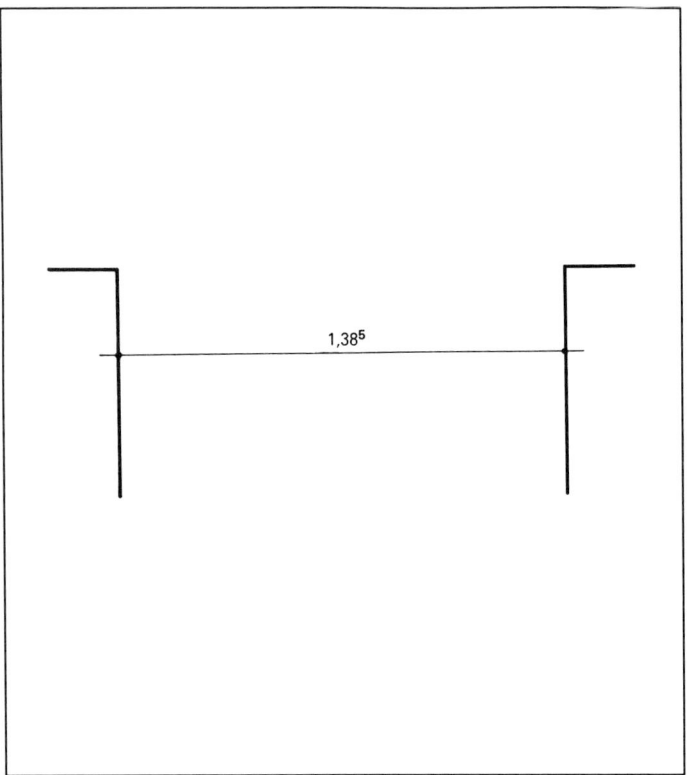

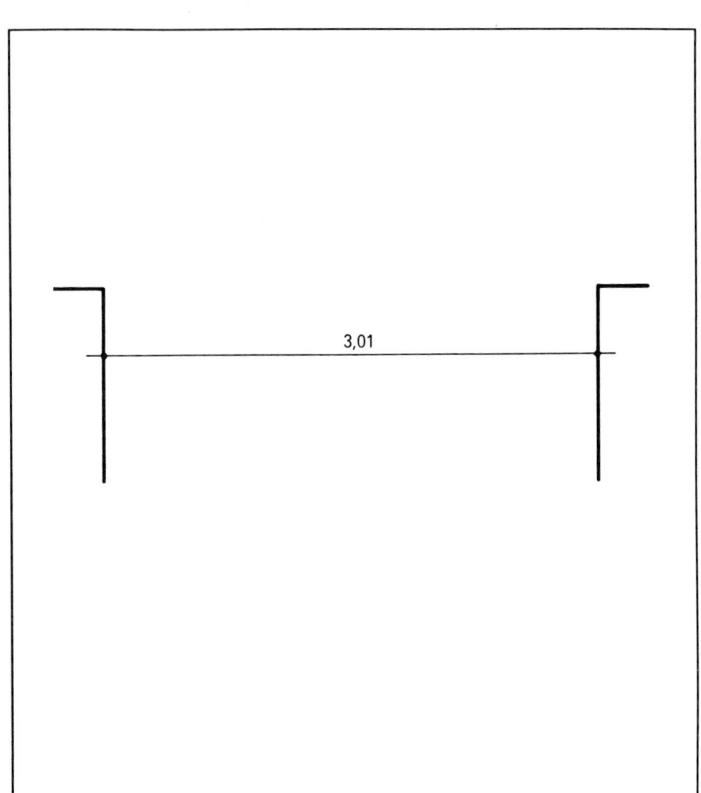

Aufgabe 48

Die gegebene Fensteröffnung innerhalb einer 11,5 cm dicken Wand soll mit einem Flachbogen überdeckt werden. Zeichnen Sie die Bogensteine und das Mauerwerk als Verblendung im M 1 : 10.

Aufgabe 49

Die Fensteröffnung innerhalb einer 24 cm dicken Wand soll durch einen Korbbogen mit drei Einsetzpunkten überdeckt werden. Zeichnen Sie die Bogensteine im M 1 : 20.

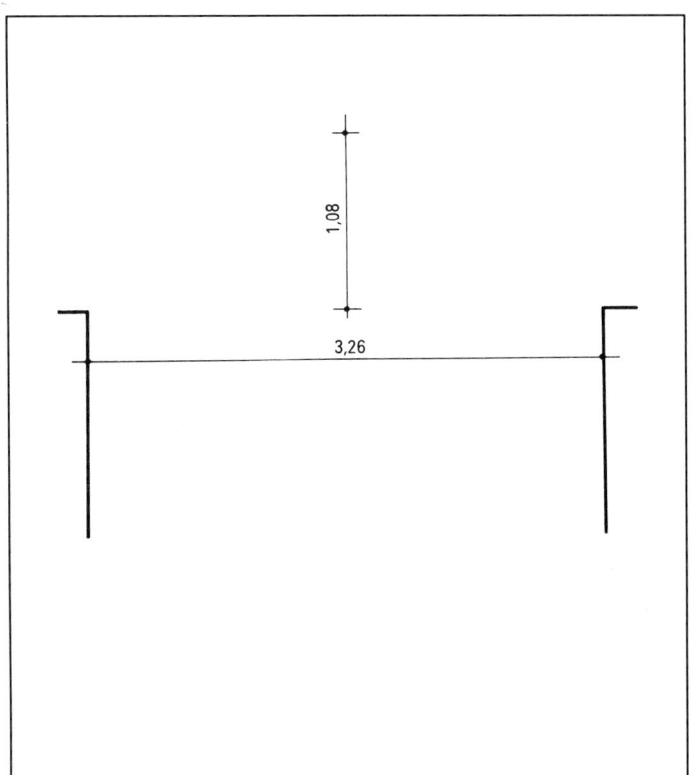

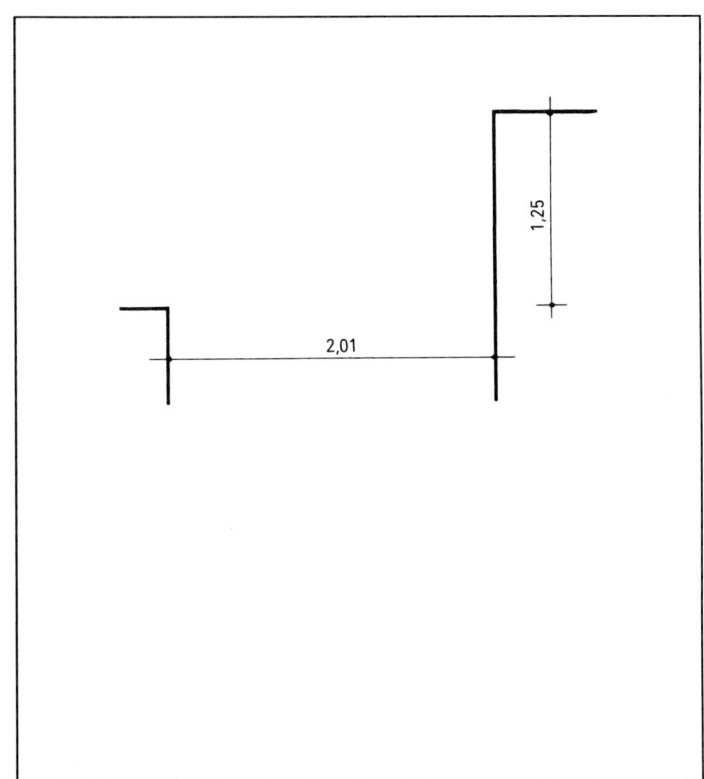

Aufgabe 50

Die Fensteröffnung soll durch einen Korbbogen mit fünf Einsetzpunkten überdeckt werden. Zeichnen Sie den Bogen im M 1 : 20.

Aufgabe 51

Die Fensteröffnung innerhalb einer 24 cm dicken Wand soll mit einem steigenden Bogen überdeckt werden. Zeichnen Sie den Bogen im M 1 : 20.

Zu den Kapiteln 6.3 und 6.4: Fenster und Türen

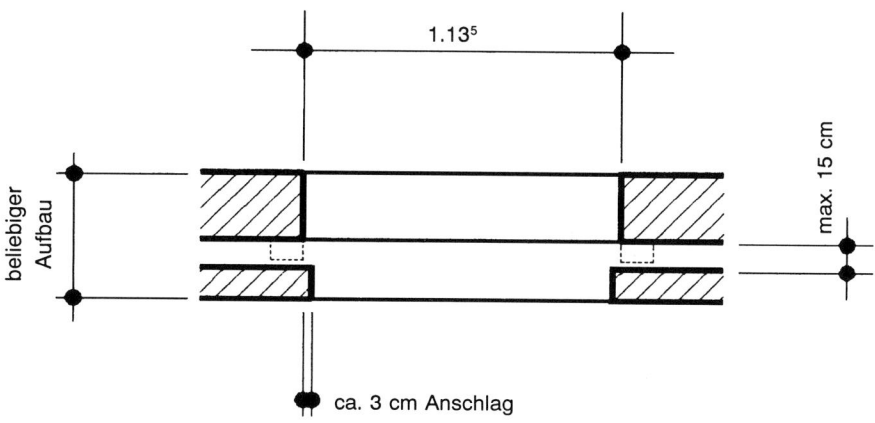

Aufgabe 52

Zeichnen Sie den waagerechten und senkrechten Schnitt im Maßstab 1 : 5 durch das Fenster.
Wählen Sie die Höhe und den Wandaufbau selbst. Richten Sie sich nach regionalen Ausführungsarten.

Zu Kapitel 11.2: Werkzeichnung

Aufgabe 53

Zeichnen Sie zu den gegebenen Grundrissen der Bilder 11.2 und
11.3 die Ansicht Süd im M 1 : 100 und im M 1 : 50.

Aufgabe 54

Zeichnen Sie zu den gegebenen Grundrissen der Bilder 11.2 und
11.3 die Ansicht Ost im M 1 : 100 und im M 1 : 50.

Zu Kapitel 6.5: Treppen

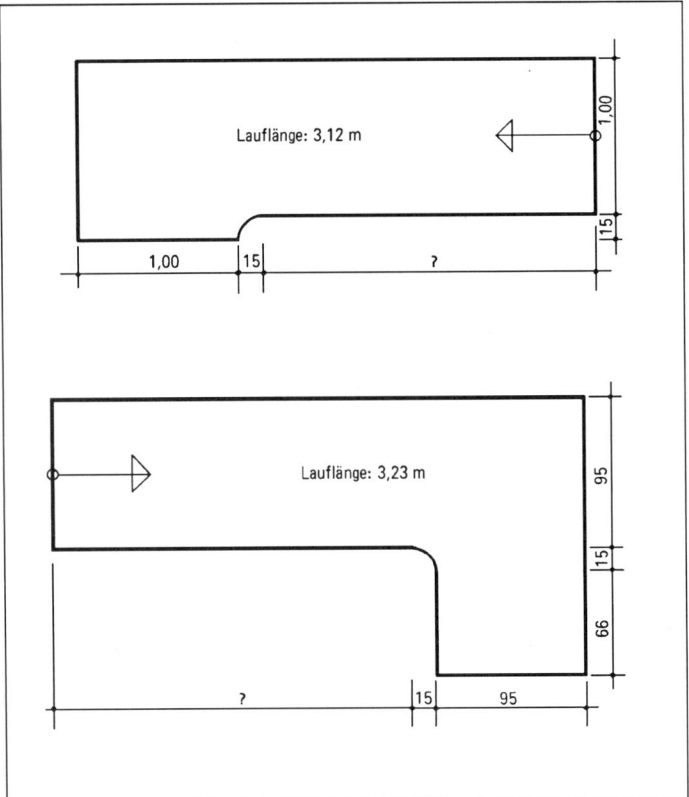

Aufgabe 55

Berechnen Sie jeweils die Länge der Treppe und zeichnen Sie die Draufsicht im M 1 : 20.

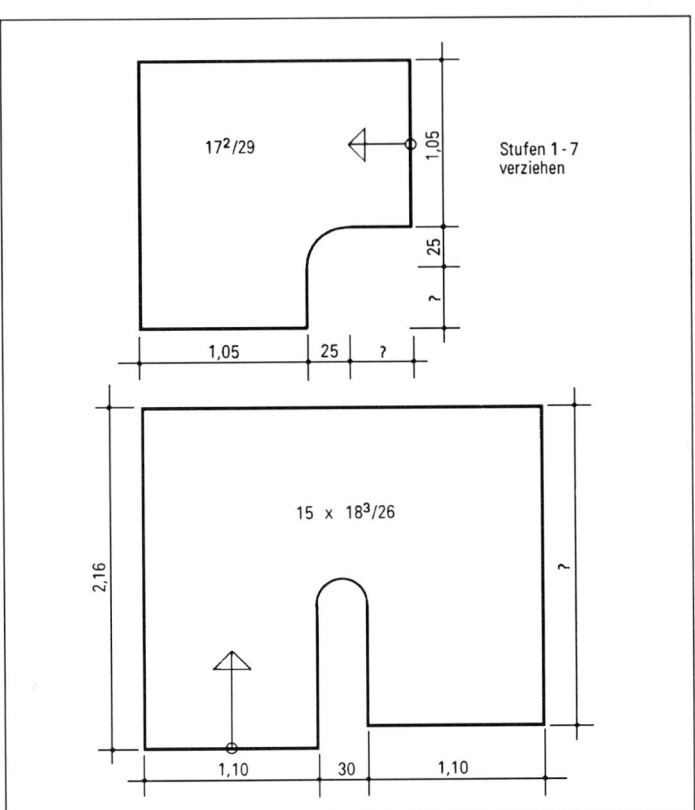

Aufgabe 56

Zeichnen Sie beide Treppen in der Draufsicht im M 1 : 20.

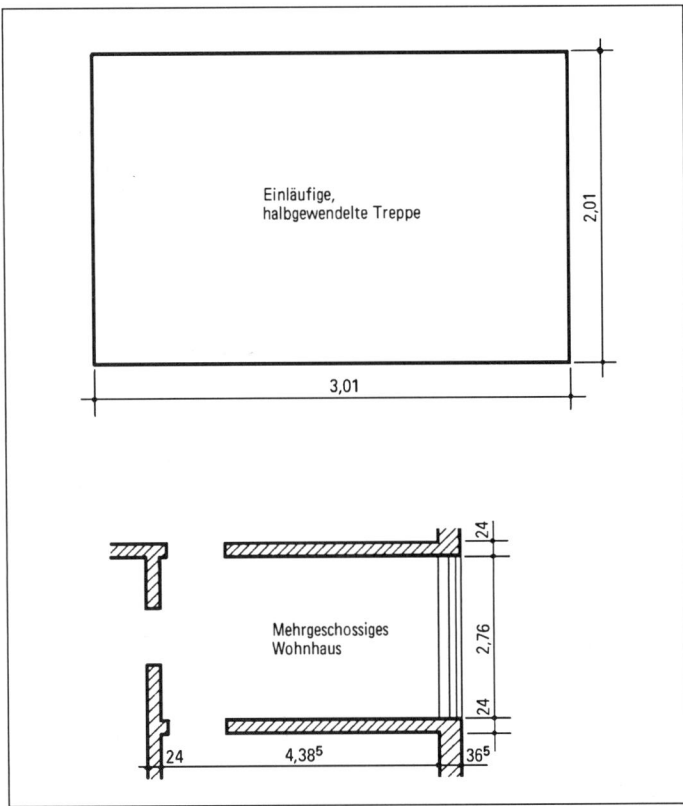

Aufgabe 57

Ermitteln Sie für beide Treppen ein bequemes Steigungsverhältnis und zeichnen Sie die Draufsichten im M 1 : 20 bzw. 1 : 50.

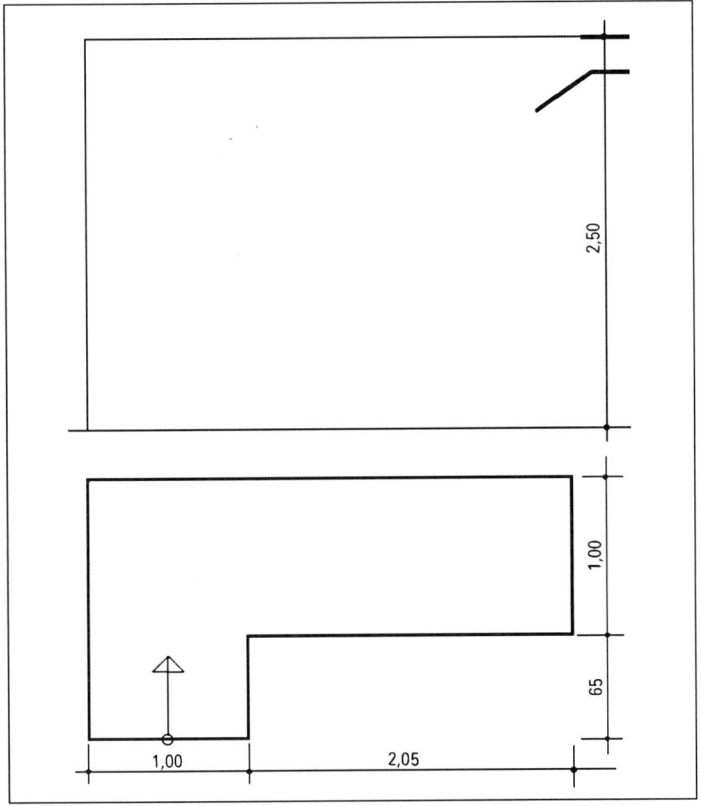

Aufgabe 58

Zeichnen Sie die einläufige, im Antritt viertelgewendelte Kellergeschoßtreppe in der Ansicht und Draufsicht im M 1 : 20.

A 3 Lösungen

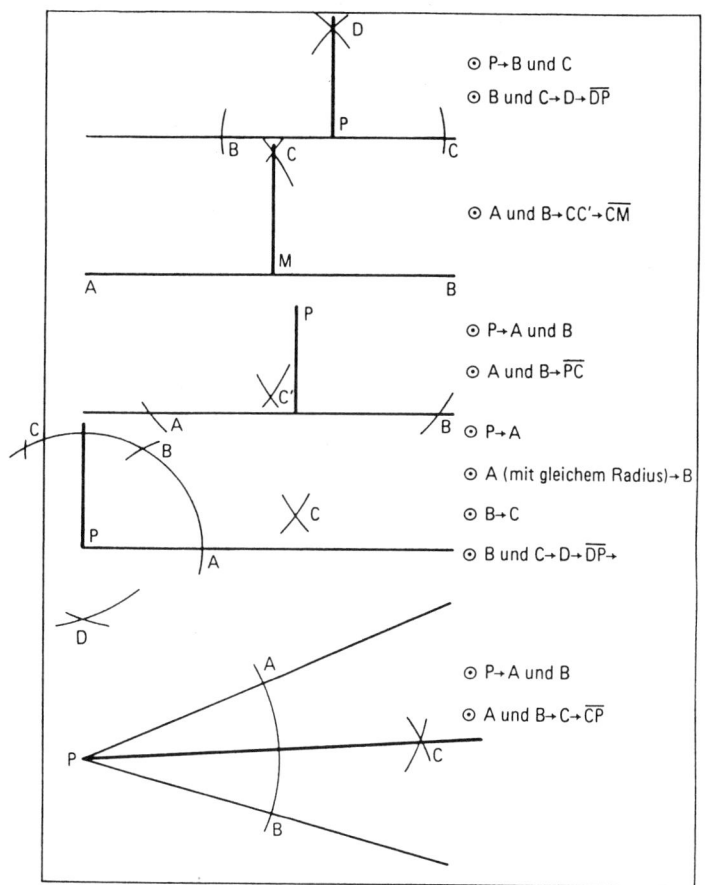

Lösung zu Aufgabe 1

⊙ P→B und C

⊙ B und C→D→$\overline{DP}$

⊙ A und B→CC'→$\overline{CM}$

⊙ P→A und B

⊙ A und B→$\overline{PC}$

⊙ P→A

⊙ A (mit gleichem Radius)→B

⊙ B→C

⊙ B und C→D→$\overline{DP}$→

⊙ P→A und B

⊙ A und B→C→$\overline{CP}$

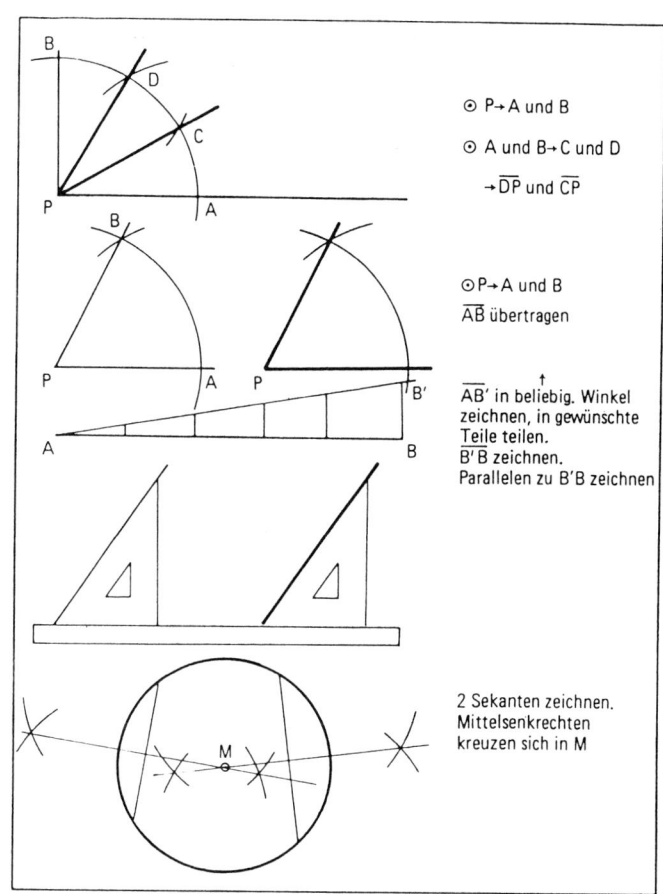

Lösung zu Aufgabe 2

⊙ P→A und B

⊙ A und B→C und D

→$\overline{DP}$ und $\overline{CP}$

⊙ P→A und B
$\overline{AB}$ übertragen

$\overset{\uparrow}{\overline{AB'}}$ in beliebig. Winkel
zeichnen, in gewünschte
Teile teilen.
$\overline{B'B}$ zeichnen.
Parallelen zu B'B zeichnen

2 Sekanten zeichnen.
Mittelsenkrechten
kreuzen sich in M

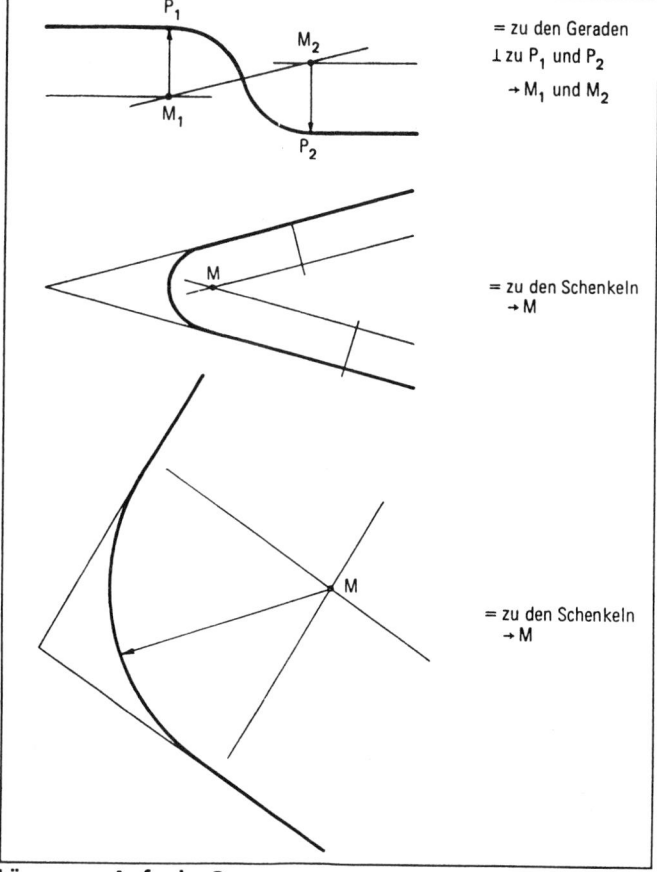

Lösung zu Aufgabe 3

= zu den Geraden
⊥ zu P_1 und P_2
→ M_1 und M_2

= zu den Schenkeln
→ M

= zu den Schenkeln
→ M

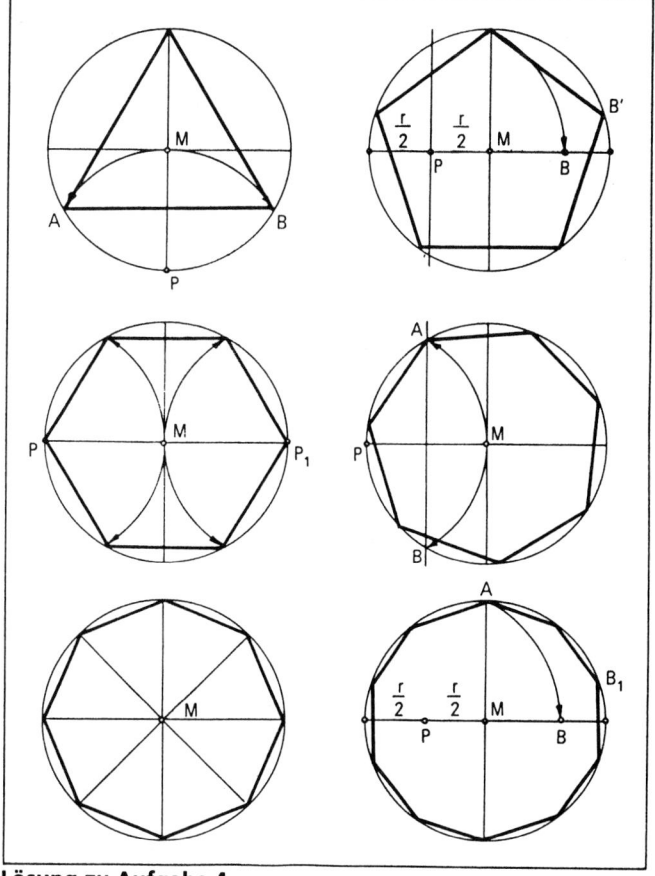

Lösung zu Aufgabe 4

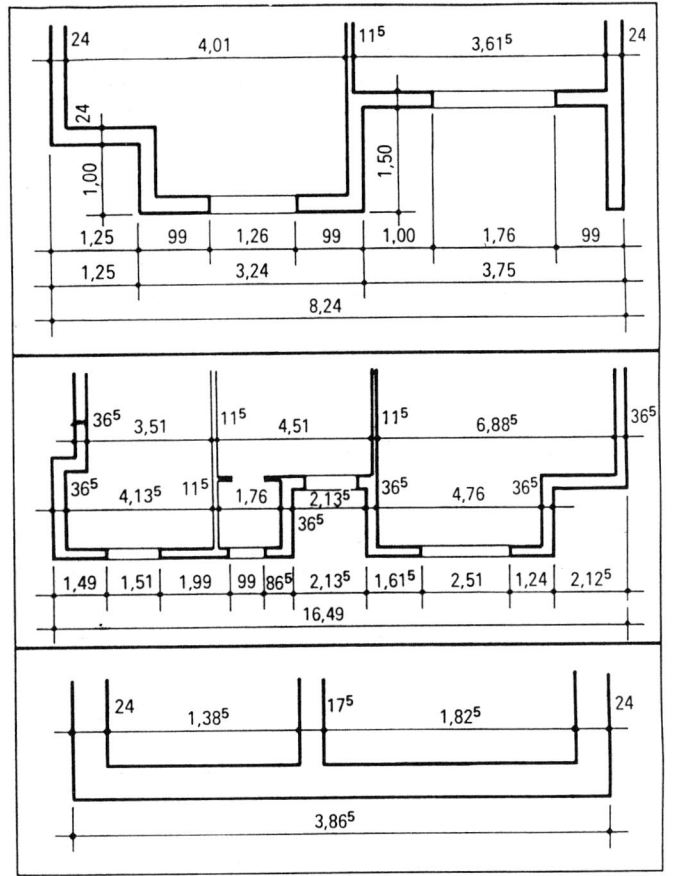

Lösung zu Aufgabe 5a

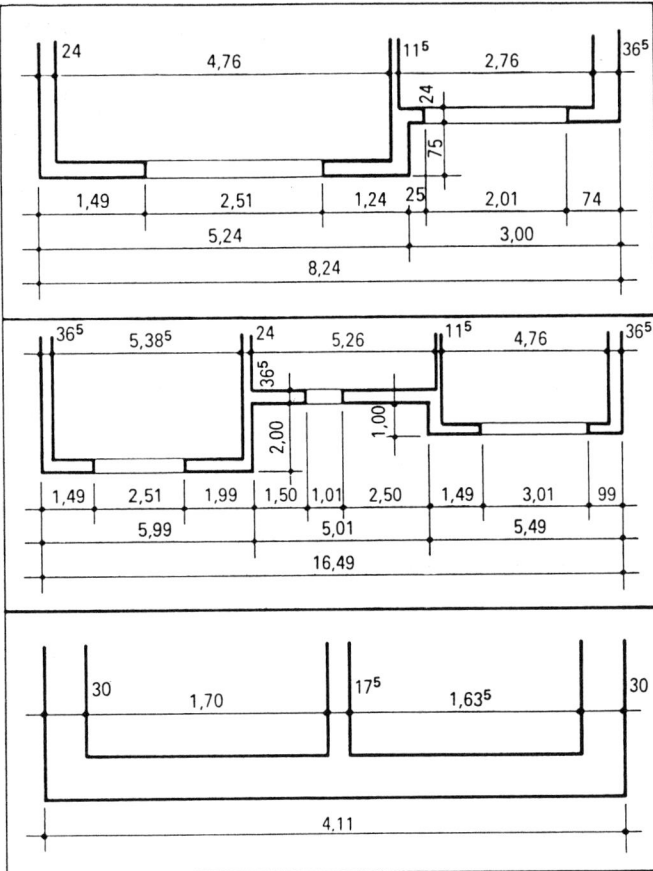

Lösung zu Aufgabe 5b

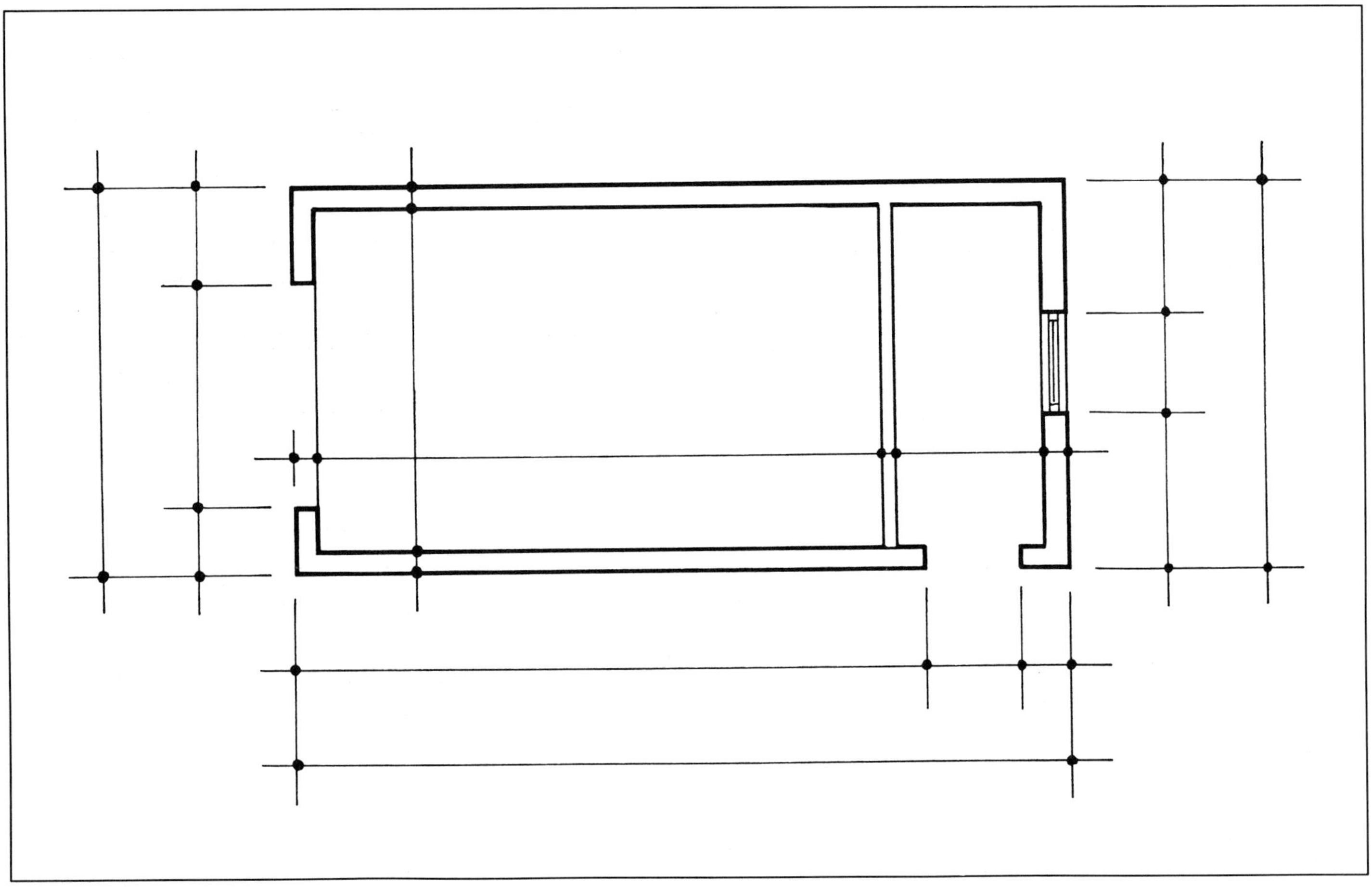

Lösung zu Aufgabe 6

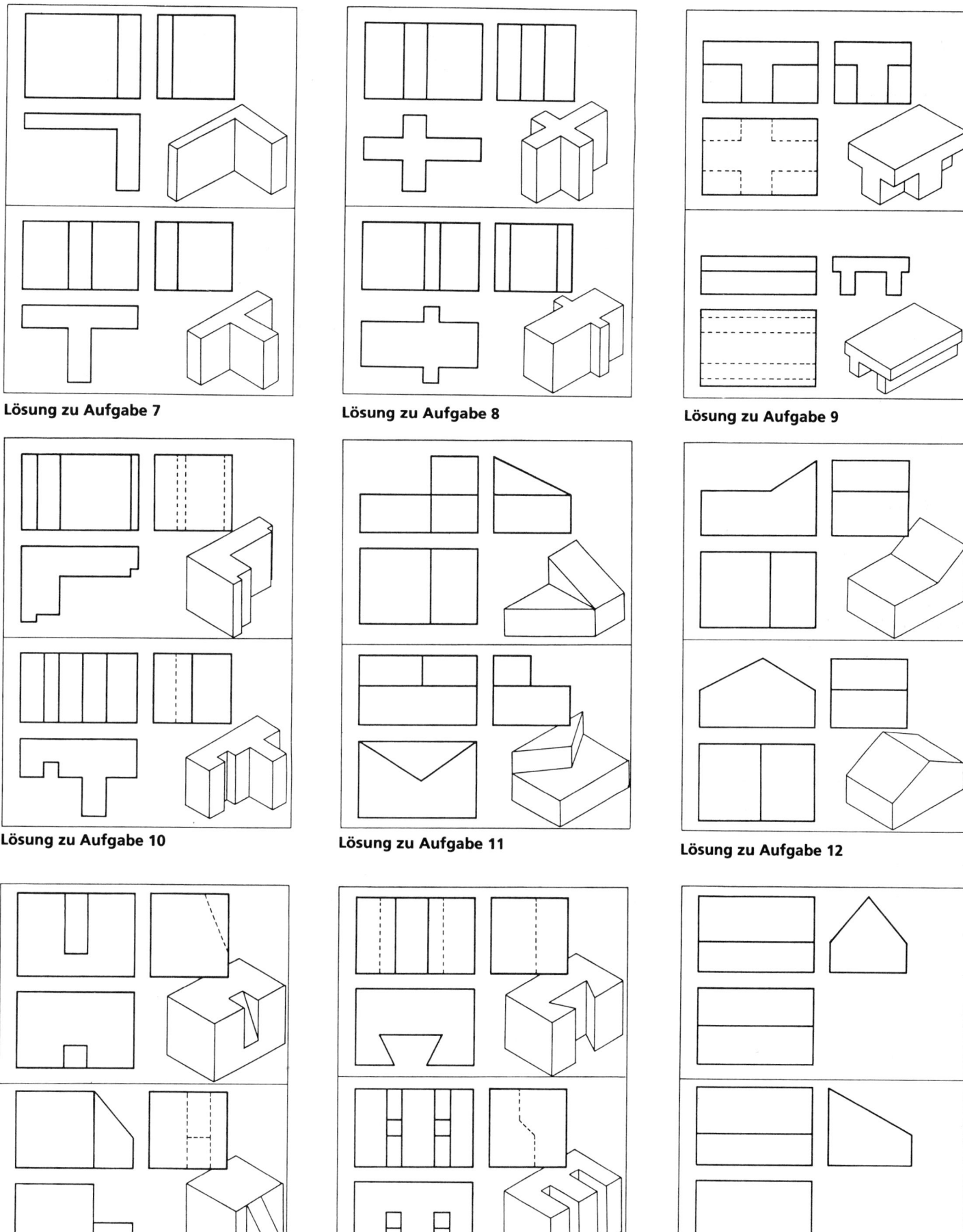

Lösung zu Aufgabe 7

Lösung zu Aufgabe 8

Lösung zu Aufgabe 9

Lösung zu Aufgabe 10

Lösung zu Aufgabe 11

Lösung zu Aufgabe 12

Lösung zu Aufgabe 13

Lösung zu Aufgabe 14

Lösung zu Aufgabe 15

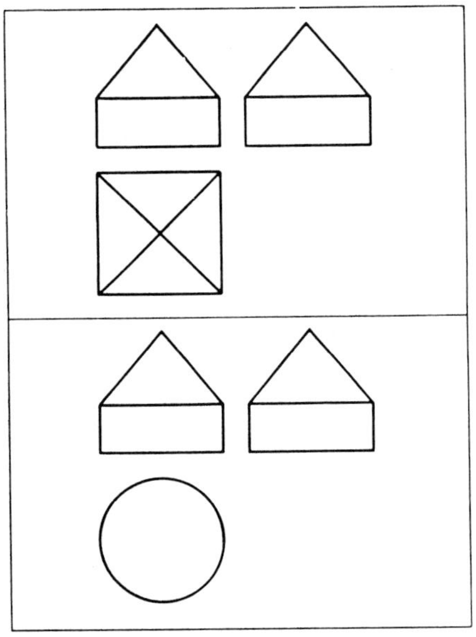

Lösung zu Aufgabe 16

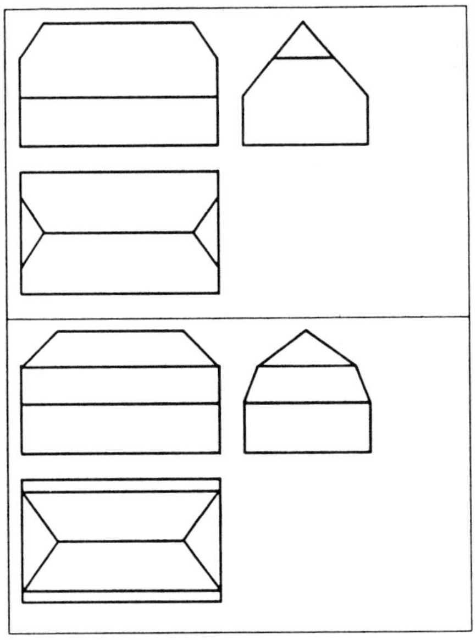

Lösung zu Aufgabe 17

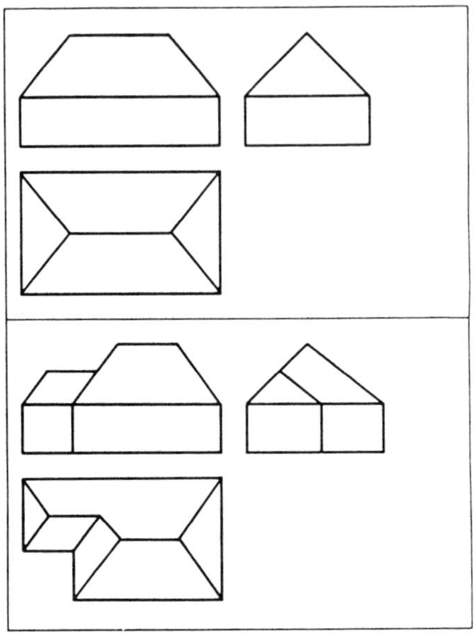

Lösung zu Aufgabe 18

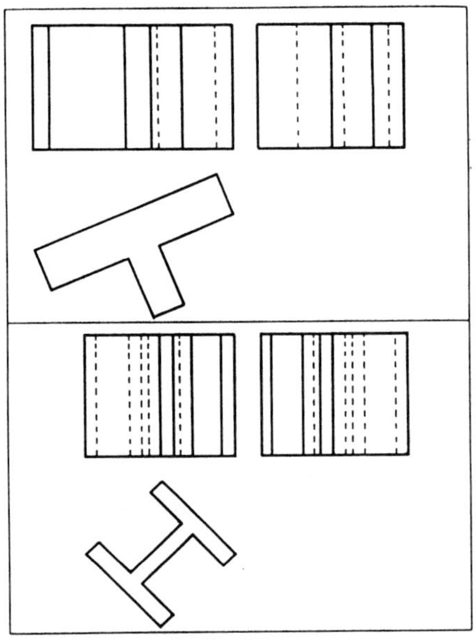

Lösung zu Aufgabe 19

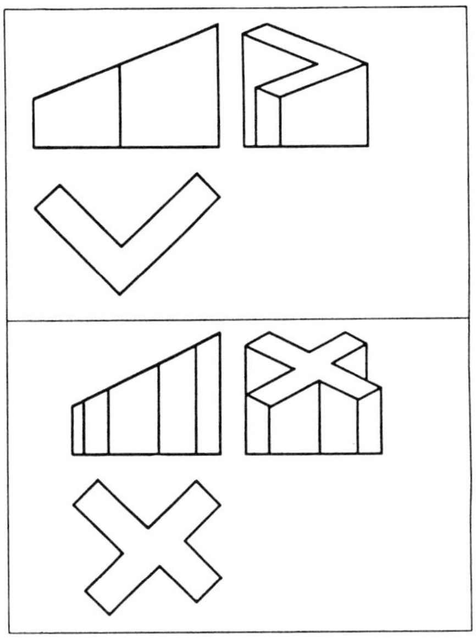

Lösung zu Aufgabe 20

Lösung zu Aufgabe 21

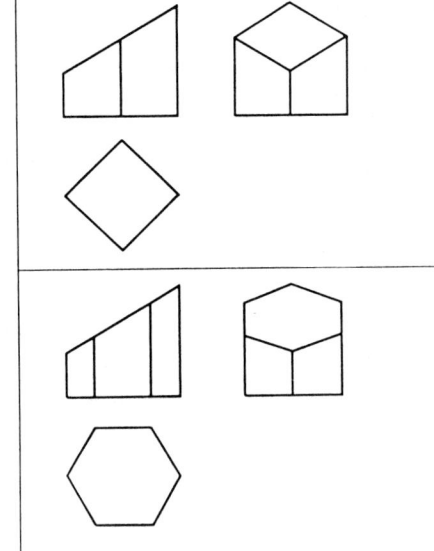

Lösung zu Aufgabe 22

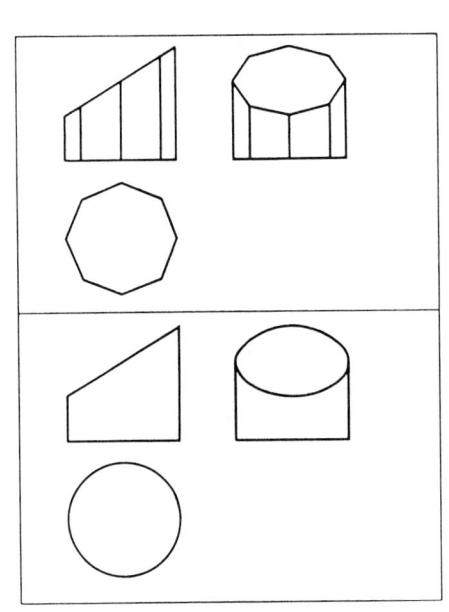

Lösung zu Aufgabe 23

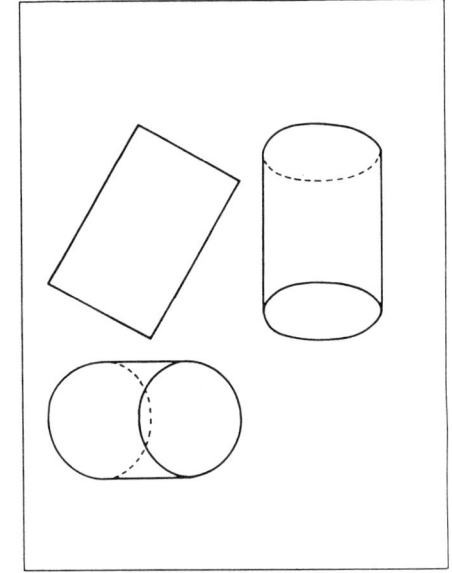

Lösung zu Aufgabe 24

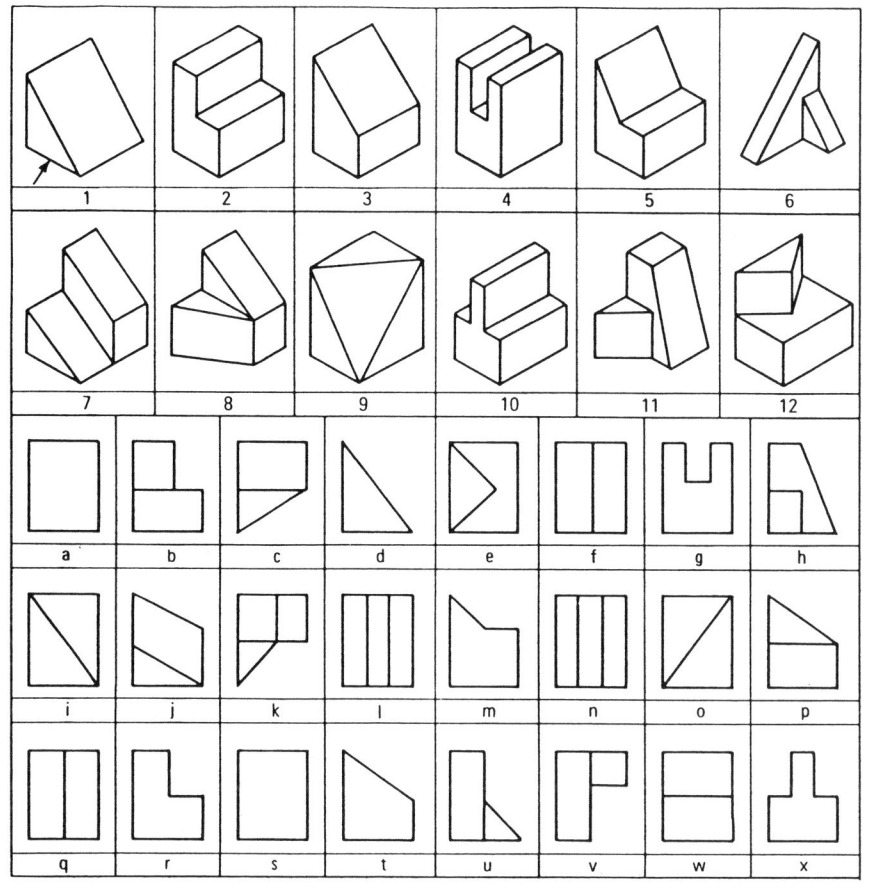

Lösung zu Aufgabe 25

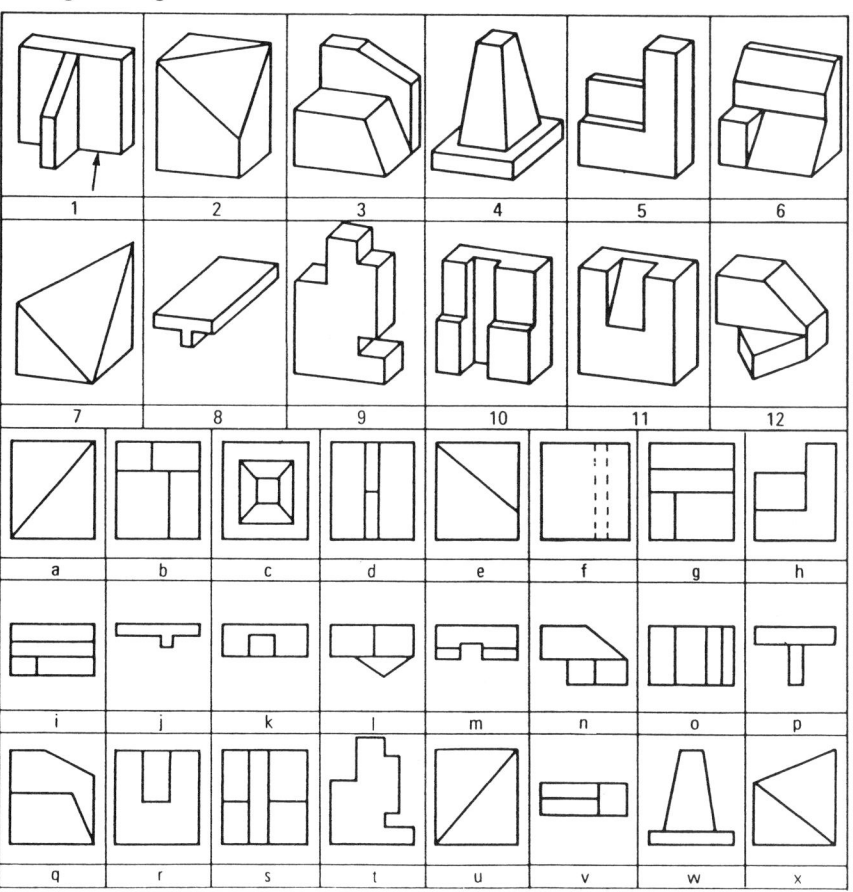

Lösung zu Aufgabe 26

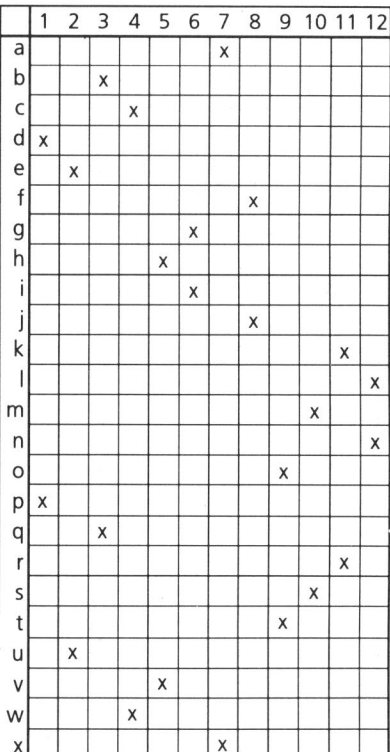

	1	2	3	4	5	6	7	8	9	10	11	12
a	x		(x)									
b												x
c								x				
d	x											
e												x
f		(x)			x							
g			x									
h										x		
i									x			
j						x						
k										x		
l				(x)					x			
m					x							
n				x					(x)			
o									x			
p								x				
q		x		(x)								
r		x										
s	(x)		x									
t			x									
u						x						
v						x						
w							x					
x								x				

(x) mehrere Lösungen möglich

	1	2	3	4	5	6	7	8	9	10	11	12
a							x					
b			x									
c				x								
d	x											
e		x										
f								x				
g						x						
h					x							
i						x						
j							x					
k										x		
l												x
m									x			
n												x
o									x			
p	x											
q			x									
r											x	
s										x		
t									x			
u		x										
v					x							
w				x								
x							x					

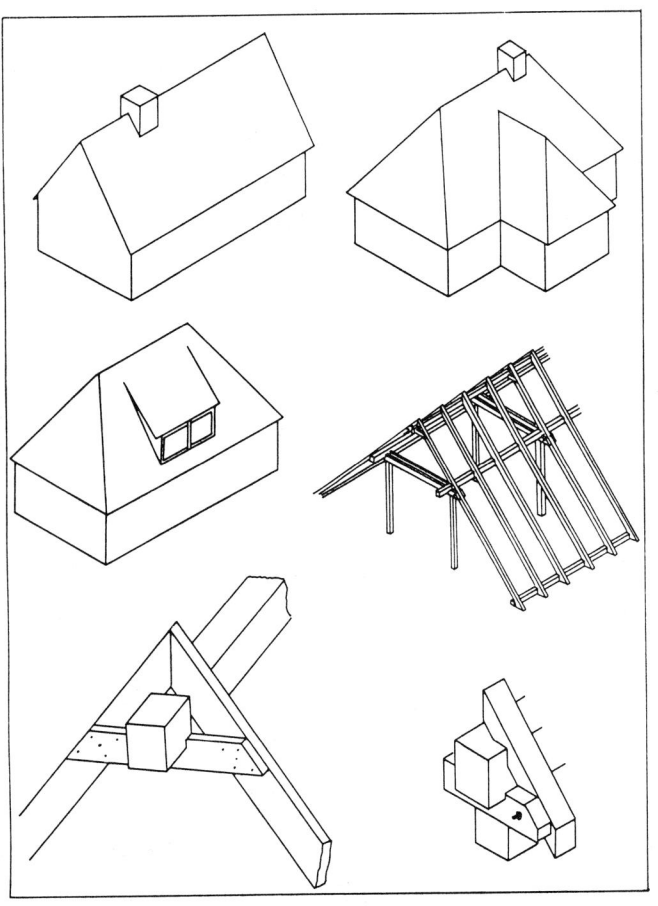

Lösung zu den Aufgaben 27 bis 31

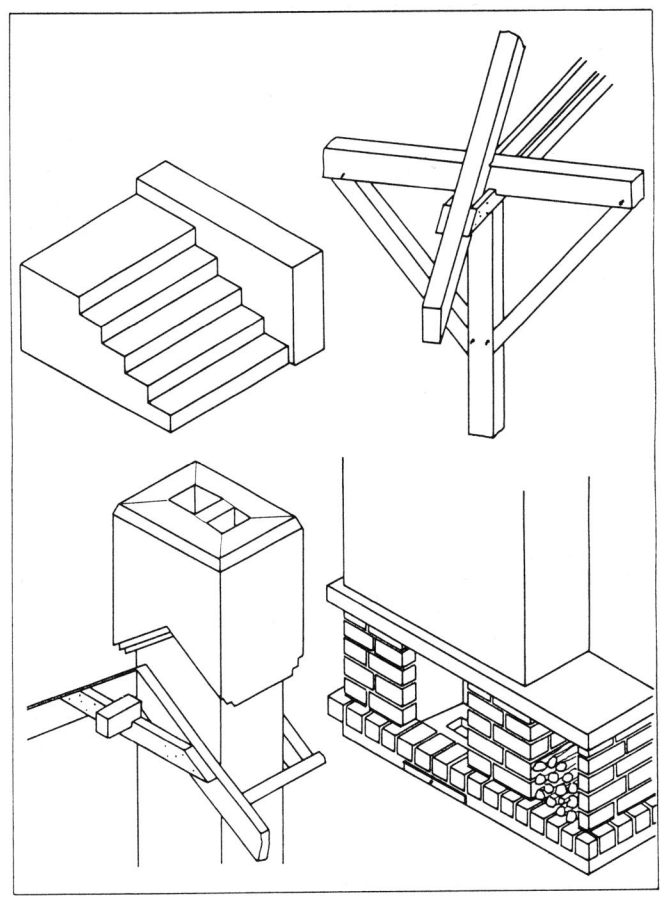

Lösung zu den Aufgaben 32 bis 35

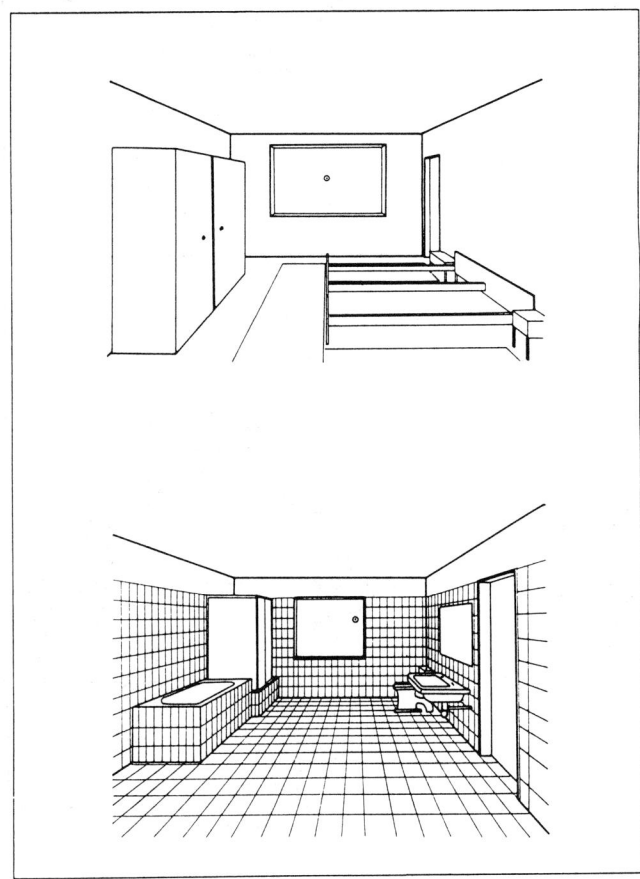

Lösung zu den Aufgaben 36 und 37

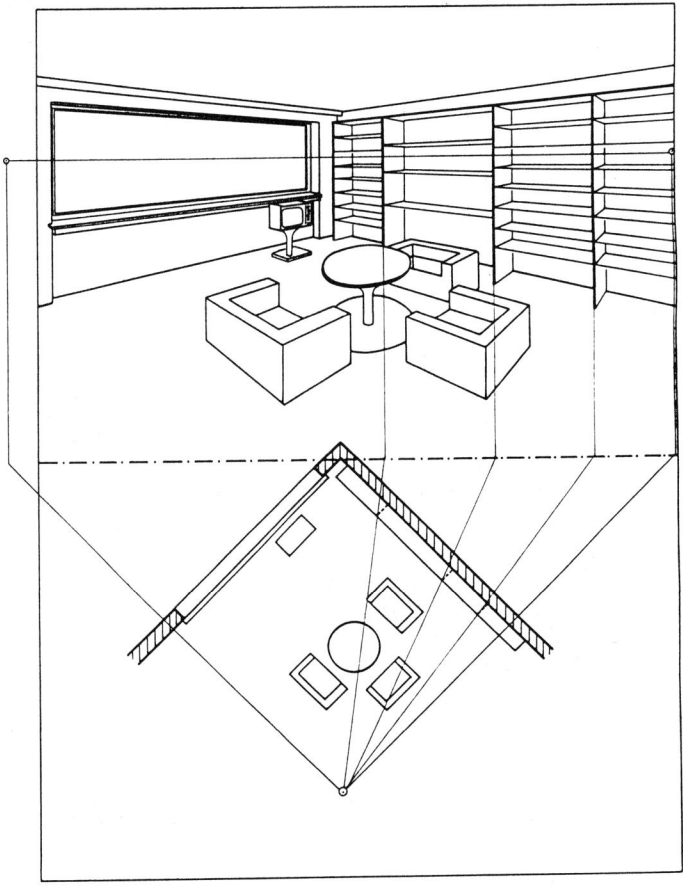

Lösung zu Aufgabe 38

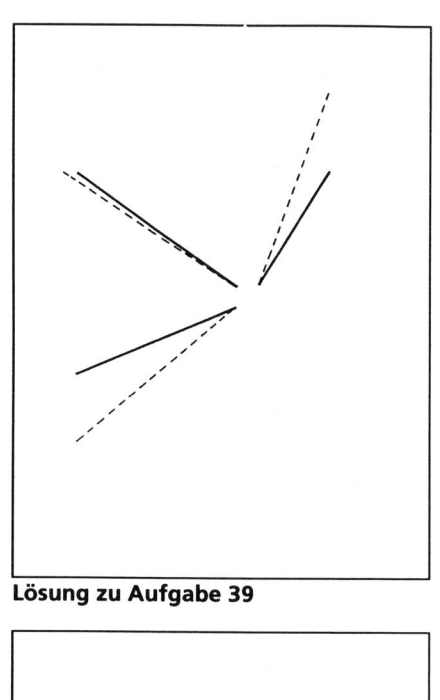

Lösung zu Aufgabe 39

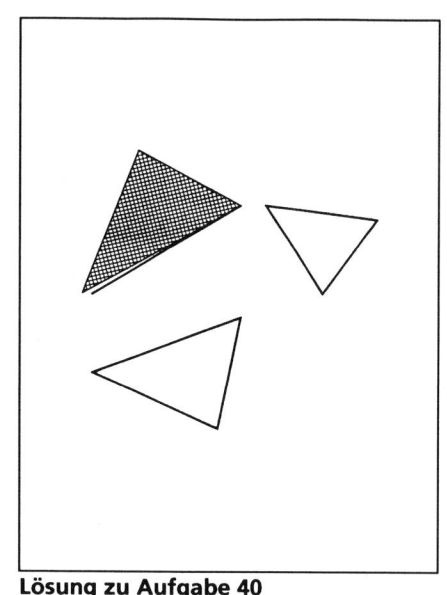

Lösung zu Aufgabe 40

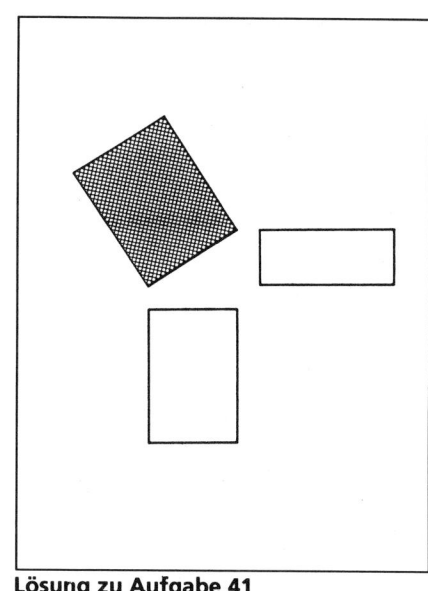

Lösung zu Aufgabe 41

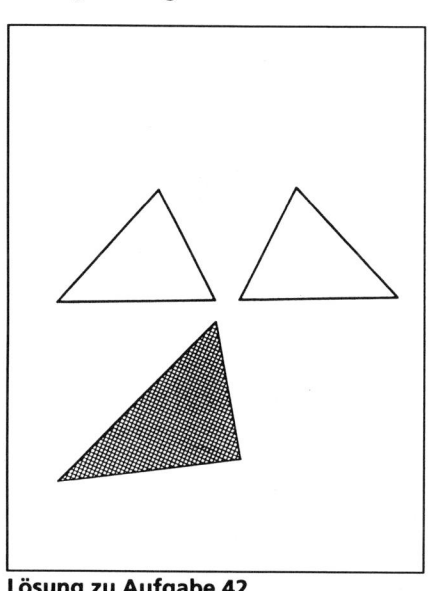

Lösung zu Aufgabe 42

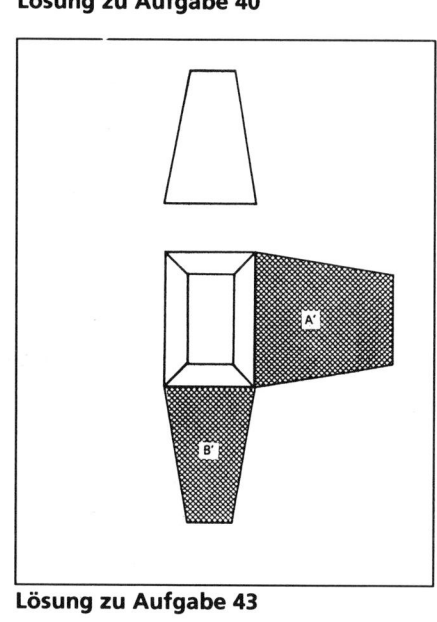

Lösung zu Aufgabe 43

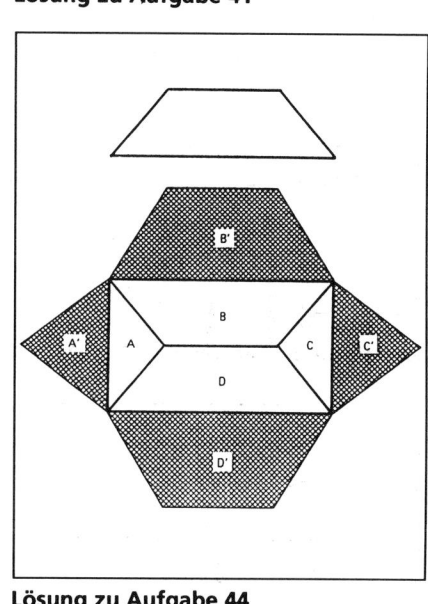

Lösung zu Aufgabe 44

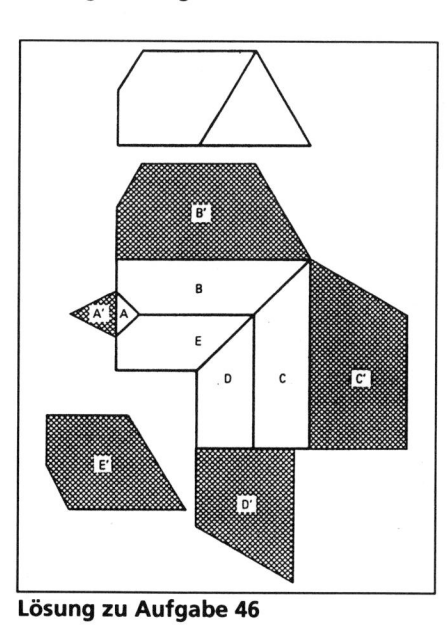

Lösung zu Aufgabe 45

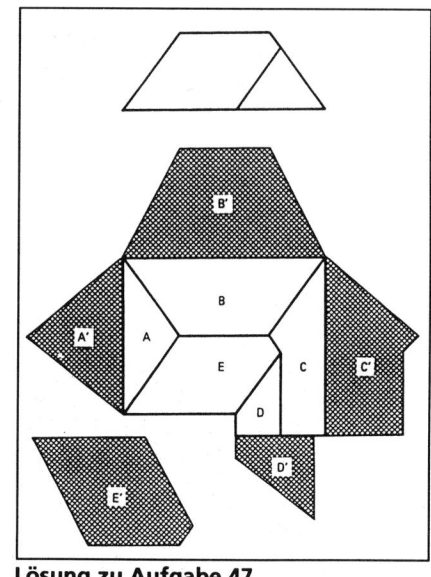

Lösung zu Aufgabe 46

Lösung zu Aufgabe 47

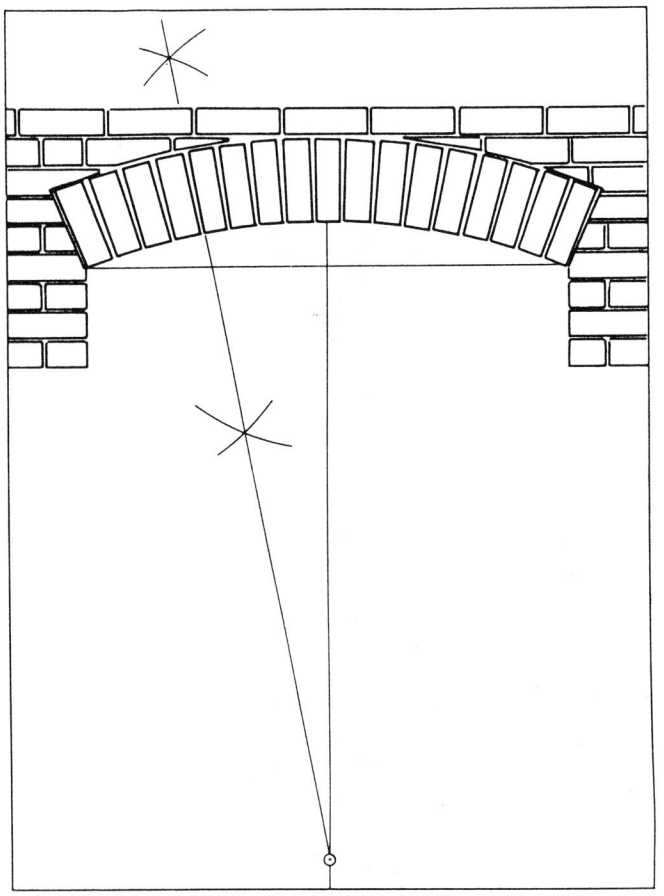

Lösung zu Aufgabe 48

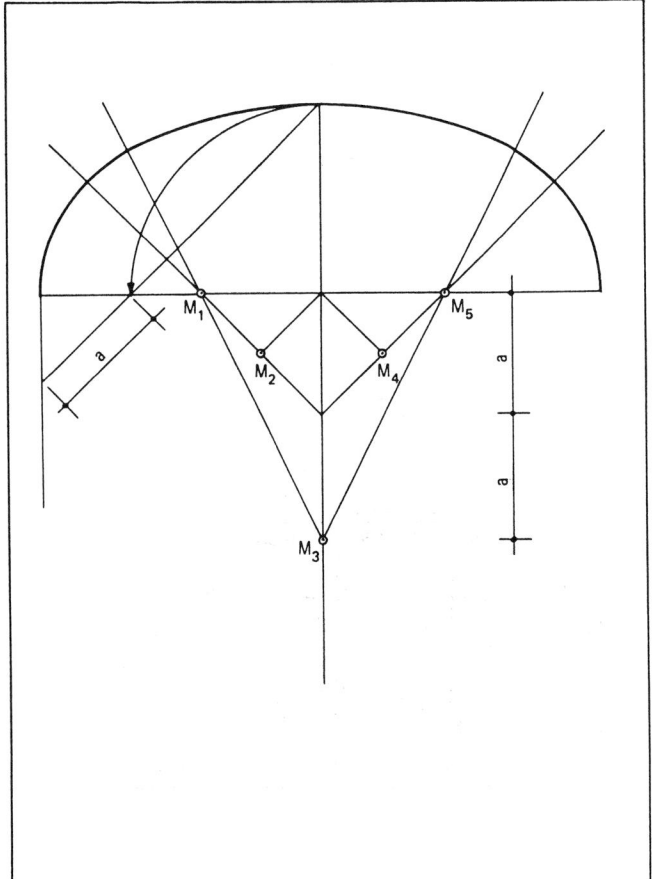

Lösung zu Aufgabe 50

Lösung zu Aufgabe 49

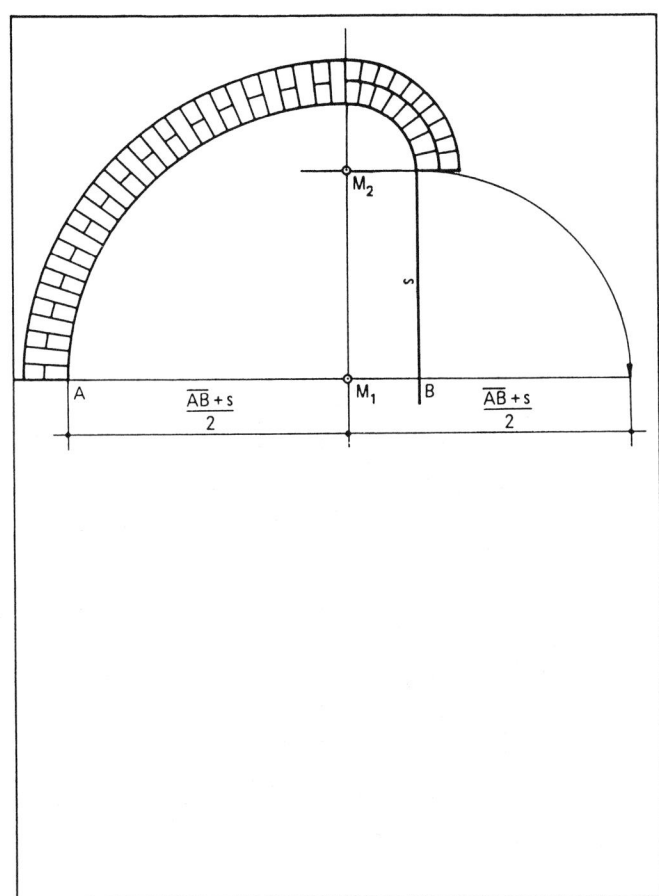

Lösung zu Aufgabe 51

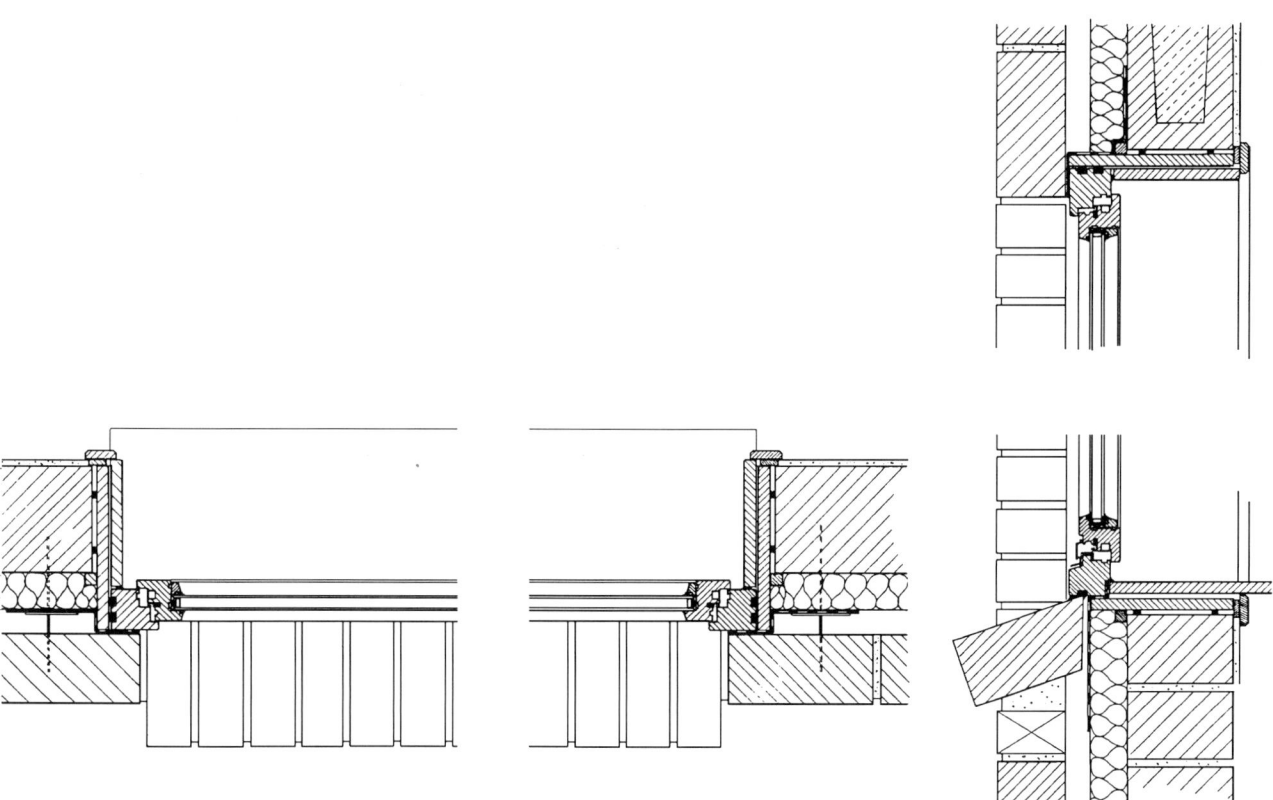

Lösung zu Aufgabe 52

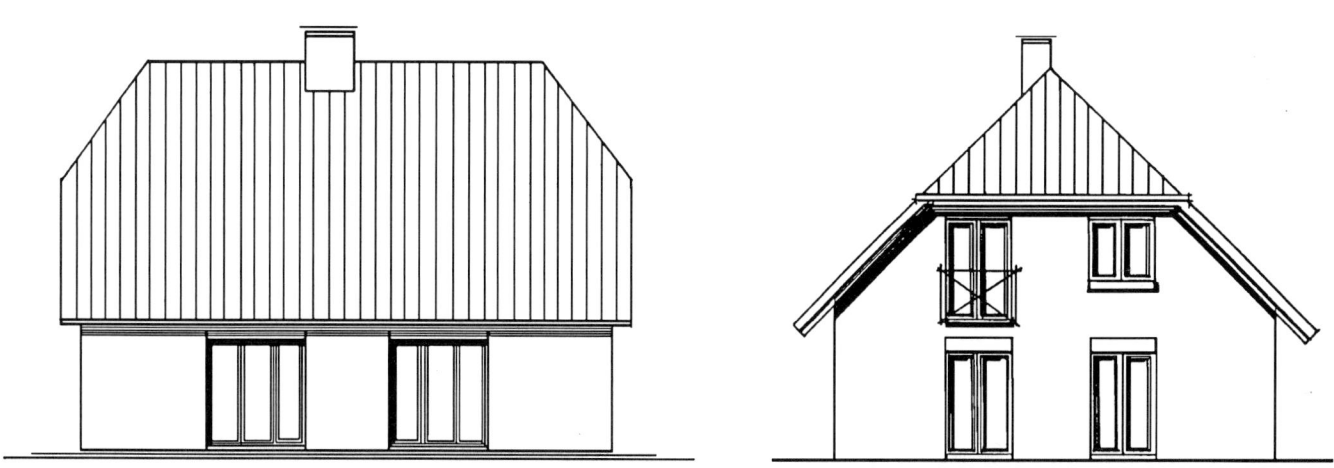

Lösung zu Aufgabe 53   **Lösung zu Aufgabe 54**

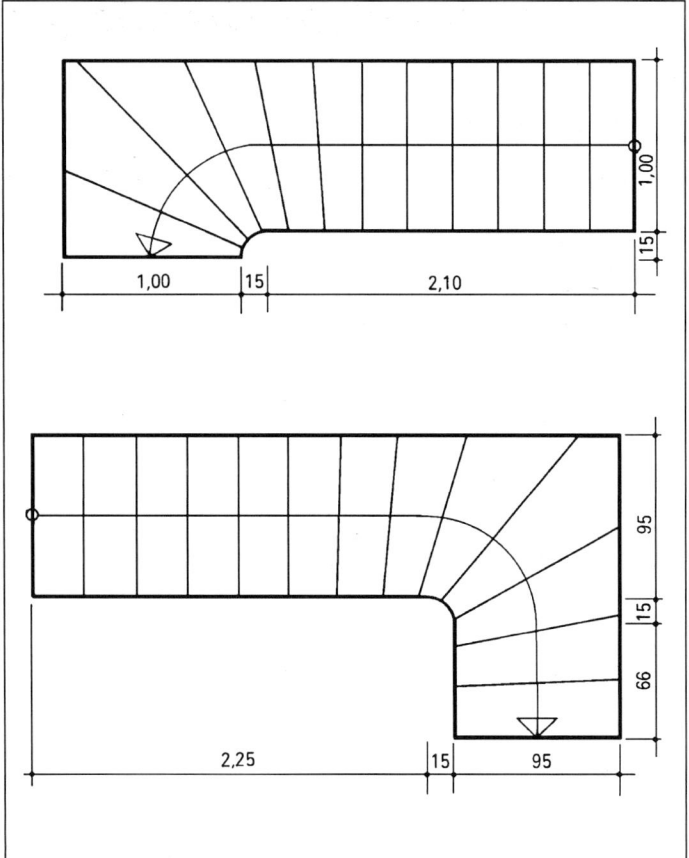

Lösung zu Aufgabe 55

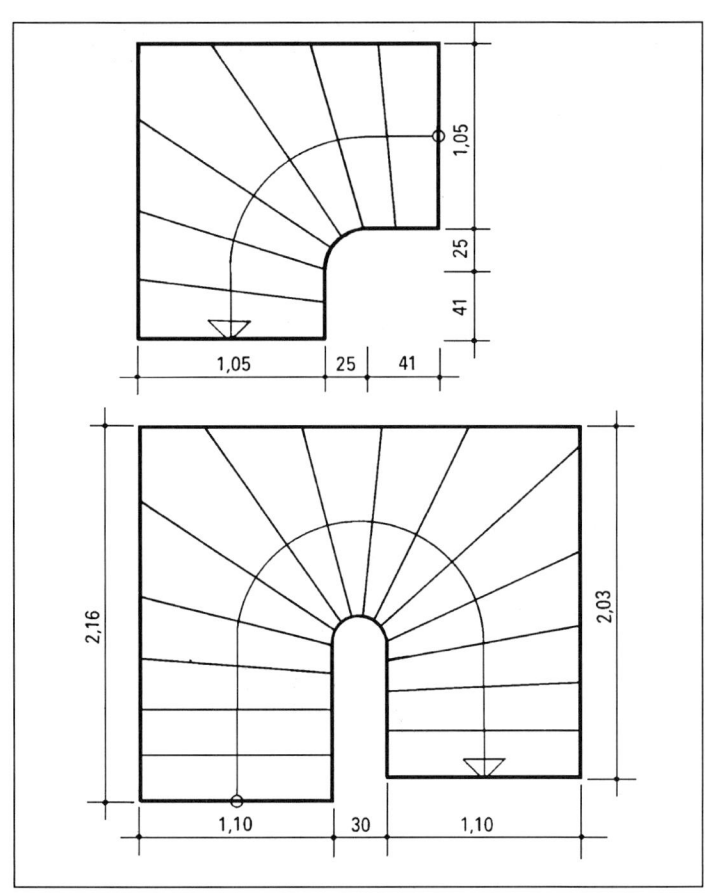

Lösung zu Aufgabe 56

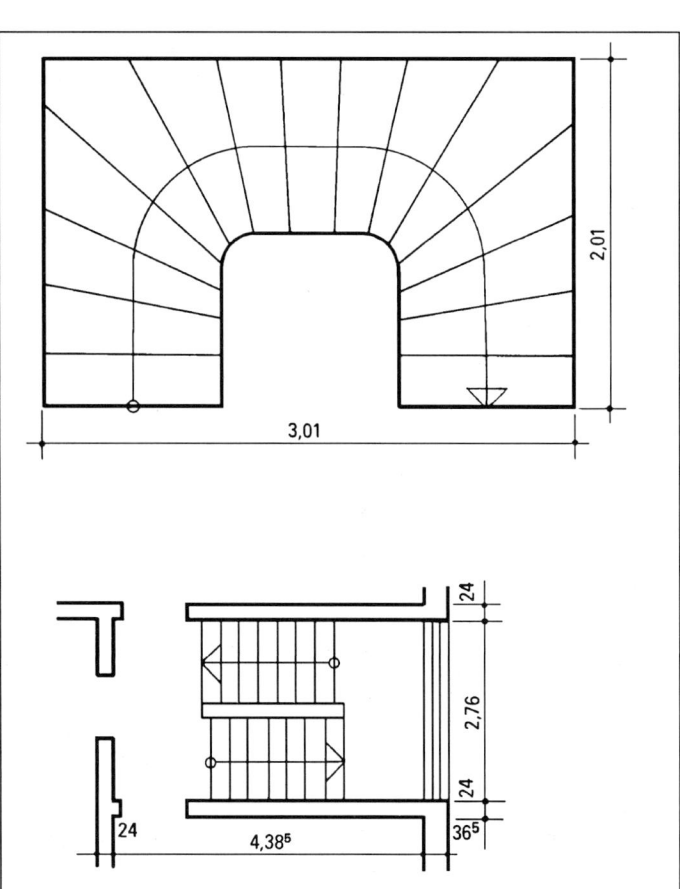

Lösung zu Aufgabe 57

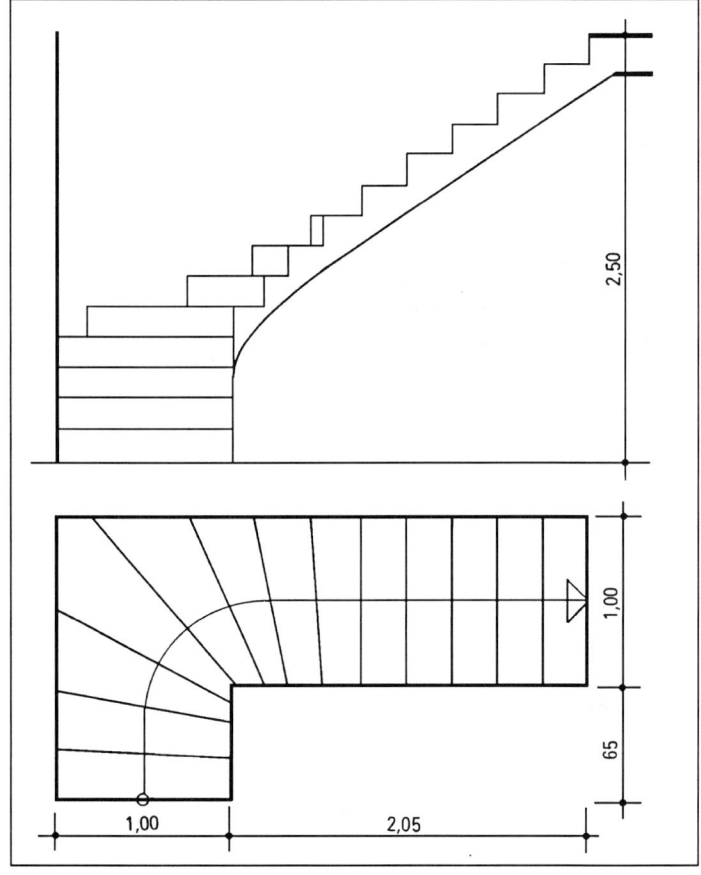

Lösung zu Aufgabe 58

A 4 Verzeichnis der wichtigsten Normen und anderer Unterlagen

DIN 6 Teil 1   12/86
Technische Zeichnungen; Darstellungen in Normalprojektion; Ansichten und besondere Darstellungen

DIN 6 Teil 2   12/86
Technische Zeichnungen; Darstellungen in Normalprojektion; Schnitte

DIN 15 Teil 1   6/84
Technische Zeichnungen; Linien; Grundlagen

DIN 105 Teil 1   8/89
Mauerziegel; Vollziegel und Hochlochziegel

DIN 105 Teil 2   8/89
Mauerziegel; Leichthochlochziegel

DIN 105 Teil 3   5/84
Mauerziegel; hochfeste Ziegel und hochfeste Klinker

DIN 105 Teil 4   5/84
Mauerziegel; Keramikklinker

DIN 105 Teil 5   5/84
Mauerziegel; Leichtlanglochziegel und Leichlangloch-Ziegelplatten

DIN 106 Teil 1   9/80
Kalksandsteine; Vollsteine, Lochsteine, Blocksteine, Hohlblocksteine

E DIN 106 T1 A1   9/89
Kalksandsteine; Vollsteine, Lochsteine, Blocksteine, Hohlblocksteine; Änderung 1

DIN 106 Teil 2   11/80
Kalksandsteine; Vormauersteine und Verblender

DIN 107   4/74
Bezeichnung mit links oder rechts im Bauwesen

DIN 276   6/93
Kosten im Hochbau
(DIN 276 1-3   4/81 können für die Ermittlung der anrechenbaren Kosten im Rahmen der Honorarermittlung nach HOAI bis zur Anpassung der HOAI an die jetzige DIN 276   6/93 weiterhin angewendet werden.)

DIN 277 Teil 1   6/87
Grundflächen und Rauminhalte von Bauwerken im Hochbau; Begriffe, Berechnungsgrundlagen

DIN 406 Teil 10   12/92
Technische Zeichnungen; Maßeintragung; Betriffe, allgemeine Grundlagen

DIN 406 Teil 11   12/92
Technische Zeichnungen; Maßeintragung; Grundlagen der Anwendung

DIN 406 Teil 11/A1   6/94
Technische Zeichnungen; Maßeintragung; Grundlagen der Anwendung; Änderung 1

DIN 406 Teil 12   12/92
Technische Zeichnungen; Maßeintragung; Eintragung von Toleranzen für Längen- und Winkelmaße; ISO 406: 1987, modifiziert

DIN 824   3/81
Technische Zeichnungen; Faltung auf Ablageformat

DIN 919 Teil 1   4/91
Technische Zeichnungen; Holzverarbeitung; Grundlagen

DIN 919 T1 BbL 1   6/91
Technische Zeichnungen; Holzverarbeitung; Grundlagen; Anwendungsbeispiele

DIN 1045   7/88
Beton und Stahlbeton; Bemessung und Ausführung

DIN 1053 Teil 1   2/90
Mauerwerk; Rezeptmauerwerk; Berechnung und Ausführung

DIN 1053 Teil 2   7/84
Mauerwerk; Mauerwerk nach Eignungsprüfung; Berechnung und Ausführung

DIN 1356 Teil 1   2/95
Bauzeichnungen - Teil 1: Grundregeln der Darstellung

DIN 1356 Teil 2 (Entwurf)
Bauzeichnungen; Zeichnungen für die Objektplanung; Arten und Anforderungen

DIN 1356 Teil 3 (Entwurf)
Bauzeichnungen; Zeichnungen für die Tragwerksplanung im Massivbau; Arten und Anforderungen

DIN 1356 Teil 10   2/91
Bauzeichnungen; Bewehrungszeichnungen

DIN 1986 Teil 1   6/88
Entwässerungsanlagen für Gebäude und Grundstücke; Technische Bestimmungen für den Bau

DIN 4108 Beiblatt 1   4/82
Wärmeschutz im Hochbau; Inhaltsverzeichnisse; Stichwortverzeichnis

DIN 4108 Teil 1   8/81
Wärmeschutz im Hochbau; Größen und Einheiten

DIN 4108 Teil 2   8/81
Wärmeschutz im Hochbau; Wärmedämmung und Wärmespeicherung; Anforderungen und Hinweise für Planung und Ausführung

DIN 4108 Teil 3   8/81
Wärmeschutz im Hochbau; Klimabedingter Feuchteschutz; Anforderungen und Hinweise für Planung und Ausführung

DIN 4108 Teil 4   11/91
Wärmeschutz im Hochbau; Wärme- und feuchteschutztechnische Kennwerte

DIN 4108 Teil 5   8/81
Wärmeschutz im Hochbau; Berechnungsverfahren

DIN 4109 Berichtigung 1   8/92
Schallschutz im Hochbau; Anforderungen und Nachweise

DIN 4109 Beiblatt 1   11/89
Schallschutz im Hochbau; Ausführungsbeispiele und Rechenverfahren

DIN 4109 Beiblatt 2   11/89
Schallschutz im Hochbau; Hinweise für Planung und Ausführung; Vorschläge für einen erhöhten Schallschutz; Empfehlungen für den Schallschutz im eigenen Wohn- oder Arbeitsbereich

DIN 4172   7/55
Maßordnung im Hochbau

DIN 6771 Teil 1   12/70
Schriftfelder für Zeichnungen, Pläne und Listen

DIN 6771 Teil 6   4/88
Vordrucke für technische Unterlagen; Zeichnungen

DIN 18 000   5/84
Modulordnung im Bauwesen

DIN 18 012   6/82
Hausanschlußräume; Planungsgrundlagen

DIN 18 064   11/79
Treppen; Begriffe

DIN 18 065   7/84
Gebäudetreppen; Hauptmaße

DIN 18 100   10/83
Türen; Wandöffnungen für Türen; Maße entsprechend DIN 4172

DIN 18 160 Teil 1   2/87
Hausschornsteine; Anforderungen, Planung und Ausführung

DIN 18 195 Teil 1   8/83
Bauwerksabdichtungen; Allgemeines; Begriffe

DIN 18 195 Teil 4   8/83
Bauwerksabdichtungen; Abdichtungen gegen Bodenfeuchtigkeit; Bemessung und Ausführung

DIN 18 195 Teil 5   2/84
Bauwerksabdichtungen; Abdichtung gegen nichtdrückendes Wasser; Bemessung und Ausführung

Honorarordnung für Architekten und Ingenieure (HOAI)
Bauvorlagenverordnungen der Bundesländer

Sachwortverzeichnis

Die hinter dem Stichwort angegebene Zahl bezieht sich auf die Seite